MANUEL

D'ARBORICULTURE

DES INGÉNIEURS

PLANTATIONS D'ALIGNEMENT, FORESTIÈRES ET D'ORNEMENT

BOISEMENT DES DUNES, DES TALUS, HAIES VIVES

DES PARCELLES EXCÉDANTES DES CHEMINS DE FER

PAR A. DU BREUIL

CHARGÉ DU COURS D'ARBORICULTURE AU CONSERVATOIRE IMPÉRIAL DES ARTS
ET MÉTIERS,

PARIS

VICTOR MASSON | GARNIER FRÈRES
PLACE DE L'ÉCOLE-DE-MÉDECINE. | RUE DES SAINTS-PÈRES, 6

1860

AF358269

MANUEL

D'ARBORICULTURE

DES INGÉNIEURS

CORBEIL. — typ. et stér. de CRÉTÉ.

MANUEL

D'ARBORICULTURE

DES INGÉNIEURS

PLANTATIONS D'ALIGNEMENT, FORESTIÈRES ET D'ORNEMENT

BOISEMENT DES DUNES, DES TALUS, HAIES VIVES

DES PARCELLES EXCÉDANTES DES CHEMINS DE FER

PAR A. DU BREUIL

CHARGÉ DU COURS D'ARBORICULTURE AU CONSERVATOIRE IMPÉRIAL DES ARTS
ET MÉTIERS.

PARIS

GARNIER FRÈRES | VICTOR MASSON
RUE DES SAINTS-PÈRES, 6 | PLACE DE L'ÉCOLE-DE-MÉDECINE.

1860

PRÉFACE

Les plantations d'alignement s'étendent de plus en plus sur le sol de nos routes et sur les bords de nos canaux. Chaque année voit s'accroître davantage les plantations urbaines. L'établissement des chemins de fer a rendu nécessaire, sur des étendues immenses, la création des haies vives et le boisement des talus.

Les ingénieurs, les officiers du génie, les architectes chargés de ces travaux m'ont souvent consulté pour leur exécution ; souvent aussi les ingénieurs des départements où j'étais appelé pour l'enseignement de l'arboriculture fruitière m'ont demandé, pour leurs agents, une série de leçons sur ces opérations. J'ai donc pensé qu'un *Manuel* consacré à l'étude de ces questions serait bien accueilli par les fonctionnaires dont je viens de parler. C'est ce Manuel, extrait de mon cours au Conservatoire Impérial des arts et métiers, que je publie aujourd'hui. Je me suis efforcé d'y traiter avec le plus de concision possible toutes les questions d'arboriculture qui peuvent les intéresser, laissant aux ingénieurs la solution des questions qui rentrent plus spécialement dans leurs attributions. Puisse mon but avoir été atteint, et ce petit livre combler réellement la lacune qui existe dans le répertoire des connaissances nécessaires aux ingénieurs.

A. DU BREUIL.

Paris, le 20 avril 1860.

MANUEL

D'ARBORICULTURE

CHAPITRE PREMIER

NOTIONS D'ANATOMIE

ET DE PHYSIOLOGIE VÉGÉTALE.

Les végétaux ligneux, placés dans les conditions favorables à leur développement et *abandonnés à eux-mêmes*, parcourront aisément les diverses phases de leur existence. Mais ils donneront rarement les résultats qu'on voulait obtenir en les plantant : les plantations de ligne, créées pour l'obtention de bois de service, ne donneront que du bois à brûler ; les arbres d'ornement ne prendront pas une forme convenable et ne fourniront qu'un ombrage insuffisant ; les haies vives ne formeront qu'une clôture imparfaite. D'ailleurs, on a souvent besoin de faire croître ces arbres en dehors des conditions qui leur sont nécessaires. — Il importe donc de leur appliquer certaines opérations destinées à modifier ces conditions défavorables ou à favoriser le développement de certaines de leurs parties aux dépens de certaines autres pour leur faire produire les résultats qu'on a en vue. C'est l'ensemble de ces opérations qui constitue l'arboriculture. Or, on ne peut ainsi modifier le développement naturel des arbres qu'en agissant sur leur organisme, et il faut, pour cela, connaître d'une manière assez précise les principaux organes qui les constituent, ainsi que les fonctions vitales de ceux-ci. Toutes les opérations de la culture, éclairées par ces connaissances, donneront toujours des résultats certains ; sans elles ces opérations seront de l'empirisme et conduiront presque toujours à l'insuccès. Nous avons donc cru nécessaire de faire précéder l'étude des diverses opérations de culture dont nous avons à nous occuper par quelques notions d'anatomie et de physiologie végétale, en nous bornant toutefois à ce qui sera strictement nécessaire pour l'intelligence des procédés que nous aurons à décrire.

ANATOMIE VÉGÉTALE.

Les arbres présentent, dans leur structure, un certain nombre de parties qu'on peut diviser en plusieurs groupes. Ainsi, on distingue des organes *conservateurs*, des organes *reproducteurs*, des organes *élémentaires*.

ORGANES CONSERVATEURS.

Les organes conservateurs donnent à chaque individu les moyens de subvenir à son existence, à sa conservation. Les plus apparents sont la *racine*, la *tige* et les *feuilles*.

Racine. — La racine est cette partie de l'arbre qui, ordinairement dérobée par le sol à l'action de la lumière, tend toujours à se diriger vers le centre de la terre. On reconnaît dans cet organe le *collet*, le *corps* et les *radicelles*.

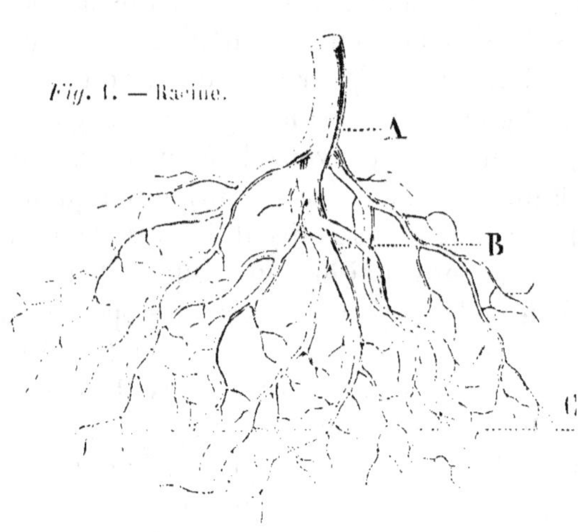

Fig. 1. — Racine.

Le *collet* est le point intermédiaire entre la racine et la tige (A, *fig.* 1), celui d'où naissent ces deux organes pour se développer en sens inverse.

Le *corps* est la partie principale de la racine (B, *fig.* 1) ; c'est ce que l'on nomme aussi le *pivot*. Il naît du collet et s'enfonce verticalement dans le sol en affectant la forme d'une pyramide renversée. Il produit les radicelles comme le tronc développe les branches.

Les *radicelles* sont les dernières divisions de la racine (C, *fig.* 1) : c'est ce que l'on nomme encore le *chevelu*. On peut les considérer comme autant de petits tubes ou conduits qui servent à établir une communication directe entre le corps de la racine et le sol. C'est surtout par leur extrémité, comme nous le verrons plus loin, que l'arbre puise dans le sol les fluides nécessaires à son existence.

Tige. — La tige naît du collet comme la racine, mais elle

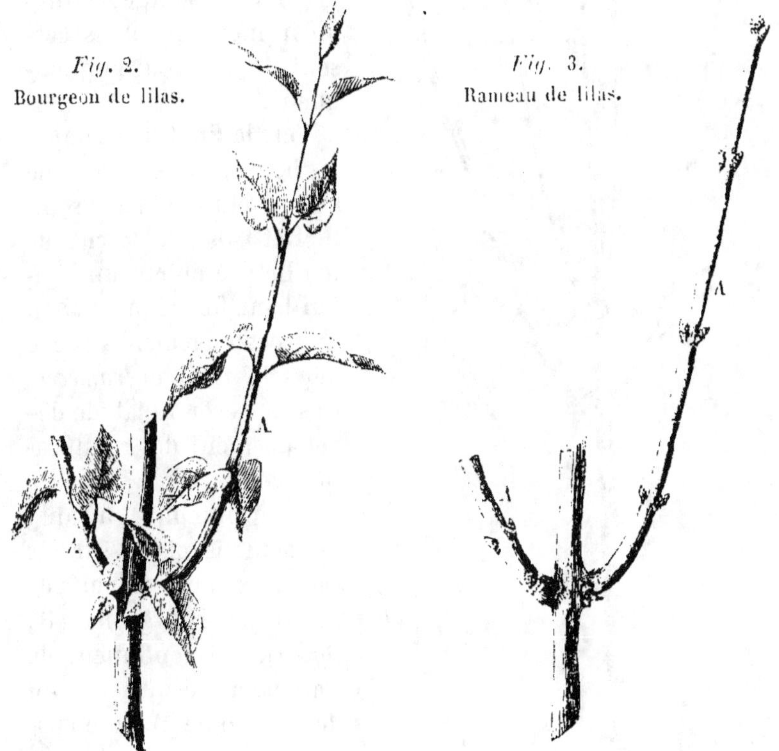

Fig. 2.
Bourgeon de lilas.

Fig. 3.
Rameau de lilas.

s'allonge en sens inverse. Tandis que la première s'enfonce dans le sol, l'autre s'élève vers le ciel.

Il y a, dans la tige des arbres, des organes extérieurs et des organes intérieurs. On reconnaît sur la tige, en allant du sommet à la base, quatre parties principales : les *bourgeons*, les *rameaux*, les *branches*, le *tronc*. Ce sont les organes extérieurs.

Les *bourgeons* (A, *fig.* 2) sont le premier état de développement

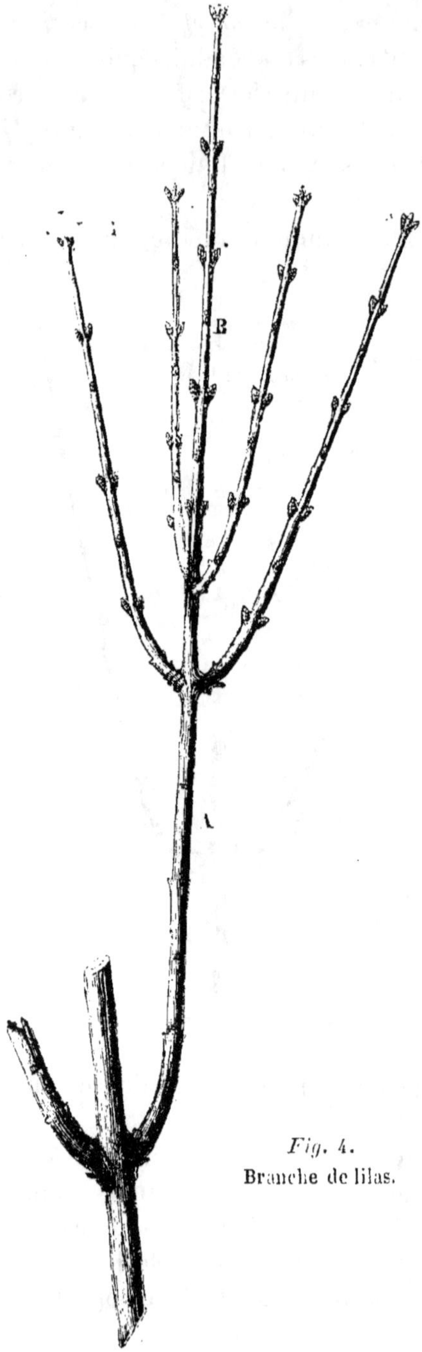

Fig. 4.
Branche de lilas.

des ramifications de l'arbre. Ils naissent, au printemps, de boutons placés à l'aisselle des feuilles ou au sommet des rameaux. Ils continuent de s'allonger pendant tout le temps de la végétation, et conservent le nom de bourgeons jusqu'au moment où ils cessent de s'accroître en longueur.

Vers la fin de l'automne, les bourgeons ont terminé leur évolution. Leur sommet et l'aisselle de chaque feuille présentent un bouton bien formé (A, *fig.* 3). Ce prolongement prend alors le nom de *rameau :* c'est le second état de développement des ramifications.

Au printemps suivant, les boutons placés sur les rameaux donnent lieu à de nouveaux bourgeons (B, *fig.* 4), qui continuent de s'allonger jusqu'à la fin de l'automne. A cette époque, ils présentent aussi des boutons bien formés, et leur développement en longueur s'arrête. Ils reçoivent, à leur tour, le nom de *rameaux*, et le rameau primitif qui les supporte (A, *fig.* 4) prend celui de *branche*. C'est le troisième et dernier état de développement des ramifications de l'arbre. Une fois qu'elles ont acquis ce caractère, ces ramifications ne peuvent plus donner directement naissance à de nouvelles productions, ou du moins cela n'a lieu qu'exceptionnellement. Elles ne servent plus, dans l'économie de l'arbre, qu'à transporter les fluides puisés dans la terre par les racines jusqu'aux boutons que portent les rameaux.

Le *tronc*, dans la tige des arbres, est la partie qui, naissant du collet de la racine, s'élève à une certaine hauteur sans se ramifier (A, *fig.* 5). Il a passé comme les branches, par les diverses phases de développement que nous venons de décrire. Il en diffère seulement parce qu'il naît directement de la racine et qu'il supporte toutes les ramifications précédentes.

Si l'on considère la coupe transversale du tronc d'un arbre ou d'une grosse racine, on y remarque trois parties : la *moelle*, le *corps ligneux* et l'*écorce*. Ce sont les organes intérieurs.

Au centre de la tige, on voit un canal cylin-drique : c'est le *canal médullaire* (A, *fig.* 6 et 7). Ce canal médullaire est rempli par un tissu lâche, diaphane : c'est la *moelle*.

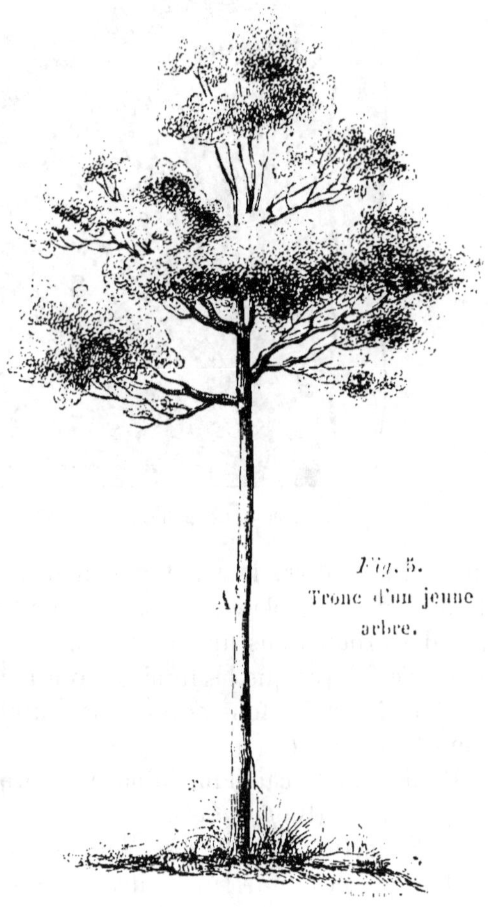

Fig. 5.
Tronc d'un jeune arbre.

La moelle se prolonge d'une manière continue depuis le pivot de la racine jusqu'au sommet de la tige. On remarque toutefois dans le canal médullaire, au point où s'est formé chaque bourgeon terminal, un étranglement très-sensible, rempli d'un tissu analogue à celui de la moelle, mais un peu plus serré.

La moelle paraît d'autant plus abondante que les tiges sur lesquelles on l'observe sont plus jeunes. Dans les vieux troncs de

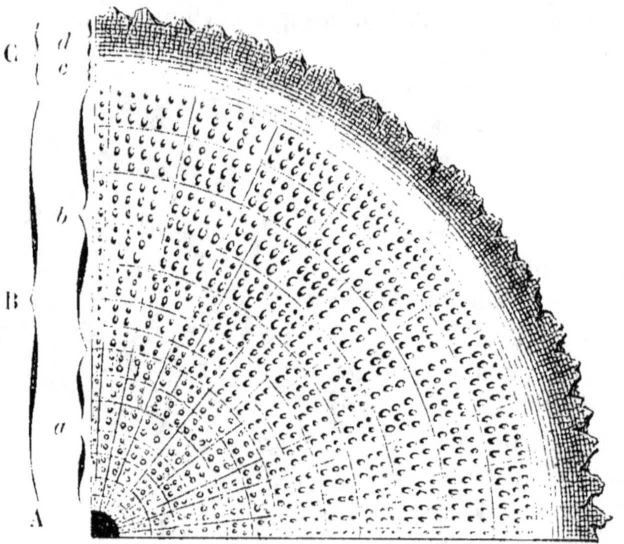

Fig. 6. — Coupe transversale d'une tige ligneuse.

quelques espèces, le canal médullaire finit même par devenir tout à fait invisible. Ce n'est pas que la moelle soit remplacée par des productions ligneuses, comme on l'avait pensé d'abord, mais c'est parce que les fluides renfermés dans son tissu, venant à se solidifier, lui font acquérir la dureté du bois et lui en donnent l'apparence.

En dehors du canal médullaire et jusqu'à l'écorce est situé le *corps ligneux* (B, *fig.* 6 et 7).

Cette partie de la tige se compose de couches concentriques de bois placées l'une sur l'autre. Chaque couche distincte est le produit de la végétation pendant une année.

Si, à l'aide d'un verre grossissant, on examine attentivement la coupe transversale de l'une de ces couches, on voit qu'elles sont formées par la réunion de petits tubes ou vaisseaux d'autant plus gros qu'ils se rapprochent davantage du centre de la tige (*fig.* 6). Ils sont souvent disposés régulièrement par zones concentriques coupées perpendiculairement par des lignes plus ou moins prolongées et plus ou moins rapprochées. On a donné à ces lignes le nom de *rayons médullaires* (*fig.* 6).

En cherchant à suivre la direction de ces tubes ou vaisseaux

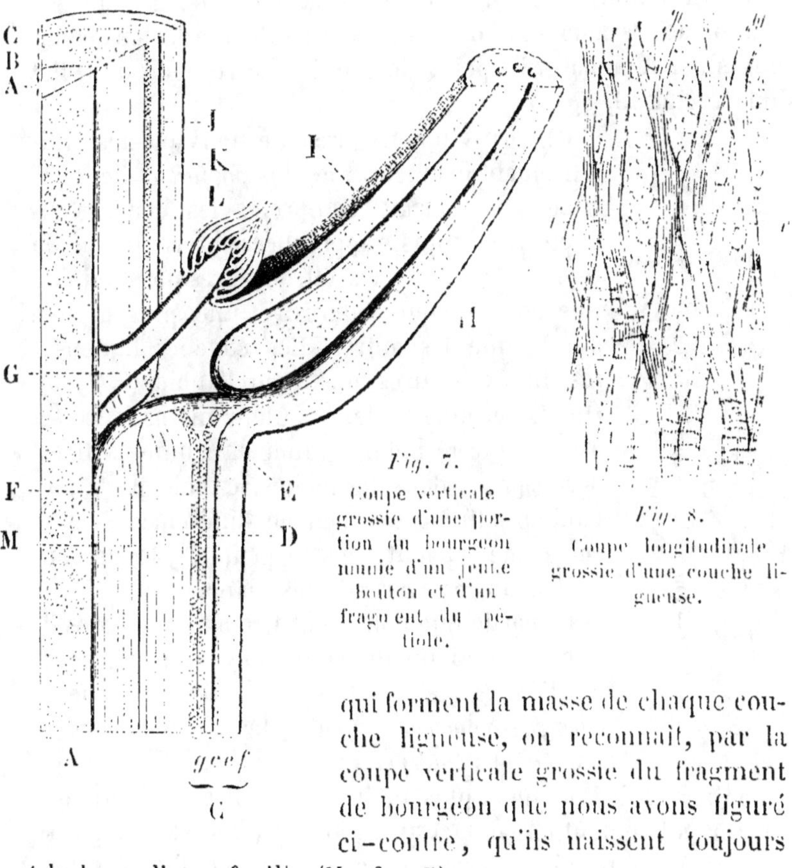

Fig. 7.

Coupe verticale grossie d'une portion du bourgeon munie d'un jeune bouton et d'un fragment du pétiole.

Fig. 8.

Coupe longitudinale grossie d'une couche ligneuse.

qui forment la masse de chaque couche ligneuse, on reconnaît, par la coupe verticale grossie du fragment de bourgeon que nous avons figuré ci-contre, qu'ils naissent toujours et la base d'une feuille (M, *fig.* 7).

On remarque aussi que ceux développés par les feuilles supérieures viennent recouvrir les précédents (D, *fig.* 7), et que tous se prolongent jusqu'à l'extrémité des radicelles.

On voit encore que les vaisseaux s'unissent souvent par faisceaux, puis se joignent latéralement de distance en distance (*f*, *fig.* 8) pour se séparer ensuite de manière à envelopper l'arbre comme autant de réseaux ou filets dont les mailles sont très-allongées. Chacune de ces mailles est remplie par un tissu (*r*) analogue à celui de la moelle.

Il résulte de ce mode de structure des couches ligneuses que la plus jeune est toujours à l'extérieur du corps ligneux, et que chacune d'elles embrasse l'arbre dans toute son étendue. En faisant abstraction des ramifications de la tige et de la racine, la réunion de ces couches ligneuses présente la forme de deux cônes réunis par leur base. Le point de réunion correspond au collet de la racine (B, *fig.* 9).

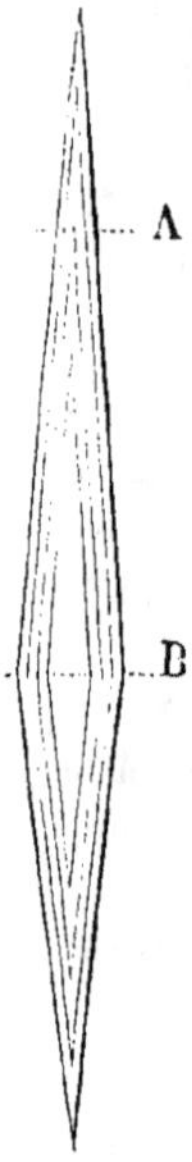

Le corps ligneux présente deux parties ordinairement distinctes : le *bois parfait* et l'*aubier*.

Le bois parfait comprend les couches ligneuses les plus rapprochées du centre de la tige (*a, fig.* 6). Elles offrent presque toujours une couleur plus intense et une plus grande dureté que les autres. Les couches ligneuses les plus extérieures constituent l'aubier (*b, fig.* 6). On les reconnaît à leur couleur moins foncée et à leur dureté moins grande. Néanmoins il est des espèces dans lesquelles le bois parfait et l'aubier offrent très-peu de différence. Cela se remarque surtout dans le peuplier, le marronnier et autres arbres à bois blanc.

La partie que l'on rencontre après le corps ligneux, en allant du centre à la circonférence, est l'*écorce* (C, *fig.* 6 et 7). On y distingue le *liber*, les *couches corticales*, le *tissu sous-épidermoïde*, et l'*épiderme*.

Fig. 9. — Ensemble des couches ligneuses du tronc et du corps de la racine.

Le liber est la couche la plus intérieure de l'écorce, celle qui est immédiatement en contact avec l'aubier (*c, fig.* 6 et 7); il se compose d'un grand nombre de couches minces et flexibles dont la réunion a été comparée aux feuillets d'un livre. C'est de là que lui est venu le nom de *liber*. Chacun de ces feuillets est formé par un réseau de tubes ou vaisseaux qui, comme les couches ligneuses, se prolongent depuis la base d'une feuille où ils prennent naissance (E, *fig.* 7) jusqu'à l'extrémité des radicelles. Une chose digne de remarque, c'est que les nouvelles couches du liber qui naissent des feuilles supérieures s'appliquent au-dessous de celles qui se sont précédemment formées (F, *fig.* 7). La couche du liber la plus jeune est donc toujours la plus intérieure de l'écorce, tandis que dans le corps ligneux c'est le contraire qui a lieu. Les mailles formées par les vaisseaux de chaque couche du liber sont remplies par un tissu analogue à la moelle.

En dehors des couches du liber, mais seulement dans les arbres un peu âgés, on aperçoit un certain nombre d'autres couches, analogues, par leur contexture, à celles du liber, mais desséchées et inertes, et qui, déchirées par le grossissement du tronc, apparaissent à la surface sous forme de losanges plus ou moins régulières : ce sont les *couches corticales* proprement dites (*d*, *fig.* 6). Ces parties ne sont autre chose que d'anciennes couches de liber dont les fonctions ont cessé, et qui sont repoussées au dehors par celles formées annuellement au-dessous d'elles. Dans les jeunes tiges ou les jeunes branches, on rencontre au-dessus du liber, à la place des couches corticales dont nous venons de parler, un tissu tout à fait herbacé, de couleur verdâtre et analogue à la

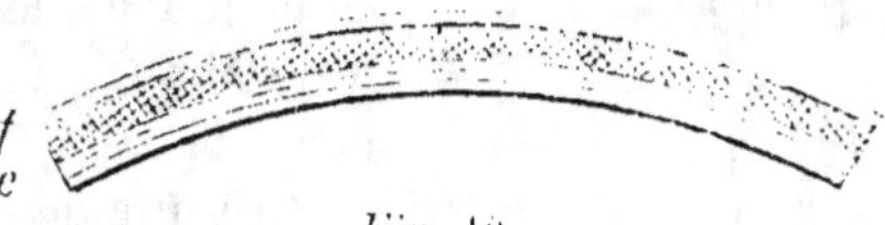

Fig. 10.
Coupe transversale de l'écorce d'une jeune tige.

moelle : c'est le *tissu sous-épidermoïde* (*e*, *fig.* 7 et 10).

Enfin, toujours dans les jeunes tiges, au delà du tissu sous-épidermoïde, et tout à fait à la surface, on observe une couche mince souvent transparente : c'est l'épiderme (*f*, *fig.* 7 et 10).

Boutons. — Les boutons (B, *fig.* 11) se montrent ordinairement à l'extrémité des rameaux et à l'aisselle des feuilles. Ils sont ronds, ovales ou coniques, et peuvent être considérés comme le rudiment, le germe des jeunes rameaux qui se développeront l'année suivante.

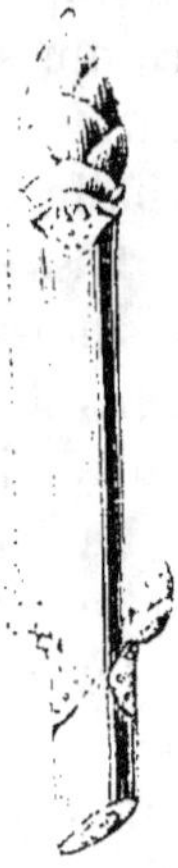

Les boutons des arbres de nos climats sont toujours revêtus d'une enveloppe écailleuse composée de petites lames en forme de cuiller ou d'écailles de poisson. Les écailles extérieures sont sèches, dures et quelquefois enduites de sucs résineux qui empêchent l'accès de l'humidité; les écailles intérieures sont

Fig. 11. — Boutons du marronnier.

couvertes d'un duvet souvent épais. Les boutons emploient ordinairement une année entière à leur développement parfait.

Lorsqu'au printemps les boutons commencent à naître, on leur donne le nom d'*œil*. Vers la fin de l'automne, les yeux complétement formés prennent le nom de *boutons proprement dits*.

Quant aux parties du rameau qui donnent naissance aux boutons, on voit, par la figure précédente (G, *fig*. 7), qu'elles sont le prolongement des vaisseaux du canal médullaire. Ceux-ci forment une sorte de petit axe rempli d'un tissu analogue à la moelle, et au sommet duquel se forme le bouton, soit à l'aisselle des feuilles, soit à l'extrémité des rameaux. C'est de ce petit axe que naît le canal médullaire, qui s'allonge à mesure que le bourgeon se développe.

Il résulte de ce mode de formation que le canal médullaire des ramifications n'est pas immédiatement contigu au canal médullaire de la tige ; il en est séparé par le petit axe dont nous venons de parler (A, *fig*. 12).

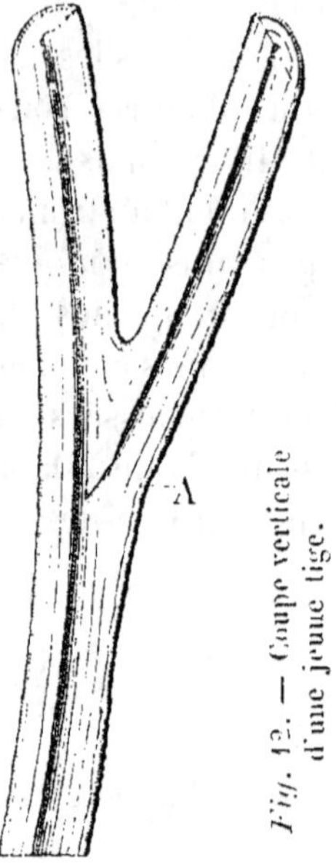

Fig. 12. — Coupe verticale d'une jeune tige.

On donne le nom de *mérithalle*, ou entre-nœud, à l'espace compris entre chaque bouton sur le rameau. Ainsi, la portion du rameau existant entre les boutons de la figure 11 est un mérithalle.

Feuilles. — Au temps du bourgeonnement, ce qui a lieu vers le mois d'avril, la base des boutons se gonfle, fait entr'ouvrir l'enveloppe écailleuse : dès lors l'air et la lumière pénètrent jusqu'aux jeunes feuilles, qui verdissent, se fortifient et se déploient.

La feuille présente deux parties ordinairement distinctes, le *pétiole* et le *disque*.

Le *pétiole* ou queue de la feuille (I, *fig*. 7 et 13) est le petit support qui unit le disque au bourgeon. C'est le prolongement des vaisseaux du canal médullaire du bourgeon qui porte la feuille (II, *fig*. 7). Ces vaisseaux forment, au centre du pétiole, une sorte de cylindre rempli et entouré de toutes parts par un tissu analogue à la moelle. Ils se prolongent de là jusque dans le disque de la feuille.

Le *disque* (B, *fig.* 13) est la lame mince et élargie que supporte le pétiole. Il résulte du prolongement et de l'expansion des vaisseaux qui forment ce dernier. Ces vaisseaux traversent la feuille dans toute sa longueur, et forment ce que l'on nomme les *côtes* ou *nervures* de la feuille. Les nervures principales se subdivisent à l'infini, et forment un réseau dont les mailles, très-rapprochées, sont remplies par un tissu analogue à la moelle, et auquel on a donné le nom de *parenchyme* de la feuille.

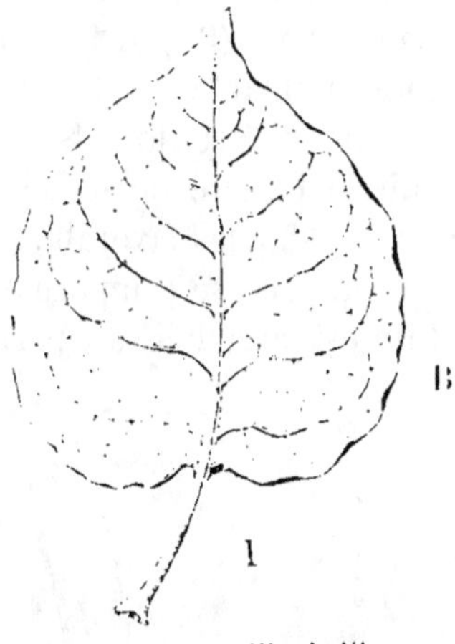

Fig. 13. — Feuille de lilas.

Si, à l'aide d'un instrument grossissant, on examine l'une des faces d'une feuille, on la voit couverte, sur toute la face inférieure, d'une infinité de petites ouvertures auxquelles on donne le nom de *pores* ou *stomates*. Toutes les surfaces vertes des plantes, c'est-à-dire les feuilles, les bourgeons, et même les fruits, sont couvertes de ces pores.

ORGANES REPRODUCTEURS.

On donne le nom d'*organes reproducteurs* aux fleurs et aux fruits parce qu'ils concourent à la reproduction de l'espèce. Il nous importe surtout de connaître la structure du fruit.

Fruit. — On distingue dans le fruit deux parties principales : le *péricarpe* et les *semences*.

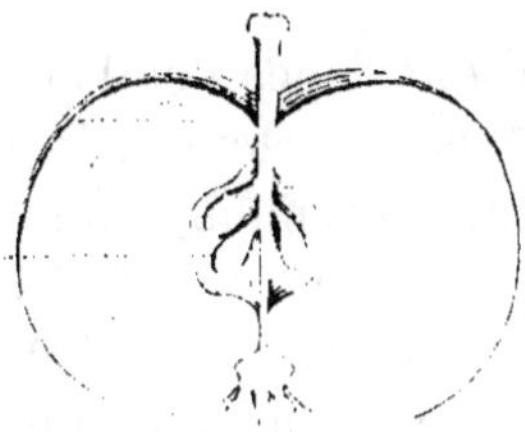

Le péricarpe est la partie externe du fruit : c'est celle qui enveloppe la semence, tout ce qui n'est pas la semence, fait partie du péricarpe (A, *fig.* 14). Le péricarpe est *sec*, c'est-à-dire qu'il est formé par une substance ligneuse, comme dans

Fig. 14.
Coupe verticale d'une pomme.

la noisette ; ou *coriace,* comme dans les téguments des féviers, des pois (B, *fig.* 15), des fruits des hêtres, des chênes, des arbres résineux, etc. ; ou *charnu,* c'est-à-dire formé par un tissu tendre et succulent, comme dans la pomme (A, *fig.* 14), la poire, etc.

La semence (B, *fig.* 14) contient les rudiments d'une nouvelle plante semblable à celle qui l'a produite. C'est par la fécondation que ces rudiments ont été vivifiés, c'est-à-dire qu'ils ont acquis la faculté de se développer dès qu'ils auront rencontré les circonstances favorables à leur évolution.

La semence se compose en général de quatre parties.

Elle est attachée au péricarpe par un filet composé de vaisseaux (A, *fig.* 15), auquel on a donné le nom de *cordon ombilical.* C'est par lui que la semence reçoit l'influence fécondatrice et les fluides propres à son développement et à sa nutrition.

La *tunique* est l'enveloppe la plus externe de la graine (A, *fig.* 16).

Le *périsperme* (B, *fig.* 16), est une substance de nature tantôt cornée, tantôt farineuse,

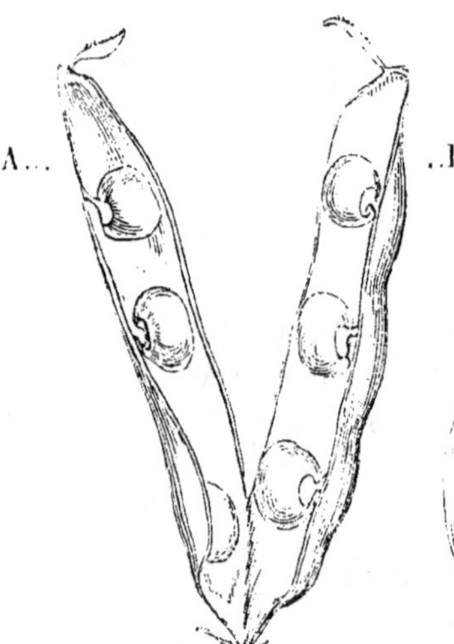

Fig. 15.

Fruit du pois cultivé.

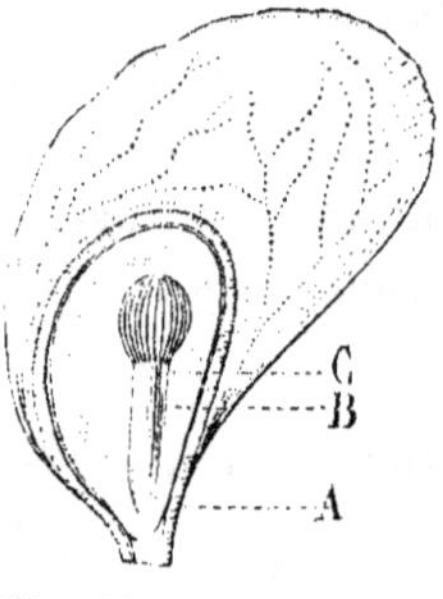

Fig. 16. — Coupe verticale d'une semence de pin.

qui enveloppe l'embryon dans les graines de plusieurs espèces. Celles des arbres résineux, dont nous avons choisi une semence comme exemple, offrent un périsperme ; beaucoup d'espèces en sont privées : tels sont le *chêne,* le *marronnier,* etc.

L'*embryon* (C, *fig.* 16) est la partie de la graine que recouvrent le périsperme et la tunique, et qui devient plante en se développant.

On reconnaît dans l'embryon trois parties principales ; choisissons comme exemple une graine de *fève de marais.*

La *radicule* (A, *fig.* 17) est dirigée vers l'extérieur de la graine ; c'est le rudiment de la racine. Cette partie, qui se développe la première lors de la germination, absorbe dans la terre la nourriture nécessaire à la jeune plante.

La *plumule* (B, *fig.* 17) tend au contraire vers le centre de la graine. Cet organe, destiné à for-mer la tige de la jeune plante, se développe en sens inverse de la ra-dicule.

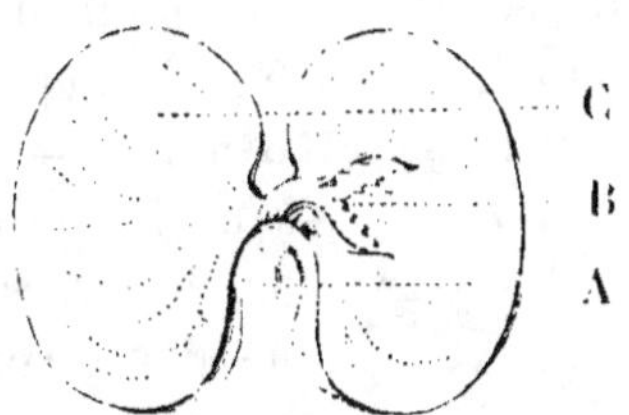

Fig. 17. — Embryon de la fève de marais ouvert.

Les *cotylédons* (C, *fig.* 17), sont deux ou un plus grand nombre d'organes semblables, de forme souvent elliptique et fixés entre la plumule et la radicule. Ils sont tantôt épais et charnus, comme dans le *marronnier*, le *chêne* ; tantôt minces et foliacés, comme dans le *hêtre*.

ORGANES ÉLÉMENTAIRES.

Tous les organes dont nous nous sommes occupé jusqu'à présent sont eux-mêmes formés d'organes plus simples. Si l'on soumet à une macération prolongée ou à l'ébullition dans l'eau une partie quelconque d'un végétal, on obtient, en dernière analyse, un tissu membraneux qui, examiné à l'aide d'un instrument grossissant, apparaît sous forme d'une masse de tubes ou vaisseaux, et de cellules. Ces tubes et ces cellules sont les *organes élé-mentaires* des arbres.

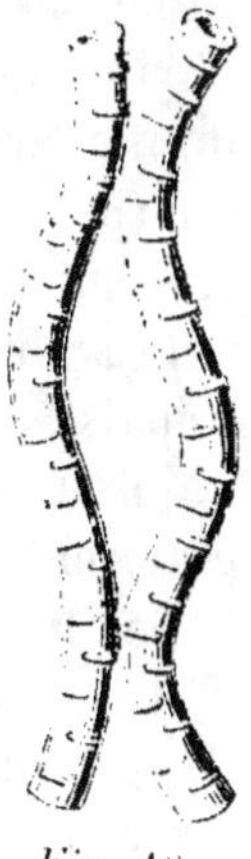

Lorsqu'un tissu se compose de ces tubes ou vais-seaux, on lui donne le nom de *tissu vasculaire*. Lorsqu'on n'y distingue qu'un assemblage de cellu-les, on lui donne le nom de *tissu cellulaire*. Tous les arbres offrent, dans la plupart de leurs organes, la réunion de ces deux tissus.

Tissu vasculaire. — Le tissu vasculaire, vu à l'aide d'un verre grossissant, présente l'aspect de tubes qui parcourent les différents organes des plan-tes, en s'unissant de distance en distance de manière à simuler les mailles allongées d'un filet (*fig.* 18).

Fig. 18.

Tissu vascu-laire.

On remarque que les parois en sont fermes, et percées d'ouvertures latérales qui permettent aux fluides qu'il contient de se répandre de tous côtés. Ce tissu se rencontre particulièrement dans toutes les parties solides de l'arbre. C'est lui qui forme les vaisseaux si abondamment répandus dans les couches du corps ligneux et du liber. Il existe également dans le pétiole, dans les nervures des feuilles, etc.

Tissu cellulaire. — Le tissu cellulaire (*fig.* 19) se présente sous forme d'une multitude de petites vésicules agglomérées, contiguës les unes aux autres, et dont les parois sont communes. On a comparé avec justesse son apparence à celle de l'eau de savon quand on l'agite.

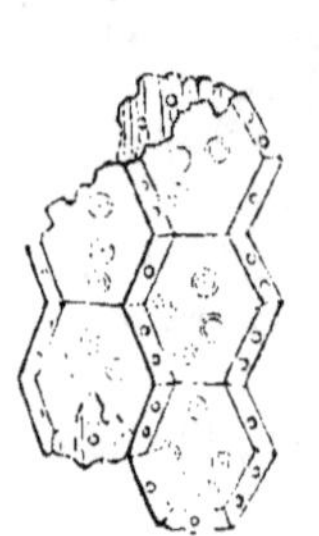

Fig. 19.
Tissu cellulaire.

Les cellules de ce tissu offrent des coupes à peu près hexagones, comme les alvéoles des abeilles. Les parois sont percées de pores ou de fentes infiniment petits, et qui établissent des communications entre les cellules.

Le tissu cellulaire compose toutes les parties molles des arbres. La moelle en est entièrement formée. On le trouve encore entre les mailles du tissu vasculaire des couches ligneuses et du liber. Le tissu sous-épidermoïde et le parenchyme des feuilles ne sont autre chose que ce tissu ; enfin, il donne presque exclusivement naissance à la pulpe des fruits charnus et aux petits renflements placés à l'extrémité de chaque radicelle.

Les parois de ces deux sortes de tissus, d'abord très-minces, s'épaississent progressivement par le développement intérieur de nouvelles parois qui finissent même souvent par remplir entièrement la cavité de ces tissus.

Ces tissus sont les deux formes qui servent en quelque sorte de type aux divers tissus qu'on rencontre dans les arbres ; mais ils se confondent souvent les uns avec les autres, par d'autres tissus de formes intermédiaires, auxquels on a donné des noms différents, et qu'il nous importe moins de connaître pour comprendre les phénomènes que nous allons étudier.

Tels sont, dans la structure des arbres, les principaux organes que nous avions à examiner.

PHYSIOLOGIE VÉGÉTALE.

La physiologie végétale comprend les fonctions que chacun des organes étudiés précédemment remplit dans la vie des plantes, et d'où résultent les différents phénomènes de la végétation ; c'est-à-dire la *germination des graines*, la *nutrition*, l'*accroissement*, la *reproduction*, et la *mort*. Nous allons examiner ces phénomènes dans l'ordre où ils se produisent, et constater en même temps le rôle que les organes remplissent dans toutes les phases de la végétation.

Nous négligerons toutefois le phénomène de la reproduction, dont la connaissance n'est pas nécessaire pour élucider les faits pratiques que nous aurons à étudier.

Germination. — La germination est l'acte par lequel l'embryon de la graine, placé dans les circonstances favorables à son développement, se débarrasse des enveloppes séminales, et se transforme en un végétal parfait semblable à celui qui lui a donné naissance. L'acte de la germination se résume dans les phénomènes suivants :

Dès qu'une graine reçoit les influences favorables à sa germination, elle absorbe l'humidité, elle se gonfle, ses cotylédons (A, *fig.* 20) grossissent, sa radicule (B) s'allonge, la tunique (C) se rompt, et donne passage à la radicule qui se dirige vers la terre ; la plumule (D) se redresse, se dégage de la tunique ; les cotylédons s'étalent, fournissent à la jeune plante la nourriture qu'ils contiennent, puis se flétrissent, et tombent lorsque les premières feuilles sont suffisamment développées. La germination est alors achevée.

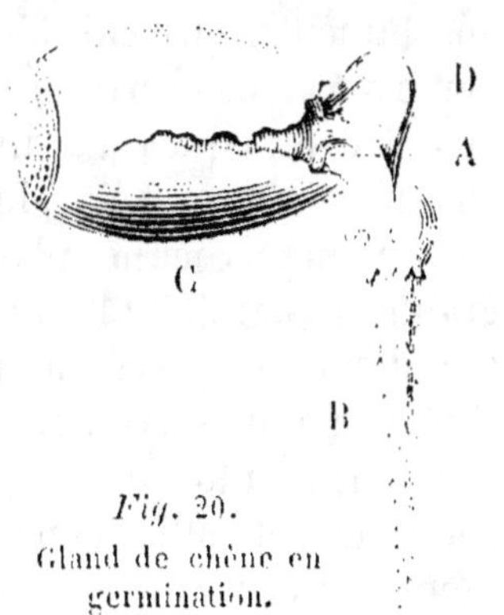

Fig. 20.

Gland de chêne en germination.

La germination d'une graine ne peut s'opérer sans le concours de l'*eau*, de l'*air* et de la *chaleur*.

L'eau assouplit les enveloppes, facilite leur rupture, délaye la substance des cotylédons ou du périsperme, et la rend propre à être absorbée par la jeune plante. La quantité d'eau nécessaire à la germination de chaque graine est toujours en raison du volume de celle-ci.

L'air joue le rôle le plus important dans cette circonstance. Il paraît, d'après des expériences positives, que c'est par l'oxygène qu'il contient que ce gaz concourt à la germination, en modifiant la substance des cotylédons ou du périsperme de manière à la rendre plus propre à la nutrition.

La chaleur détermine l'évolution des germes, en stimulant et activant l'énergie vitale. Mais, pour que son action soit efficace, elle doit être appliquée dans de certaines limites. Ainsi, si la température était élevée à 45 ou 50°, l'humidité du sol serait vaporisée et la germination ne s'effectuerait pas. Il en serait encore de même si la température était abaissée au-dessous de zéro, point où les liquides se congèlent. C'est donc entre ces deux limites extrêmes qu'on doit chercher le degré de température convenable pour chaque espèce.

La température la plus basse à laquelle les graines puissent germer varie en raison des espèces; mais, ce point déterminé, la germination est d'autant plus accélérée que la chaleur est plus élevée, pourvu qu'elle ne dépasse pas 45 ou 50°.

Bien que l'eau, l'oxygène et la chaleur soient les seuls agents absolument indispensables pour l'accomplissement du phénomène que nous décrivons, on ne peut passer sous silence l'action du sol dans lequel la graine est semée. Ce milieu est nécessaire à la germination de la plupart des espèces. Il sert de support et de soutien aux jeunes plantes, il distribue lentement à chaque graine la quantité d'humidité qui lui est nécessaire, et, dès que la radicule est développée, il lui fournit les liquides chargés de principes nutritifs qu'elle a besoin d'absorber. La lumière nuit à la germination en empêchant l'action efficace du gaz oxygène; le sol influe donc encore favorablement dans ce phénomène en privant les graines de la présence de la lumière.

La qualité du sol influe sur le succès de la germination. L'expérience a démontré que les graines germent plus facilement dans les terrains légers que dans ceux qui sont lourds et compactes. La surface de ces derniers se durcit en une croûte imperméable, prive les graines de l'influence de l'air, et en retarde la germination. D'autres fois ils retiennent l'eau en trop grande abondance ; les semences s'y trouvent comme noyées et pourrissent. Les sols légers sont au contraire très-perméables à l'air et à l'eau ; les semences y sont soumises à l'influence de l'oxygène, et y trouvent une humidité suffisante. Enfin la profondeur à laquelle les graines sont enterrées agit encore sur la germination. On conçoit, que si ces graines sont recouvertes de telle manière que l'air ne puisse les atteindre, leur évolution restera stationnaire. Elles souffriront également si elles sont posées seulement à la surface du sol, où les plus grosses surtout ne trouveront pas assez d'humidité.

D'après ces motifs, on a posé les principes suivants :

1° Les grosses graines doivent être enterrées plus profondément que les petites, parce qu'elles ont besoin, pour germer, d'une plus grande quantité d'humidité ;

2° Les mêmes graines doivent être enterrées plus profondément dans un terrain léger que dans un sol compacte, parce que le premier retient moins l'humidité que le second, et qu'il est plus perméable à l'air.

Les trois agents précédents, combinés dans les proportions les plus favorables aux besoins de chaque sorte de semence, agissent avec plus ou moins d'intensité, en raison de l'organisation propre à chacune d'elles. De là, les différences de temps qu'exige chaque espèce pour germer.

En général, les graines d'arbres germent plus lentement que celles des plantes herbacées ; cela tient à ce que les premières sont habituellement recouvertes d'une tunique moins perméable à l'humidité que les secondes. C'est aussi par cette raison que les graines d'arbres d'une consistance osseuse (les *néfliers*, les *rosiers*) lèvent plus lentement que les autres.

Les semences se développent d'autant plus rapidement qu'elles sont plus nouvellement récoltées ; encore imbibées de leur eau de végétation, leur tunique se laisse plus facilement pénétrer par l'humidité extérieure. D'ailleurs, en vieillissant, l'embryon s'engourdit et perd une partie de son énergie vitale.

Nutrition. — Les substances propres à la végétation des arbres sont d'abord introduites dans leurs organes, puis modifiées, préparées de manière à servir ensuite à leur accroissement. Ces phénomènes constituent la nutrition. Occupons-nous du mode d'absorption de ces substances, en recherchant avant tout de quelle nature elles sont en général.

Les végétaux contiennent du carbone, de l'eau toute formée, ou ses éléments (oxygène et hydrogène), du phosphore, du soufre, des oxydes métalliques unis aux acides phosphorique, sulfurique et silicique, des chlorures, des bases alcalines (potasse, soude, chaux, magnésie) combinées à des acides végétaux. Les plantes ont donc besoin pour vivre d'absorber incessamment de l'eau ou ses éléments, de l'air ou ses éléments, de l'acide carbonique et certaines matières minérales. C'est du sol et de l'atmosphère qu'elles tirent toutes ces matières alimentaires. Dans la terre, les racines puisent l'eau, les substances minérales ou salines, et les substances organiques fournies par les engrais; substances qui consistent en des composés riches en carbone et en azote. De leur côté, les feuilles absorbent dans l'atmosphère qui les baigne de toutes parts, le gaz acide carbonique, l'ammoniaque, l'hydrogène sulfuré, qui fournissent aux tissus la plus grande partie du charbon, de l'azote et du soufre, qu'on rencontre dans leur constitution intime. Mais comment tous ces principes élémentaires sont-ils introduits dans la jeune plante?

Posons d'abord en principe que toutes les substances solides dont nous venons de parler ne peuvent pénétrer dans les végétaux qu'à l'état de dissolution dans l'eau ou à l'état gazeux. L'épiderme des racines est dépourvu de stomates ou pores, et ceux qui existent sur les organes foliacés sont beaucoup trop ténus pour permettre à ces matières d'être introduites à l'état solide. L'eau, outre qu'elle est un élément nutritif pour les plantes, sert donc encore de véhicule pour l'introduction et la répartition des molécules nutritives dans toutes les parties de l'arbre.

Les organes absorbants des arbres sont les racines et les feuilles. Occupons-nous d'abord de l'absorption par les racines.

Les racines puisent dans la terre des gaz et des fluides aqueux qui tiennent en dissolution les matières propres à la nutrition des arbres. Pour se convaincre de ce fait, il suffit de placer les racines d'un jeune arbre dans un vase rempli d'eau. Cet arbre continuera de végéter, et l'on verra le liquide diminuer progressivement. La même expérience peut servir à démontrer l'existence d'un second fait, c'est que l'absorption des racines a lieu surtout pendant le jour. En effet, on voit le liquide diminuer sensiblement du matin au soir, et très-peu du soir au matin.

Nous savons déjà que c'est dans les extrémités radiculaires

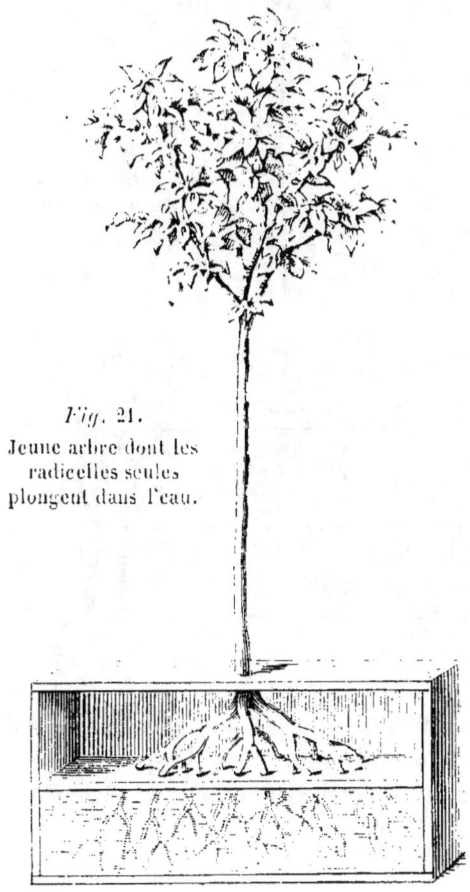

Fig. 21.
Jeune arbre dont les radicelles seules plongent dans l'eau.

ou le chevelu de la racine que réside surtout la propriété d'absorption. Pour prouver l'exactitude de cette assertion, on a disposé (*fig.* 21) un jeune arbre de manière à ce que les radicelles seules plongeassent dans l'eau, tandis que le corps de la racine était seulement abrité du contact de l'air. L'arbre a con-

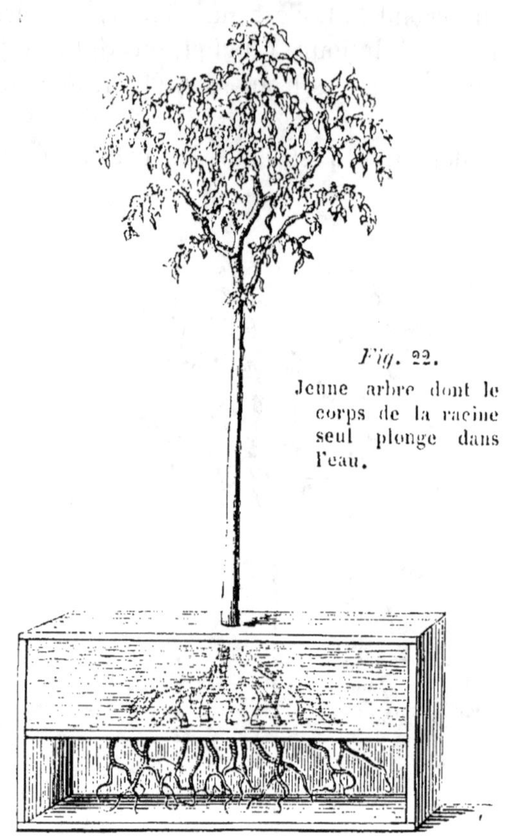

Fig. 22.

Jeune arbre dont le corps de la racine seul plonge dans l'eau.

tinué de végéter. Puis on a fait le contraire (*fig.* 22) : on a placé le corps de la racine dans l'eau, tandis que les radicelles étaient privées de son contact, la végétation s'est arrêtée tout à coup, et les feuilles se sont flétries. Ces deux expériences sont concluantes [1].

[1] On doit à M. Dutrochet l'explication du phénomène par lequel les liquides répandus dans le sol pénètrent dans les extrémités radiculaires recouvertes cependant par une membrane continue. Ce résultat est dû à une force nommée *endosmose* et qui fait que deux liquides de densité différente et séparés par une membrane animale ou végétale, traverseront cette membrane pour se mettre en équilibre.

Dès que l'eau du sol, chargée de matières solubles, est entrée dans les radicelles, elle fait partie des sucs du végétal : c'est à ce fluide que l'on donne le nom de *séve proprement dite*. Étudions maintenant quelle direction cette séve suit dans l'arbre, et quelles sont les parties de la tige qui servent à sa circulation.

La séve, absorbée par les racines, s'élève jusqu'aux feuilles; c'est à ce phénomène qu'on donne le nom d'*ascension de la séve* ou *séve montante*. Les expériences les plus concluantes sont venues démontrer que c'est par le corps ligneux que s'opère le mouvement d'ascension. Voici l'expérience principale qui, répétée par plusieurs physiologistes et par nous, est venue éclairer cette question. On arrosa un jeune arbre, placé dans un vase, avec un liquide coloré. Après plusieurs jours d'expérience, on coupa transversalement la tige de cet arbre, et l'on reconnut, à la cou-

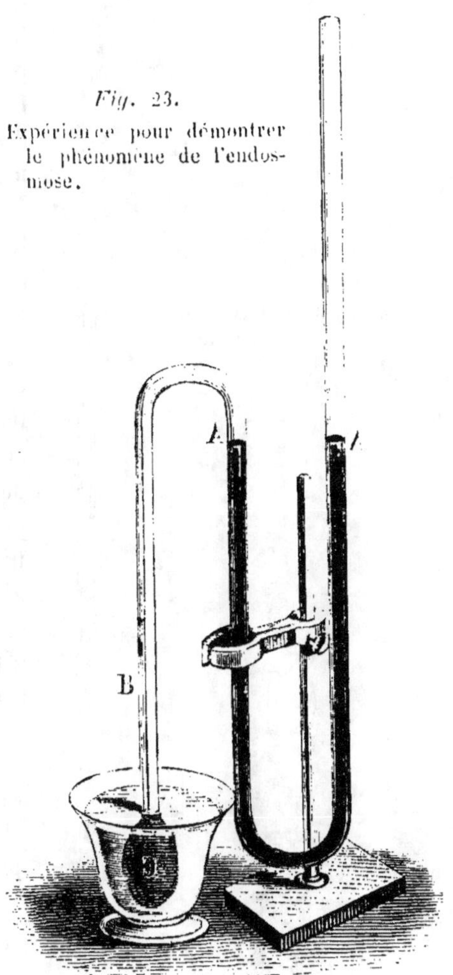

Fig. 23.

Expérience pour démontrer le phénomène de l'endosmose.

Ainsi, qu'une petite vessie membraneuse (D, *fig.* 23), remplie d'eau sucrée ou gommeuse, soit fixée à la base d'un tube à double courbure, rempli lui-même d'eau sucrée de B en A, et de mercure d'A en A, qu'on plonge la vessie dans un vase rempli d'eau pure, et l'on verra bientôt celle-ci pénétrant à travers la vessie, exercer une pression telle sur la colonne de mercure, que cette dernière pourra s'élever à plus d'un mètre dans l'espace de deux jours. C'est sous l'influence de ce même phénomène de l'endosmose qu'on voit les cerises et les prunes se déchirer lorsqu'elles sont mouillées par les pluies aux approches de leur maturité.

leur des parties qui avaient servi à la circulation, que le liquide avait suivi dans son mouvement d'ascension seulement les vaisseaux formant les deux ou trois couches les plus extérieures de l'aubier. L'ascension de la séve s'opère donc par les couches d'aubier les plus jeunes; de là elle passe dans les vaisseaux qui forment le pétiole (H, *fig.* 7), puis elle se répartit dans toute l'étendue de la feuille [1].

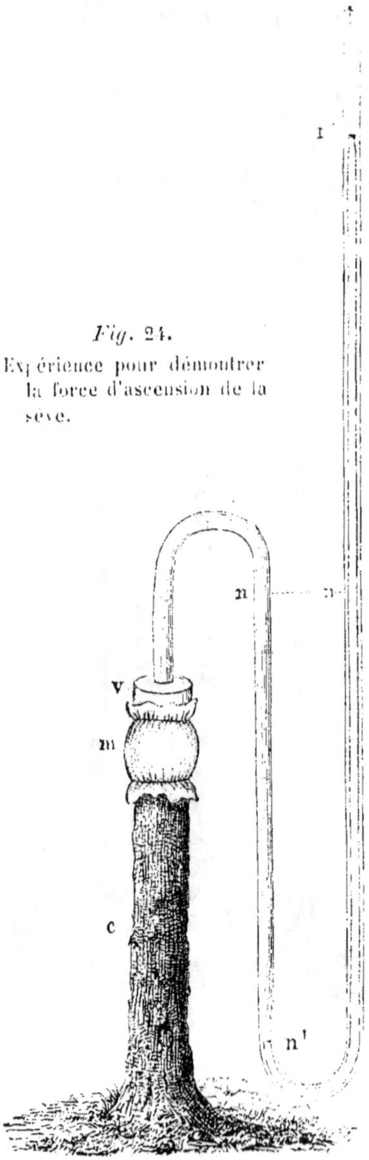

Les racines ne sont pas les seuls organes absorbants : les feuilles remplissent aussi cette fonction, et puisent, dans l'atmosphère, de la vapeur d'eau, de l'acide carbonique et de l'oxygène. Cette absorption se fait particulièrement par les pores de la face inférieure des feuilles. Dans les racines, cette introduction

Fig. 24.

Expérience pour démontrer la force d'ascension de la séve.

1 C'est encore à l'endosmose qu'on doit attribuer en grande partie la force qui détermine l'ascension de la séve ; toutefois l'action de l'évaporation sur toutes les parties vertes des arbres vient encore aider à ce mouvement ascensionnel, en produisant dans les tissus environnants un vide qui attire à lui la séve des racines. Cette force d'ascension est telle que si l'on coupe, au printemps, un cep de vigne près de sa base et que l'on adapte sur cette coupe un tube à double courbure rempli de mercure jusqu'au point N (*fig.* 24), on voit bientôt la séve qui s'échappe de la section exercer une pression telle sur la colonne de mercure, que cette dernière peut s'élever jusqu'aux points N', à plus d'un mètre au-dessus de son niveau.

de fluides a lieu surtout pendant le jour; dans les feuilles, au contraire, elle s'opère pendant la nuit. Les fluides absorbés par les feuilles et par les racines sont accumulés dans les cellules répandues entre les mailles qui composent les parties foliacées de l'arbre.

La séve ascendante, parvenue dans les feuilles, y subit plusieurs modifications. D'abord, elle abandonne une grande partie de son humidité, qui est rejetée dans l'atmosphère sous forme de vapeur aqueuse par toutes les parties vertes, et surtout par les pores qui couvrent la face supérieure des feuilles. Ce premier fait a été clairement démontré par les expériences de Hales, célèbre physiologiste anglais. Il planta (*fig.* 25) un soleil des jardins dans un vase fermé par une platine percée seulement par deux ouvertures, l'une pour laisser passer la tige de la plante, l'autre pour pratiquer des arrosements. Le pot et la plante furent soigneusement pesés soir et matin pendant quinze jours. Il résulta de ces observations que la plante perdit par l'évaporation 600 grammes d'eau par jour.

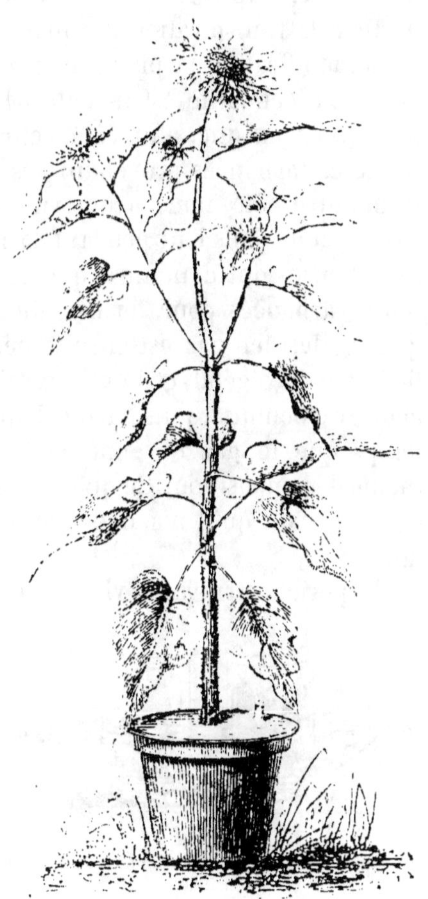

Fig. 25. — Soleil des jardins.

La même expérience a servi à démontrer que cette exhalation a lieu surtout sous l'influence de la lumière. Ainsi, en pesant le matin le pot et la plante, il ne trouva pas de perte bien sensible.

Quelquefois cette transpiration est si considérable, qu'elle devient sensible comme la sueur, sous forme de gouttelettes. Ceci explique la présence des gouttelettes d'eau qu'on observe fréquemment sur les feuilles de quelques espèces aux premiers rayons du soleil levant. On avait cru d'abord que cette humidité était produite par la rosée, mais on a reconnu qu'elle s'observe de même sur les plantes recouvertes pendant la nuit d'une cloche de verre, et qu'elle devait être rapportée en grande partie à la transpiration des plantes.

La modification la plus importante subie dans les feuilles par la séve ascendante est incontestablement la suivante.

Nous savons que, d'un côté, cette séve tient en dissolution des matières carbonées provenant des engrais répandus dans le sol. D'un autre côté, nous avons vu que les feuilles absorbent du gaz oxygène dans l'air pendant la nuit ; et bien des expériences minutieuses ont démontré que le gaz oxygène s'unit aux matières carbonées pour former du gaz acide carbonique ; puis, que ce dernier gaz est ensuite décomposé, que le carbone est fixé dans le végétal, et le gaz oxygène reversé dans l'air. Le gaz acide carbonique, puisé dans l'air par les feuilles en même temps que le gaz oxygène et les vapeurs aqueuses, subit la même décomposition. Ce qu'il y a de remarquable dans ce phénomène, c'est qu'il n'a lieu que sous l'influence des rayons solaires.

L'expérience suivante vient, du reste, prouver d'une manière bien évidente cette absorption de l'acide carbonique par les feuilles, sa décomposition sous l'influence de la lumière et la fixation du carbone dans la plante. Si l'on place sur une même cuvette (*a, fig.* 26) deux bocaux renversés, l'un *b*, ainsi que la cuvette, plein d'eau distillée dans laquelle nage une plante de menthe aquatique, l'autre *c*, rempli d'acide carbonique ; qu'on surmonte l'eau de la cuvette d'une épaisse couche d'huile, pour éviter le contact de l'air atmosphérique, et qu'on expose l'appareil au soleil, voici ce qui a

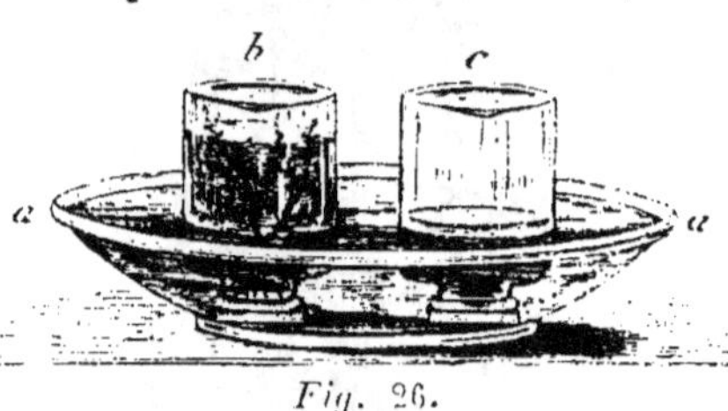

Fig. 26.

Décomposition de l'acide carbonique par les feuilles.

lieu. L'acide carbonique est progressivement absorbé par l'eau qui le cède à mesure à la plante de menthe ; celle-ci le décompose et rejette l'oxygène, lequel s'accumule successivement au sommet du bocal *b*, tandis que l'on voit l'eau s'élever dans le bocal *c* et y occuper un espace à peu près égal à celui de l'oxygène qui s'accumule au-dessus de la plante de menthe.

D'un autre côté, si un jeune arbre en végétation est plongé dans l'obscurité complète, les parties qui se développent contiennent, à volume égal, une bien moins grande proportion de charbon que celles développées à la lumière ; en outre, elles sont d'une couleur jaunâtre et chargées d'une bien plus grande quantité de fluides aqueux. Ceci prouve évidemment que le carbone ou charbon ne peut être fixé dans la plante qu'à l'aide du concours de la lumière, et que la présence de cet agent est également nécessaire pour que la séve se débarrasse de son eau surabondante, au moyen de la transpiration.

Les plantes qui se développent dans de pareilles circonstances offrent toutes ces accidents auxquels on donne le nom d'*étiolement*.

On peut conclure de ces faits, que plus les arbres sont exposés à une lumière vive, plus leur bois est dur et compacte, parce qu'ils peuvent assimiler une plus grande quantité de carbone. En effet, la tige d'un arbre placé isolément sur une haute montagne, contiendra plus de charbon, sera d'une plus grande dureté, se conservera plus longtemps qu'une tige de la même espèce, du même volume, mais développée au milieu d'une épaisse futaie.

Parmi les diverses influences de la lumière sur la végétation, une des plus remarquables est celle qu'elle exerce sur la direction des tiges. Placez une plante en végétation dans un appartement percé de deux ouvertures latérales, l'une donnant accès à l'air sans donner passage à la lumière, l'autre laissant arriver la lumière sans donner accès à l'air ; et l'on verra tous les rameaux se diriger vers la seconde ouverture.

Voici comment se produit ce phénomène. Lorsqu'un bourgeon feuillé reçoit plus de lumière d'un côté que de l'autre, le côté le plus éclairé élabore plus complétement la séve des racines ; il y a sur ce point du bourgeon une plus grande quantité de carbone fixée dans les tissus ; ceux-ci croissent moins longtemps en longueur, parce qu'ils sont plus vite solidifiés, et que d'ailleurs les vaisseaux ligneux descendants, qui se forment en plus grande abondance sur ce point, arrêtent aussi plus vite l'allongement des vaisseaux ascendants. Mais, le côté opposé recevant une moins grande quantité de cambium, et les vaisseaux descendants se formant moins vite, les tissus s'allongent plus longtemps. Or, comme les deux côtés d'un même bourgeon ne peuvent pas se séparer l'un de l'autre pour croître chacun à sa façon, il faudra nécessairement que ce bourgeon se courbe du côté où il s'allonge le moins, c'est-à-dire du côté le plus éclairé. Ceci nous explique pourquoi les branches des arbres en espalier, qui ne reçoivent la lumière que d'un seul côté, tendent sans cesse à se diriger en avant ; pourquoi les arbres des lisières des forêts inclinent leurs branches plus du côté extérieur que du côté intérieur ; pourquoi enfin ces mêmes arbres sont généralement plus gros, moins élevés, plus ramifiés que ceux de l'intérieur de la forêt qui n'offrent de ramifications qu'à leur sommet, et n'ont jamais une grosseur proportionnée à leur élévation. Tous ces faits doivent être expliqués par l'influence de la lumière, et non, comme l'avaient pensé quelques cultivateurs, par celle de l'air, dont la libre circulation n'est nullement contrariée dans ces diverses circonstances.

Telles sont les principales modifications que subissent, dans les feuilles, les divers fluides absorbés, avant de servir à l'accroissement des arbres. Voyons maintenant quelle route suit cette séve pour arriver aux différents points où doivent se faire de nouveaux développements.

La séve, après avoir reçu les modifications précédentes dans le tissu cellulaire des feuilles, devient moins liquide, et acquiert le caractère d'un nouveau fluide, connu sous le nom de *cambium*. Ainsi préparé, le cambium passe des cellules de la feuille dans les nervures du même organe, composées, comme nous le savons, de vaisseaux ou tissu vasculaire. Il circule dans ces vaisseaux et parvient, en descendant, jusqu'à la base du pétiole. Là, il détermine la formation d'une couche d'aubier et de liber, puis une partie descend par les vaisseaux de cette même couche de liber (*c, fig.* 7). On donne à ce second mouvement de la séve le nom de *séve descendante*.

Plusieurs physiologistes ont nié le passage du cambium ou séve descendante par le liber. Ils ont pensé qu'il suivait les vaisseaux de la couche d'aubier. Le fait suivant est venu donner tort à cette opinion. Si l'on enlève un anneau d'écorce à la tige ou à une branche d'un arbre en végétation (A, *fig.* 27), on voit bientôt se former au bord supérieur de la plaie un bourrelet (*a*). Si l'on opère cette section sur une branche dépourvue ou dégarnie de feuilles (B), il ne se forme point de bourrelet à la lèvre supérieure (*b*). Ce bourrelet ne se développe qu'à mesure que les feuilles, apparaissant sur cette branche, viennent élaborer le cambium. Il est difficile de ne pas conclure de ces faits que la séve descendante suit, pour opérer ce mouvement, les couches de liber, et qu'arrêtée par la section annulaire, elle donne lieu au bourrelet.

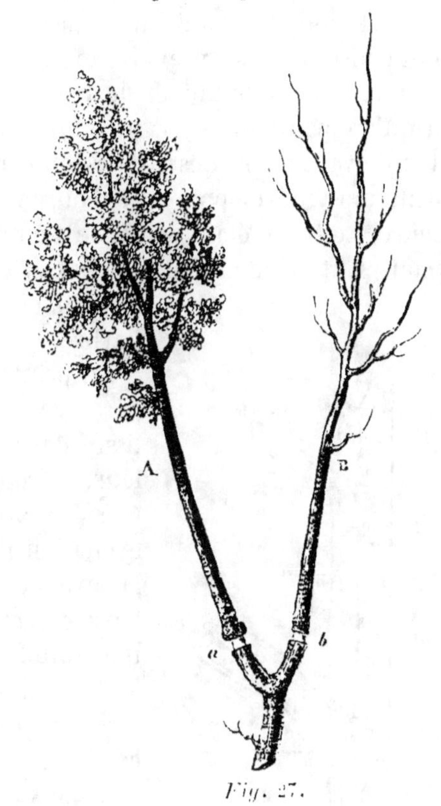

Fig. 27.

Incision annulaire.

Accroissement. — Le phénomène par lequel le fluide organisateur ou cambium est réparti sur les divers points du végétal et sert à son développement constitue l'*accroissement.*

On distingue dans l'accroissement celui de la tige et celui des racines.

L'accroissement de la tige présente deux phénomènes : l'accroissement en longueur, et l'accroissement en diamètre.

Accroissement en longueur. — Le cambium élaboré par les feuilles pendant tout le temps de la végétation n'est pas employé en totalité à la formation de nouvelles parties ; une certaine quantité reste en dépôt dans les tissus de l'arbre pendant l'hiver, pour servir au premier développement, lors du réveil de la végétation, alors qu'il n'y a pas encore de feuilles, qui puissent concourir à sa préparation. Pour prouver ce fait, on coupe, vers le milieu de l'hiver, le tronc d'un arbre; on le conserve jusqu'au printemps dans un endroit un peu humide pour empêcher l'évaporation des fluides qu'il renferme, et on le voit, au printemps, développer des bourgeons longs quelquefois d'un mètre. Le tronc étant privé de racines et de feuilles, ces bourgeons sont évidemment alimentés par le cambium tenu en réserve dans les tissus de cette partie de l'arbre.

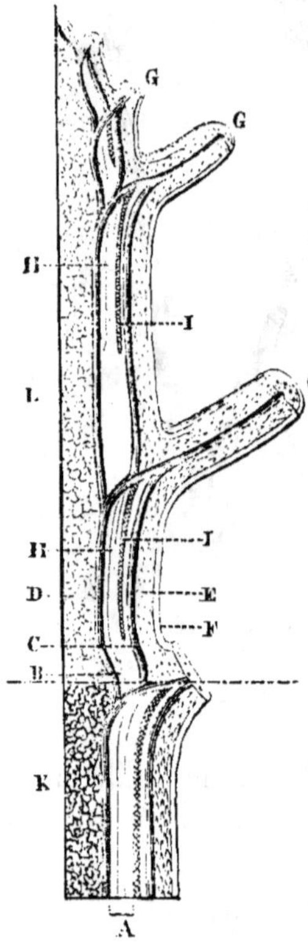

Au printemps donc, lorsque la température commence à s'élever, les tissus des végétaux, excités par la chaleur, retrouvent toute leur énergie vitale. Les boutons acquièrent une surexcitation particulière ; l'ascension de la séve, des racines vers le sommet de l'arbre, commence à s'effectuer avec une grande force. Ce fluide, comprimé à l'extrémité des rameaux dans les vaisseaux les plus extérieurs de la jeune couche d'aubier (A, *fig.* **28**), agit sur les vaisseaux qui forment l'axe rudimentaire des boutons (B et C) et détermine l'allongement de cet axe ; c'est alors que commence l'accroissement en longueur des bourgeons dont les premiers tissus sont constitués à l'aide du cambium tenu en réserve dans les parties environnantes. Ces jeunes bourgeons se composent d'abord d'un axe (B, *fig.* **28**) : c'est l'étui médullaire rempli de moelle (D, *fig.* **28**). Cet étui médullaire est formé de quelques vaisseaux ; puis il est recouvert par une

Fig. **28.**

Coupe verticale grossie d'un fragment de rameau (K) et d'un fragment de bourgeon (L).

couche très-mince de liber, de tissu sous-épidermoïde (CE), et l'épiderme (F). Ces différentes parties sont les seules dans les arbres qui se développent de bas en haut, et naissent toujours d'un bouton : c'est le *système ascendant*. Toutes les autres parties se développent constamment de haut en bas comme nous le verrons plus loin.

Bientôt après cette évolution de l'axe des bourgeons, les premières feuilles (G) se déploient, et, commençant immédiatement leurs fonctions, transforment en cambium la séve des racines. Il s'établit alors, dans chacun de ces nouveaux prolongements, une lutte entre deux effets opposés : la séve ascendante qui, par sa force, détermine le prolongement des tissus ; et la sève descendante ou cambium qui, déposant sur son passage des matières nutritives, tend à constituer et à solidifier ces mêmes parties, à diminuer leur élasticité, et à arrêter ainsi leur allongement. Le développement des filets ligneux (H), et du liber (I), qui naissent de la base des feuilles en se dirigeant de haut en bas, contribue aussi beaucoup à arrêter cette élongation, qui cesse toujours vers la fin de l'année, en commençant d'abord par la base des bourgeons.

Tel est, en général, le mode d'accroissement en hauteur des arbres ; le tronc, les branches et les rameaux se sont ainsi étendus par le développement successif de bourgeons terminaux.

Ce qu'il y a de remarquable dans ce qui précède, c'est, comme nous venons de le dire, que les bourgeons, après s'être allongés pendant une année environ, restent stationnaires, ou, du moins, que leur prolongement n'a plus lieu que par le développement d'un nouveau bourgeon terminal. Ainsi Duhamel fixa, à d'égales distances les unes des autres, des pointes, disposées sur une ligne longitudinale, sur des troncs, des branches et des rameaux, après plusieurs années d'observations, il ne remarqua pas que l'espace réservé entre ces pointes eût augmenté.

La longueur qu'acquiert chaque bourgeon pendant l'année de son développement varie en raison de plusieurs circonstances.

Si l'on compare entre eux deux arbres de même espèce placés dans des circonstances différentes, on observera souvent que la plupart des bourgeons développés par l'un seront beaucoup plus longs que ceux de l'autre. Ce fait a pour cause générale l'inégalité d'action de la séve ascendante et celle de la séve descendante. En effet, si l'un de ces arbres se trouve planté dans un sol humide et dans une position ombragée, la séve ascendante, très-abondante, et surtout très-aqueuse, agira avec force sur l'allongement des bourgeons ; d'un autre côté, les fonctions des feuilles se faisant incomplétement, en raison du peu de lumière qui les éclaire, la séve descendante ou cambium sera aussi très-aqueuse et peu riche en principes organisateurs. Il résultera de ces deux causes que les tissus des bourgeons se solidifieront lentement, que les productions descendantes du bois et du liber seront peu abondantes, et que les bourgeons devront acquérir bien plus de longueur dans un temps donné.

Si, au contraire, un autre individu de la même espèce se trouve planté dans un terrain sec, exposé à une lumière très-vive, la séve ascendante sera moins aqueuse et plus riche en principes nutritifs, les feuilles fonctionneront avec une grande énergie, et la séve descendante sera très-riche en molécules organisatrices. Il en résultera que les tissus des bourgeons étant, d'un côté, soustraits à une partie de l'influence de la séve ascendante, et, de l'autre, recevant une grande quantité de molécules nutritives, se solidifieront bien plus promptement, et que leur allongement se trouvera aussi plus vite arrêté par l'abondance des filets ligneux et corticaux descendants. Ces bourgeons acquerront alors bien moins d'étendue dans un temps donné.

On trouvera encore des différences très-grandes entre les diverses espèces ligneuses, quant à la longueur de leurs bourgeons. Ici elles ne sont plus dues seulement à l'influence des causes extérieures, mais encore au mode de nutrition particulier à chaque sorte d'arbre. Comparons, par exemple, la vigne et le chêne. La vigne développe des bourgeons qui acquièrent souvent jusqu'à 5 et 6 mètres de long, tandis que dans le chêne les plus vigoureux ne dépassent guère 1 mètre. Cela tient à ce que la vigne, s'assimilant une bien moins grande proportion de matière carbonée que le chêne, les causes qui s'opposent à l'allongement des tissus s'y produisent avec moins d'intensité. Nous pourrions en dire autant du *saule,* du *peuplier,* du *tilleul,* comparés au *chêne* ; aussi le bois de ces arbres est-il, à volume égal, bien moins riche en charbon que celui du chêne.

L'allongement des bourgeons, observé sur un même individu,

offre aussi des différences remarquables. On voit que le bourgeon terminal d'un rameau est toujours plus vigoureux et acquiert plus de longueur que ceux placés au-dessous (B, *fig.* 4). Ce phénomène s'explique quand on songe que la séve ascendante, trouvant moins d'obstacles à circuler dans une ligne droite que dans une ligne brisée, doit agir avec bien plus d'énergie sur l'allongement du bourgeon terminal que sur celui des bourgeons latéraux. Nous devons ajouter que le bouton terminal d'un rameau étant formé après les boutons latéraux, les vaisseaux ligneux qui y portent la séve des racines recouvrent en grande partie ceux qui alimentent directement les boutons latéraux ; il en résulte que les vaisseaux du bouton terminal, formant immédiatement l'extrémité des radicelles, absorbent plus facilement et en plus grande quantité les fluides répandus dans le sol ; cela est si vrai que les boutons terminaux se développent toujours avant les boutons latéraux. On voit aussi que plus un rameau développe de bourgeons, moins ceux-ci acquièrent de longueur : la séve ascendante, partageant son action entre les divers bourgeons, agit d'autant moins activement sur chacun d'eux qu'ils sont plus nombreux. Nous nous rappellerons ces principes lorsque nous nous occuperons de l'élagage.

Accroissement en diamètre. — L'accroissement en diamètre des diverses parties de la tige commence à s'opérer en même temps que leur développement en longueur. Suivons cet accroissement dans une jeune tige née depuis quelques jours seulement.

A mesure que cette jeune tige s'allonge et que les feuilles se déploient, celles-ci élaborent le cambium. Ce fluide organisateur, une fois formé, descend, par les nervures de la feuille, jusqu'à la base du pétiole. Là il produit un certain nombre de vaisseaux ligneux (M, *fig.* 7) qui, naissant de ce point, recouvrent le canal médullaire et se prolongent jusqu'à l'extrémité des radicelles : c'est la première formation de l'aubier. Les feuilles qui se développent au-dessus de la première fournissent également un certain nombre de ces vaisseaux ligneux (D, *fig.* 7) qui recouvrent successivement ceux des feuilles placées au-dessous, et se prolongent également jusqu'à l'extrémité des racines. Ce développement et cette superposition successive de vaisseaux ligneux se produisent sur la jeune tige tant qu'elle donne naissance à de nouvelles feuilles. Vers l'automne, les feuilles venant à disparaître, il n'y a plus préparation de cambium, et les formations ligneuses cessent. La séve ascendante n'étant plus appelée par les feuilles, les fonctions des racines sont aussi en partie suspendues. Ce qui se forme ainsi d'aubier sur la tige, pendant le cours de la végétation, donne lieu à une couche séparée de celles qui suivront par une petite ligne de couleur plus foncée (*fig.* 6).

S'il est vrai qu'il se forme chaque année sur la tige une couche distincte de bois, il doit être possible de déterminer approximativement l'âge d'un arbre, en comptant sur la coupe transversale de son tronc le nombre de ses couches ligneuses ; mais, pour que le calcul puisse approcher de la vérité, l'arbre doit être coupé près de sa base ; car, si la section était opérée sur un point plus élevé que celui où s'est arrêté, la première année, l'allongement de la jeune tige, et par conséquent, la formation de la première couche ligneuse (en A, par exemple, *fig.* 9), on compterait une ou plusieurs couches de moins.

Pour prouver le degré de précision de ce procédé, nous citerons le fait suivant. Nous avons coupé transversalement le tronc d'un *platane* qui fut abattu, en 1838, par un ouragan sur le boulevard Martainville, à Rouen. Cette avenue fut plantée en 1776, sous l'intendance de M. de Crosne. Eh bien, en comptant les couches ligneuses de cette coupe, nous en avons trouvé 67. Le nombre d'années écoulées de 1776 à 1838 est de 62 ; comme l'arbre avait au moins 5 ans quand on l'a planté, on voit que le nombre de couches observées indiquait son âge d'une manière assez exacte.

En considérant attentivement la masse du corps ligneux sur la coupe transversale d'un tronc d'arbre déjà âgé, on remarque que les couches concentriques qui la composent offrent entre elles une grande irrégularité d'épaisseur. L'étude comparée de la coupe d'un certain nombre de troncs de vieux arbres a démontré, qu'en général, leur accroissement en grosseur est d'abord assez prompt, mais qu'à une certaine époque de leur existence, époque assez reculée d'ailleurs et variant selon les espèces, l'accroissement annuel diminue beaucoup et se continue ensuite jusqu'à la mort de l'arbre sans perdre ni gagner sensiblement. Cette diminution d'accroissement paraît tenir à deux causes, savoir : en premier lieu, à ce que les racines, en s'éloignant en profondeur de l'influence de l'air libre, remplissent moins bien leurs fonctions ; en second lieu, à ce que l'écorce du tronc devient, en vieillissant,, plus sèche, moins flexible, et s'oppose ainsi au libre accroissement du liber et de l'aubier. Knight, physiologiste anglais, a vu que de vieux *poiriers* et *pommiers*, après avoir été débarrassés de la partie extérieure, sèche et désorganisée de leur écorce, ont formé plus de bois en deux ans qu'ils ne l'avaient fait pendant les vingt années précédentes. Au surplus, ces deux causes générales sont modifiées par la plus ou moins grande fertilité des diverses zones de terre que les racines rencontrent dans leur trajet pendant la vie de l'arbre. Ainsi, on voit quelquefois des couches ligneuses, développées pendant la jeunesse de l'arbre, être plus minces que celles qui les précèdent et les suivent. Ces couches correspondent à une époque de la vie de l'arbre où les racines se trouvaient engagées dans une terre moins fertile.

Quelquefois aussi, presque toutes les couches ligneuses de certains troncs présentent, vers le même point de leur étendue circulaire (en A, *fig.* 29), une épaisseur plus considérable que vers les autres points ; de telle sorte que le canal médullaire paraît être placé latéralement, et que le tronc offre de ce côté un renflement longitudinal très-marqué. Ce phénomène est dû à la présence d'une grosse branche au-dessus de ce point. Celle-ci supportant un plus grand nombre de feuilles, il s'y produit plus de cambium et de vaisseaux ligneux, et les couches de bois acquièrent nécessairement de ce côté plus d'épaisseur. Si on venait à supprimer cette grosse branche, ces couches ligneuses cesseraient aussitôt leur accroissement disproportionnel.

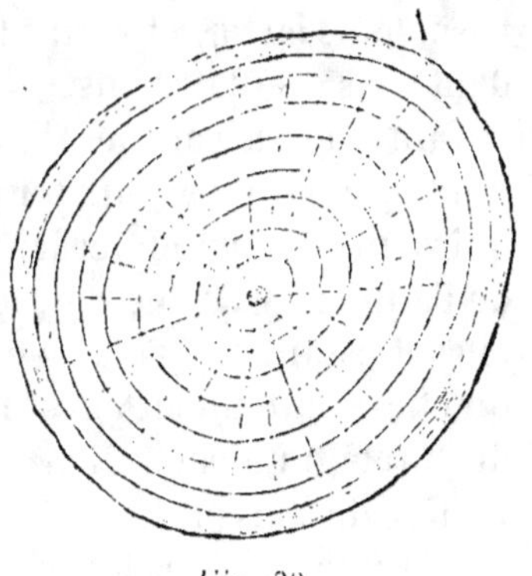

Fig. 29.

Coupe transversale d'une tige dont les couches ligneuses sont toutes plus épaisses d'un côté.

Nous avons vu, en étudiant l'organisation du corps ligneux,

qu'il offre deux parties distinctes : l'une centrale, d'un tissu plus serré, plus dur, ordinairement plus coloré, et à laquelle on donne le nom de *bois parfait* ; l'autre placée à l'extérieur, d'un tissu plus lâche, d'une couleur toujours jaunâtre, et que l'on connaît sous le nom d'*aubier*. C'est ici le moment de parler de la formation du bois parfait.

Nous savons que l'ascension de la séve s'opère surtout par la couche d'aubier la plus extérieure ; cette couche conserve ses fonctions pendant une, deux, quelquefois même pendant quatre ans, selon le diamètre plus ou moins grand des vaisseaux qui charrient la séve et qui s'obstruent plus ou moins vite. Si l'on opère, au printemps, une section annulaire, large de $0^m,10$ environ sur le tronc d'un *faux acacia*, par exemple, dont le tissu est très-serré, et qu'on isole cette plaie du contact de l'air, la partie placée au-dessus de la section languira pendant le restant de l'année, mais elle ne végétera plus au printemps suivant. La couche d'aubier ne conservant ses fonctions que pendant une année, n'aura pu être remplacée, au point de la section annulaire, par une nouvelle couche, et la séve ascendante n'arrivant plus aux feuilles, l'arbre mourra. L'*orme*, dont le tissu est un peu plus mou, soumis à la même expérience, ne cesse de vivre qu'au bout de deux ans. Le *marronnier*, le *peuplier*, le *saule*, à tissus plus lâches et moins faciles à obstruer, vivent encore pendant trois et quatre ans.

Tant que les couches ligneuses servent à la circulation des fluides, elles reçoivent toujours quelques molécules nutritives qui viennent augmenter leur densité, et continuent de faire partie de l'aubier. Mais bientôt, les vaisseaux qui composent ces couches finissant par s'obstruer, leurs fonctions cessent ; les fluides qu'elles contiennent encore se solidifient, elles acquièrent plus de dureté, une coloration plus intense, et prennent enfin le caractère du bois parfait.

Néanmoins, dans les arbres à bois mou, le *marronnier*, le *peuplier*, les couches ligneuses centrales diffèrent peu des couches extérieures, et le bois parfait y est peu distinct de l'aubier : c'est que le cambium élaboré par les feuilles de ces arbres est bien moins riche en matière carbonée, et que, les tissus qui en résultent étant plus lâches, les vaisseaux cessent leurs fonctions avant d'être complétementobstrués et d'avoir acquis une grande dureté. La circulation des fluides est alors empêchée dans ces vaisseaux par les nouvelles couches d'aubier qui, venant les recouvrir annuellement, privent leur extrémité inférieure du contact immédiat du sol et les empêchent d'absorber.

Une fois que les couches ligneuses sont passées à l'état de bois parfait, elles ne servent plus qu'à supporter les parties essentiellement vivantes, c'est-à-dire les couches d'aubier les plus extérieures et l'écorce. Encore le bois parfait n'est-il pas, sous ce rapport, indispensable à l'existence des arbres ; car on voit tous les jours des *chênes*, des *ormes*, des *saules* entièrement creux et qui végètent cependant avec force. Ce fait a servi à démontrer combien était peu fondée l'opinion de ceux qui pensaient que l'ascension de la séve continuait de s'opérer par le canal médullaire.

Les diverses parties que comprend l'*écorce* présentant un mode d'accroissement différent, nous devons les étudier séparément : occupons-nous d'abord du *liber*.

Le liber, partie la plus intérieure de l'écorce, immédiatement en contact avec l'aubier (E et F, *fig.* 7), se compose, comme nous le savons déjà, de feuillets minces superposés, et formés eux-mêmes par la réunion de vaisseaux. Ces vaisseaux naissent aussi de la base des feuilles (E, *fig.* 7) et se prolongent, comme les filets ligneux, jusqu'à l'extrémité des radicelles. Seulement, dans le liber, les vaisseaux qui descendent successivement se développent les uns au-dessous des autres (F, *fig.* 7), de sorte que les plus nouvellement formés sont toujours les plus intérieurs ; tandis que dans le corps ligneux, les nouvelles couches se recouvrant l'une l'autre, la plus jeune est toujours à l'extérieur de l'aubier. Ce qui se forme de vaisseaux du liber pendant le cours de la végétation d'une année donne lieu, comme dans l'aubier, à une couche distincte.

Le cambium préparé dans les feuilles ne concourt pas seulement au développement des vaisseaux descendants de l'aubier et du liber, il produit encore le tissu cellulaire interposé entre les mailles formées par ces différents vaisseaux (r, *fig.* 8). Ainsi, une partie du cambium circule en descendant dans les vaisseaux du liber ; il s'extravase par les pores et les fentes de ces vaisseaux, entre la couche d'aubier la plus extérieure et la couche du liber la plus intérieure (en *g, fig.* 7). Là, à mesure que les vaisseaux de l'aubier et du liber s'allongent et s'organisent, le cambium donne lieu à la formation du tissu cellulaire qui existe entre leurs mailles, et maintient en outre le trajet parcouru par ces vaisseaux dans un état d'humidité favorable à leur développement.

Tel est le mode de formation du corps ligneux et des couches du liber. L'année suivante, au printemps, les vaisseaux de la couche d'aubier formés avant l'hiver servent à faire arriver la séve des racines jusqu'aux boutons ; les feuilles se déploient et concourent à la production de deux nouvelles couches, une couche d'aubier et une couche de liber, qui sont interposées entre les deux précédentes ; c'est-à-dire, que la nouvelle couche d'aubier recouvre la dernière formée, et que la nouvelle couche de liber, se développant au-dessous de celle qui l'a précédée, la repousse à l'extérieur. C'est de cette manière qu'a lieu l'accroissement en diamètre du tronc, des branches et des rameaux des arbres.

Dans les jeunes tiges, on rencontre, à l'extérieur du liber, une couche de tissu cellulaire de couleur souvent verdâtre, à laquelle on a donné le nom de *tissu sous-épidermoïde* (*e, fig.* 7). Cette couche est le résultat du cambium sécrété par le tissu cellulaire placé entre les mailles du liber, et répandu par les vaisseaux du liber dans lesquels il circule.

Une nouvelle couche de ce tissu sous-épidermoïde est produite chaque année dans les jeunes tiges, et repousse les anciennes à l'extérieur. Cet état de choses se continue jusqu'à ce que, par le grossissement du corps ligneux, les couches du liber les plus anciennes et les plus extérieures viennent à se distendre, à se déchirer. Mises en contact avec l'air, ces couches se dessèchent et passent à l'état de couches corticales inertes (*d, fig.* 6). C'est alors que le liber encore vivant, étant recouvert par ces couches sans vie, il n'y a plus production de tissu sous-épidermoïde : c'est ce que l'on remarque sur les vieux troncs.

Néanmoins, quelques espèces offrent, sous ce rapport, une anomalie remarquable. Dans le *bouleau,* le *merisier,* le *chéneliége* et d'autres espèces encore, le liber est organisé de manière à se distendre assez pour se déchirer très-peu sous l'influence du grossissement du corps ligneux. Il en résulte que les anciennes couches du liber passant moins vite à l'état de couches corticales, la production du tissu sous-épidermoïde est beaucoup plus prolongée, et que les couches annuelles de ce tissu s'accumulent en plus grand nombre à la surface du tronc, et lui donnent souvent un aspect particulier. Dans le *bouleau* et le *merisier*, ces feuillets minces et blancs qui couvrent la surface du tronc ne sont autre chose que les couches accumulées du tissu sous-épidermoïde. Dans le *chêne-liége*, le liége qui se forme sur le tronc est également dû à la réunion des couches annuelles du tissu sous-épidermoïde. Cependant, les troncs mêmes de ces espèces finissent, en vieillissant, par déchirer les couches de liber, les placer sous l'influence de l'air et les faire passer à l'état de couches corticales. Celles-ci se détachent alors de la tige par fragments et mettent à nu les couches vivantes du liber, et l'on voit se former, à la surface de ces couches, de nouveaux tissus sous-épidermoïdes qui se détacheront d'eux-mêmes après un certain nombre d'années.

L'*épiderme*, dans les jeunes rameaux, est, comme nous l'avons vu, une petite pellicule mince, transparente, qui recouvre la première couche du tissu sous-épidermoïde. Cet épiderme paraît être destiné à abriter la couche inférieure, alors qu'il n'existe pas encore d'anciennes couches de tissu sous-épidermoïde pour remplir cette fonction. Ce qu'il y a de certain, c'est que, dans les branches un peu âgées, où ces anciennes couches sont nombreuses, il n'y a plus formation d'épiderme.

Ainsi que nous venons de le voir, les *couches corticales*, dont nous avons parlé en nous occupant de la structure de la tige (*d*, *fig.* 6), ne sont que la réunion des anciennes couches du liber desséchées et désorganisées par l'impression de l'air. Ce qui le prouve, c'est que, dans les jeunes tiges, on ne rencontre pas ces couches. On n'y trouve, comme écorce, que du liber, du tissu sous-épidermoïde et de l'épiderme. Le corps ligneux, grossissant continuellement par l'addition annuelle de nouvelles parties, distend considérablement les couches corticales les plus anciennement formées, celles qui sont les plus extérieures. Il en résulte que les mailles du tissu de ces couches s'entr'ouvrent et se dessinent à la surface des vieux troncs sous forme de losanges très-allongées. C'est ce qui donne aux troncs de la plupart de nos arbres cet aspect rugueux, augmenté encore par l'action destructive de l'air. Dans le *platane*, le *hêtre*, cette cause agit différemment ; les anciennes couches de liber, à mesure qu'elles passent à l'état de couches corticales, se détachent du tronc par plaques plus ou moins grandes, et tombent.

Un phénomène bien remarquable, dans l'accroissement de l'écorce, c'est la facilité avec laquelle elle recouvre les plaies faites à la tige des arbres. Si l'on enlève, au printemps, une certaine

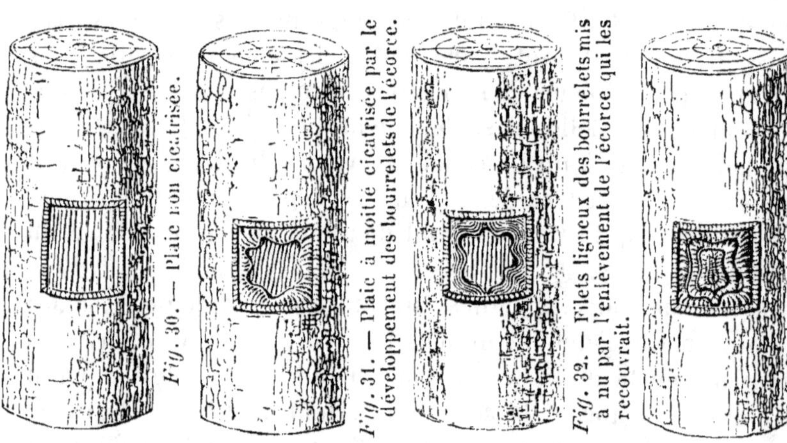

quantité d'écorce sur le tronc d'un arbre, jusqu'à l'aubier (*fig.* 30), le liber est tronqué et mis à nu sur tous les bords de la plaie. Bientôt la séve descendante ou cambium, arrêtée dans sa marche, s'extravase par l'orifice des vaisseaux coupés, se solidifie, s'organise, et forme un bourrelet sur le bord supérieur de la plaie et sur les deux bords latéraux (*fig.* 31). Ces bourrelets sont d'abord formés par une petite masse de tissu cellulaire ; mais bientôt les filets ligneux et ceux du liber, descendant des feuilles à la face extérieure de l'aubier et à la face intérieure du liber, rencontrent également la solution de continuité. Pénétrant alors le bourrelet de tissu cellulaire, ils rampent d'abord horizontalement à la partie supérieure de la plaie, puis, descendent de chaque côté comme l'indique la figure 32, où l'on a enlevé la couche de tissu cellulaire qui recouvrait ces productions : de sorte, qu'à la fin de l'année, ces bourrelets sont formés par une petite couche d'aubier et une couche d'écorce.

L'année suivante, une nouvelle couche d'aubier et une de liber s'interposent entre les couches de l'année précédente, et le bourrelet grossit d'autant. Chaque année, le même phénomène se reproduit, jusqu'à ce que ces bourrelets finissent par se joindre au centre de la plaie, et par la clore entièrement (*fig.* 33).

Toutefois il reste une trace indélébile de cette plaie sur la couche d'aubier qui a été exposée pendant plus ou moins de temps à l'influence désorganisatrice de l'air. Cette surface, qui a acquis une couleur brune, et qui n'a contracté aucune adhérence avec l'aubier des bourrelets qui sont venus la recouvrir peu à peu, est toujours visible dans l'intérieur de l'arbre.

C'est de cette manière qu'on explique la présence de dessins, de chiffres dont on trouve quelquefois la trace dans le corps ligneux de certains arbres lorsqu'on vient à les exploiter.

Nous avons dit que l'accroissement annuel des tiges en longueur et en diamètre est continu ; néanmoins, dans beaucoup de cas, on remarque deux périodes d'accroissement pendant le temps de la végétation. Au printemps, la circulation des fluides étant très-active, les feuilles, nouvellement développées, remplissent leurs fonctions avec beaucoup d'énergie. L'accroissement des diverses parties de la tige est alors très-rapide, et c'est à ce premier moment de la circulation qu'on donne le nom de *séve du printemps*. Mais, si l'on se rappelle que l'élaboration des fluides s'opère dans le tissu cellulaire des feuilles, et si l'on songe à la masse de fluides qui est décomposée et recomposée dans chaque cellule sous l'influence de la lumière, on concevra facilement que le jeu, que l'action vitale de ces cellules ne puissent se prolonger longtemps avec la même intensité, et que les feuilles ne remplissent plus leurs fonctions avec la même rapidité qu'à leur début. D'ailleurs, ces cellules finissent par être obstruées par les matières terreuses dissoutes dans les liquides puisés dans la terre par les racines et qui s'y déposent. Il en résulte que les fonctions des feuilles diminuent peu à peu depuis le printemps jusqu'au moment où elles sont entièrement obstruées ; l'accroissement suit nécessairement cette diminution.

Souvent, les mêmes feuilles continuent leurs fonctions jusqu'à la fin de l'automne ; alors l'accroissement aura été continu. Mais, souvent aussi, dans les individus très-vigoureux, dans ceux qui puisent et élaborent une grande quantité de fluides nutritifs, les feuilles se trouvent obstruées bien avant cette époque ; c'est ordinairement vers le mois d'août que ce phénomène se produit. Toute l'énergie vitale se porte alors sur les boutons placés à l'extrémité des rameaux ; et ceux-ci, stimulés par la chaleur, se développent et donnent naissance à de nouvelles feuilles. Ces feuilles fonctionnent avec beaucoup d'activité, et déterminent une recrudescence dans la circulation des fluides et dans l'accroissement. C'est à cette recrudescence de végétation qu'on a donné le nom de *séve d'août.*

Lorsque la séve d'août se manifeste dans les premiers jours d'août, les rameaux qui en résultent peuvent recevoir avant l'hiver une organisation et une solidification qui les mettent à l'abri de l'influence fâcheuse des gelées. Mais, quelquefois aussi, cette recrudescence de végétation n'a lieu que vers le mois de septembre ; et les productions auxquelles elle donne lieu restent alors molles, herbacées, souffrent beaucoup pendant l'hiver, et ne fournissent au printemps suivant que des bourgeons peu vigoureux. Tel est, en somme, le phénomène de l'accroissement des tiges. Disons un mot de l'accroissement des racines.

Accroissement des racines. — L'accroissement en diamètre des racines est en tout semblable à celui des tiges ; mais leur accroissement en longueur diffère essentiellement de celui des parties aériennes des arbres. L'allongement des tiges est le résultat de l'action de la séve des racines sur les vaisseaux ascendants du canal médullaire et de l'écorce des jeunes bourgeons. Dans les racines, au contraire, cet accroissement est produit par le prolongement des vaisseaux ligneux qui, en descendant jusqu'à l'extrémité des racines, se recouvrent sans cesse les uns les autres et déterminent l'allongement des radicelles. Parfois, ces vaisseaux ligneux, empêchés dans leur trajet, s'écartent de leur direction naturelle, percent l'écorce de la racine et donnent lieu aux nombreuses ramifications qu'on y remarque. L'allongement des racines comparé à celui des tiges présente encore cette autre différence : nous avons vu que l'axe des bourgeons continue de s'allonger dans toutes ses parties pendant

un certain laps de temps ; les jeunes prolongements radicaux
ne croissent au contraire que par leur extrémité. C'est ce que
l'on pourra constater au moyen de signes tracés à des distances
égales sur un jeune prolongement radical ; l'intervalle existant
entre eux ne changera pas, et l'on constatera au delà du dernier toute la longueur que ce prolongement aura acquis pendant
l'expérience. Les racines sont recouvertes d'une écorce consti-
tuée comme celle des rameaux. Leur liber est aussi le résultat
du prolongement des vaisseaux de l'écorce qui naissent de la
base des feuilles.

L'allongement des racines suit en général le progrès de celui
des bourgeons. Toutefois un certain nombre de jeunes prolongements radicaux paraissent précéder chaque année l'apparition
des premières feuilles. En effet on observe souvent, en déplan-
tant les arbres vers la fin du mois de février, de nouvelles radicelles développées depuis quelques jours seulement. Ces jeunes
racines sont formées par des filets ligneux et corticaux qui, surpris à la fin de l'automne dans leur mouvement de descension
par les premiers froids, se sont arrêtés, pour reprendre leur trajet sous l'influence des variations de température qui, pendant
l'hiver, empêchent la végétation de rester complétement suspendue. Ces vaisseaux ligneux et corticaux, produits par les feuilles
voisines du bouton terminal de chaque rameau, portent tout
d'abord la séve vers ces boutons qui se développent toujours les
premiers au printemps.

La présence d'une certaine quantité d'air est indispensable à
la vie des racines et à l'accomplissement de leurs fonctions. Si,
par une circonstance quelconque, elles se trouvent enterrées à
une trop grande profondeur, elles ne fonctionnent plus et finissent par pourrir. C'est ce que l'on remarque pour le pivot de la
racine de nos grands arbres, qui commence à se détruire après
les quatre ou cinq premières années de leur existence. De nombreuses ramifications se développent alors du collet, et elles
sont d'autant plus grosses qu'elles sont plus près de la surface
du sol. Nous aurons à faire l'application de ces faits lorsque nous
parlerons des plantations.

Si l'on compare le développement des divisions de la racine
avec celui des divisions de la tige, on remarque que, presque

toujours, les plus grosses ramifications de la racine se trouvent placées au-dessous des plus grosses branches qui, pourvues d'une grande masse de feuilles, préparent une quantité considérable de cambium, et envoient vers la base de nombreux filets ligneux. Il en résulte que les racines placées au-dessous de ces branches prennent plus de développement que sur les autres points.

Mort des arbres. — L'énergie vitale donne aux molécules qui arrivent dans les tissus des arbres une force telle qu'elles résistent jusqu'à certain point aux lois des affinités chimiques et de la pesanteur. Tant que cette force est prédominante, elle fait passer la matière brute à l'état de matière organisée ; mais, comme la pesanteur et les affinités agissent sans relâche et toujours avec une égale intensité, tandis que l'énergie vitale se ralentit et s'éteint même par un trop long exercice, tôt ou tard la vie cesse, et les formes de l'organisation disparaissent. Le temps suffit donc pour amener la mort des arbres, indépendamment d'une foule de circonstances accidentelles qui viennent souvent troubler l'action des forces vitales et déterminer des maladies qui abrègent la durée de chaque individu.

En traitant de la culture des arbres, nous nous arrêterons à l'étude de leurs maladies, et nous indiquerons les moyens de les prévenir ou d'y remédier. Occupons-nous seulement ici de leur *mort naturelle.*

En considérant la vieillesse du tronc de certains arbres âgés de plus de huit cents ans, comme celui du Chêne-Chapelle d'Allouville, dans la Seine-Inférieure (pl. I), ou de plus de quatorze cents ans, comme ceux des ifs de la Haie-de-Routot, dans le département de l'Eure (pl. II), on serait tenté de croire à l'immortalité de quelques-uns d'entre eux. On croirait qu'ils échappent à la loi générale, d'après laquelle chaque être organisé doit périr dans un temps donné. Mais, en se reportant à l'examen de leur mode d'accroissement, on reconnaît que, comme dans toutes les plantes, la vie ne se prolonge dans chacun de leurs organes que pendant peu d'années. En effet, les parties essentiellement vivantes des arbres, c'est-à-dire les couches les plus jeunes du liber et de l'aubier, ne conservent guère leurs fonctions que pendant deux à trois ans ; au bout de ce temps, elles sont remplacées par de nouvelles couches et deviennent complétement inertes. Les organes absorbants, les feuilles et les extrémités radiculaires ne vivent qu'une année. Des productions semblables leur succèdent l'année suivante. C'est donc réellement un nouvel arbre qui se développe et recouvre annuellement les anciens, dont la vie a cessé. L'origine de ce nouvel arbre est dans les boutons placés sur les rameaux de l'année précédente, et qui peuvent être comparés à des graines.

Si, dans les plantes dites annuelles, le *lin*, la *moutarde*, l'on ne remarque pas cette accumulation d'individus superposés, comme dans les arbres, c'est que la fructification très-abondante de ces plantes, épuisant leurs tissus, anéantit leur force vitale : il n'y a pas alors production de boutons qui puissent entretenir la vie dans la couche du liber et fournir une nouvelle végétation l'année suivante. Cela est si vrai que, si l'on empêche l'une d'elles de fructifier, en enlevant les fleurs à mesure qu'elles se développent, on voit se former des boutons à l'aisselle des feuilles, le liber se maintient vivant au delà du terme ordinaire, et, l'année suivante, ces boutons donnent naissance à un nouvel individu qui recouvre entièrement l'ancien. Si, donc, nous ne considérons que les parties essentiellement vivantes des arbres, nous pouvons dire qu'ils ne prolongent guère leur existence au delà de deux à trois ans. Mais, si nous donnons le nom d'arbre à l'ensemble des parties vivantes et des parties inertes, composées des anciennes couches ligneuses, nous dirons qu'il n'y a point de terme naturel à leur durée, parce que les forces vitales sont aussi énergiques dans le liber et dans les boutons d'un chêne de cent ans que dans ceux d'un chêne de trente ans.

La mort dans les arbres, considérée sous ce dernier point de vue, est donc toujours accidentelle. Néanmoins, quelques espèces paraissent céder plus promptement que d'autres à l'influence de ces causes accidentelles. Ainsi, les peupliers, les marronniers résistent moins longtemps que le chêne, l'if, etc. Leurs tissus, moins serrés et moins durs, sont plus facilement impressionnés par les causes destructives qui réagissent constamment sur eux. Mais, lorsqu'ils se trouvent placés hors de l'atteinte de ces causes, ils vivent aussi longtemps que le chêne et l'if. On cite l'exemple de tilleuls, de peupliers et de marronniers âgés de plusieurs siècles.

CHAPITRE II

PÉPINIÈRES.

Nous avons indiqué, dans les notions d'anatomie et de physiologie végétale qui précèdent, les principes qui servent de base à toutes les opérations de la culture. Il convient maintenant d'en faire l'application aux boisements suivants dont nous devons nous occuper. Création et entretien :

Des plantations d'alignement forestières …	Routes, canaux et chemins de halage ; Remparts et glacis des fortifications.
Des plantations d'alignement d'ornement……	Plantations urbaines.
Du boisement ……………………… .. …	Des dunes ; Des talus ; Des digues ; Des parcelles excédantes des chemins de fer.
Des haies vives.	

Mais nous devons avant tout parler des pépinières destinées à fournir les arbres nécessaires pour ces diverses plantations.

Utilité des pépinières. — Presque toutes les espèces ligneuses destinées aux diverses sortes de plantations dont nous venons de parler ont besoin d'être multipliées et élevées, jusqu'à un certain âge, dans une *pépinière* avant que d'être plantées à demeure. Là, elles trouvent un sol mieux préparé et d'une nature en rapport avec leur jeune âge. Ces jeunes sujets pourront être entourés de ces soins minutieux qu'exige toujours l'enfance des êtres organisés, et cela jusqu'au moment où ils auront acquis assez de force et de rusticité pour s'accommoder du sol, le plus souvent de moins bonne qualité, où ils seront plantés définitivement.

Nous devons examiner si les administrations publiques qui

ont à faire exécuter de grandes plantations doivent créer elles-mêmes des pépinières en vue de ces plantations, ou s'il est préférable pour elles de demander les jeunes arbres à l'industrie particulière.

En général elles trouveront plus d'avantage à créer des pépinières. Elles pourront se procurer ainsi plus facilement les espèces ligneuses qu'elles voudront planter. Ces arbres, élevés dans le voisinage de la plantation, souffriront moins du transport, pourront être déplantés avec plus de soin; ils pourront recevoir dans cette pépinière des soins plus minutieux qui les rendront plus propres à leur destination, et cependant ils pourront revenir à un prix moins élevé que si on les demandait à l'industrie privée.

Mais ces avantages ne se produiront que si les conditions suivantes peuvent être remplies :

1° Posséder un terrain d'une étendue suffisante et d'une nature convenable;

2° Disposer d'ouvriers intelligents et parfaitement au courant de ces sortes de travaux.

Autrement, si ces administrations sont obligées d'amodier un terrain exprès pour cette destination et d'engager un personnel d'ouvriers spéciaux, les produits de la pépinière coûteront presque toujours plus cher que ceux qu'on pourrait se procurer dans le commerce. Dans ce cas, il sera plus économique de s'adresser à l'industrie particulière, et d'adjuger, selon les formes ordinaires, les travaux de plantation ou seulement la fourniture des arbres. Alors le cahier des charges sera rédigé avec le plus grand soin, en tenant compte des prescriptions indiquées plus loin pour chaque sorte de plantation et l'on exigera très-rigoureusement l'exécution de toutes les clauses.

Il est très-regrettable que les formes de la comptabilité publique ne permettent pas aux administrations de prendre avec les fournisseurs des engagements pécuniaires pour un avenir plus ou moins éloigné. Si cela était possible, ces administrations pourraient se soustraire avec avantage aux embarras de la création et de l'entretien des pépinières. Une plantation ayant été résolue, il suffirait de dresser un cahier des charges énonçant l'espèce d'arbres à fournir à une époque déterminée, ainsi que les conditions d'âge et de bonne venue de ces arbres, et d'offrir un prix suffisamment rémunérateur. On trouverait ainsi des adjudicataires qui fourniraient aux administrations des arbres remplissant toutes les conditions désirables. Tandis que si une administration ne peut pas élever elle-même les jeunes sujets dont elle a besoin, elle est obligée de prendre dans les pépinières du commerce les arbres qu'elle y trouve au moment de l'exécution de la plantation, et, malheureusement, il s'en faut de beaucoup, le plus souvent, que ces arbres soient assez développés, qu'ils aient reçu les soins convenables dans la pépinière, ou qu'ils soient appropriés à la nature du sol à planter, ou au but que l'on se propose d'atteindre avec cette plantation.

Dans l'hypothèse où les administrations se trouveraient placées dans les conditions favorables pour créer elles-mêmes une pépinière, nous devons indiquer ici les soins que réclament la création et l'entretien de cette culture pour donner les résultats qu'on en attend.

Choix de l'emplacement. — Il convient de choisir, pour l'établissement d'une pépinière, un endroit abrité des grands vents. La surface doit être plutôt horizontale qu'inclinée, afin de rendre plus facile l'exécution des irrigations, si le climat rend cette opération nécessaire.

Nature du sol. — Le meilleur terrain pour cette destination est un sol d'alluvion silico-argileux ou argilo-calcaire, profond d'au moins $0^m,60$. Dans les argiles compactes, la végétation se fait mal; les arbres font peu de racines et reprennent mal lors de la transplantation. Dans les sols légers, siliceux ou calcaires, les jeunes arbres, exposés à la sécheresse et aux larves des hannetons, restent languissants.

Dans le Nord et dans le Centre, la proximité de l'eau devra permettre de pouvoir pratiquer quelques arrosements. Dans le Midi, il faudra pouvoir baigner toute la surface du terrain. Si l'on ne pouvait disposer que d'un terrain compacte, à sous-sol imperméable, il conviendrait de drainer toute la surface.

Clôture. — La pépinière devra être close, afin de la préserver de toute déprédation. On emploiera pour cela les haies vives ou au moins les fossés larges et profonds.

Distribution du terrain. — La distribution d'une pépinière doit varier en raison du mode de culture qu'exigent les espèces qu'on doit y multiplier. Celles qui sont nécessaires pour les divers boisements dont nous avons à parler peuvent être partagées à cet égard en deux groupes :

1° Les arbres non résineux ;

2° Les arbres résineux.

Nous proposons de distribuer de la manière suivante le terrain consacré à chacun de ces deux groupes :

Pour le premier, la surface A (*fig.* 34) sera divisée en deux parties : les carrés *a*, destinés à recevoir les arbres de haut jet qu'on y repique et qui sont élevés là jusqu'au moment de leur plantation à demeure ; et les plates-bandes *b*, qui recevront les jeunes plants qui doivent former les haies vives ou le boisement des pentes après une ou deux années de repiquage dans la pépinière.

Pour le second groupe, la surface B (*fig.* 34), sera également divisée en deux parties : les carrés *c*, destinés à la transplantation des arbres résineux avant de les planter à demeure ; et les plates-bandes *d*, pour repiquer les jeunes plants avant de les placer dans le carré des transplantations.

Les arbres plantés dans les carrés *a* et *c* devront être placés là à distance beaucoup plus grande que sur les plates-bandes *b* et *d*, celles-ci ne devront offrir en étendue que le tiers environ de la surface des premiers. Un chemin de 3 mètres de largeur permettant la circulation des voitures, divisera en croix toute la surface du sol. D'autres chemins larges de 1 à 2 mètres établiront la circulation sur les autres points.

Si le sol est humide, les chemins seront établis à 0^m,15 au-dessous du niveau du sol, afin de faciliter l'écoulement des eaux pluviales.

Si, au contraire, le terrain est exposé à la sécheresse, les chemins seront élevés à 0^m,15 au-dessus du sol, afin que l'eau des pluies soit plus facilement retenue [1].

---

[1] Nous n'indiquons pas sur ce plan des plates-bandes spéciales pour les semis ; nous en donnons plus loin le motif à l'article des semis dans la pépinière.

Première préparation du sol. — Les plants forestiers n'ayant pas une très-grande valeur, il faut choisir, ainsi que nous l'avons dit plus haut, pour asseoir la pépinière, un sol d'une nature telle qu'il suffise de le défoncer pour le rendre propre à cette culture. Si toutefois ce terrain était humide, il deviendrait indispensable de lui appliquer l'opération peu coûteuse du drainage. Mais ce drainage sera pratiqué profondément pour l'éloigner le plus possible des racines, et les tranchées seront, dans le même but, établies au milieu des chemins.

Le sol de la pépinière doit être ameubli au moyen d'un défoncement sur toute l'étendue des carrés et des plates-bandes. Pour cela, on commence par vider les chemins jusqu'à la profondeur d'environ 0^m,30. Cette terre, de meilleure qualité que celle du fond, est rejetée sur les carrés ou les plates-bandes voisines. Les carrés *a* et *c* (*fig*. 34) sont ensuite défoncés à la profondeur de 0^m,65. Les plates-bandes *b* et *d*, destinées au repiquage, sont seulement défoncées à la profondeur de 0^m,35. Ces degrés de profondeur suffisent et rendent les transplantations plus faciles en empêchant les racines de s'enfoncer outre mesure.

Ces travaux de terrassement sont exécutés de façon à ramener la terre du fond à la surface. Il convient de les pratiquer quelques mois avant la plantation, afin que les terres ramenées à la surface aient le temps de s'aérer et de devenir propres à la végétation. Il faudra aussi choisir pour ce travail le moment où la terre, assez sèche, se divise facilement.

Enfin, on devra, tout en pratiquant ce défoncement, rejeter dans les chemins une quantité telle de terre prise au fond des tranchées que ces chemins se trouvent à un niveau convenable par rapport à la surface des carrés.

Abris ou brise-vents. — Nous avons recommandé plus haut de choisir pour la pépinière une localité abritée des grands vents. Si cette condition ne pouvait être remplie, il faudrait abriter l'emplacement choisi, afin de soustraire les jeunes plants à la violence de ces vents qui les déforment et nuisent à leur végétation. Il conviendra pour cela d'établir du côté du terrain ouvert à cette mauvaise influence un rideau d'arbres de haut jet et à feuilles persistantes. Les plus convenables sont : pour le nord et

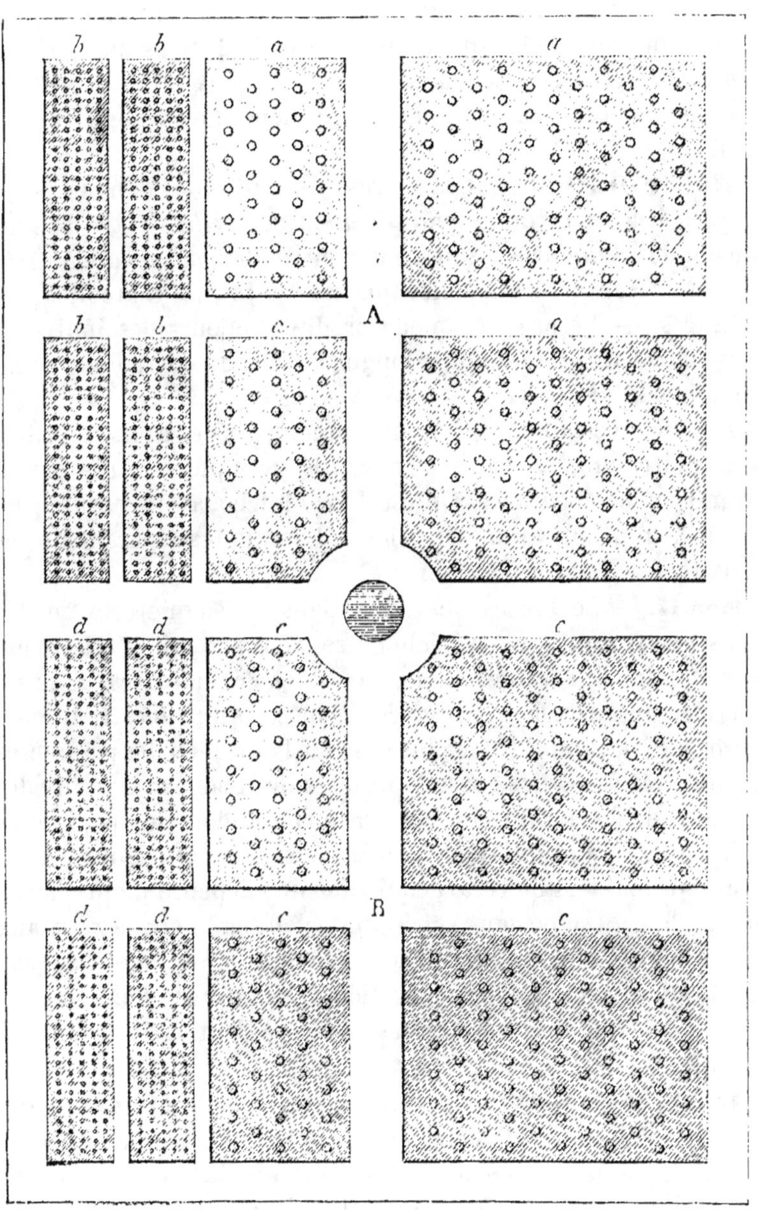

Fig. 34. — Plan de pépinière pour les arbres forestiers et d'ornement.

le centre, les pins et sapins ; pour le midi, le cyprès pyramidal.

Opérations pratiquées dans les pépinières. — Pour éviter des répétitions inutiles, nous allons examiner ici les opérations exécutées dans la pépinière dont nous nous occupons. Nous en ferons ensuite l'application aux diverses espèces ligneuses nécessaires pour les plantations dont nous avons à parler.

Multiplication. — Les arbres sont multipliés dans la pépinière soit à l'aide de la *multiplication naturelle,* c'est-à-dire au moyen des semences ; soit au moyen de la *multiplication artificielle* ou *par division,* telles que les greffes, les marcottes, les boutures. — Le premier mode produit toujours des individus plus vigoureux et d'une plus longue durée ; on devra donc généralement le préférer.

Toutefois certaines espèces ne donnent pas des graines fertiles sous notre climat. D'autres sont plus promptement reproduits au moyen des boutures. On est donc obligé d'avoir recours parfois à la multiplication artificielle. Examinons séparément ces deux modes de reproduction.

Semis. — Le succès des semis dans la pépinière exige des soins assez minutieux. On échoue souvent par suite de la mauvaise qualité des graines, de l'action des gelées tardives, de la sécheresse du sol ou de la présence des insectes nuisibles. D'ailleurs il importe de simplifier le plus possible l'entretien des pépinières administratives. Nous conseillons donc de renoncer à y faire des semis et de les remplacer par l'acquisition dans les pépinières spéciales de jeunes plants de deux ans sains et vigoureux. Il résultera toujours de cette acquisition une dépense moins élevée que si l'on eût semé dans la pépinière ; on sera moins exposé aux insuccès et le résultat sera plus tôt obtenu.—Nous allons supposer que l'on a suivi cette indication et examiner quels soins il convient de donner à ces jeunes plants à leur arrivée dans la pépinière.

Repiquage. — Cette opération consiste à enlever les jeunes plants, à l'âge de un à deux ans, du carré des semis où ils se nuiraient mutuellement pour les planter à plus grande distance sur un autre carré. Là, ils achèvent le développement qu'ils doivent avoir pour être plantés à demeure, et surtout leurs racines dérangées cessent de s'allonger autant ; elles se ramifient beaucoup plus, et les jeunes arbres peuvent être ensuite transplantés avec succès.

Il convient d'indiquer, à l'égard de cette opération, l'époque convenable, le mode de déplantation des jeunes plants, leur habillage, leur plantation.

L'*époque* à choisir pour pratiquer le repiquage varie selon qu'il s'agit d'espèces à feuilles caduques ou d'espèces à feuilles persistantes résineuses ou non résineuses. Pour les premières, il faudra toujours exécuter cette opération à l'automne, aussitôt que les feuilles commenceront à tomber. En opérant ainsi, les jeunes plants développent quelques racines pendant l'hiver ; ils prennent possession du sol et se défendent alors beaucoup mieux des premières sécheresses du printemps que s'ils venaient d'être plantés. Il y a toutefois une exception à cette règle, c'est pour les terrains compactes et humides, dans lesquels les racines seraient exposées à pourrir pendant l'hiver. Là, il sera préférable de ne faire le repiquage qu'en mars, lorsque le sol sera bien égoutté et qu'il commencera à se réchauffer.

Pour les espèces à feuilles persistantes, il convient de choisir une autre époque. En effet, ces arbres, qui conservent leurs feuilles pendant l'hiver, sont doués d'une végétation continue, beaucoup moins sensible, il est vrai, pendant cette saison, et destinée alors à porter dans les feuilles les fluides dont elles ont besoin pour ne pas être desséchées par l'évaporation. Si donc on vient à transplanter ces espèces à la fin de l'automne ou de l'hiver, au moment où la circulation des fluides est le moins active, il en résultera une suspension complète dans cette circulation, puis la dessiccation des feuilles, et par suite la mort de l'arbre. Il faut donc choisir une époque telle que la végétation soit assez active pour qu'elle résiste en partie à cette transplantation, ou du moins que sa suspension ne soit que très-limitée. L'expérience a démontré que les deux époques les plus convenables pour cela sont les derniers jours d'août, alors que la végétation est encore assez active, et les premiers jours de mai, au moment où commence le premier développement. Dans le premier cas, les arbres auront le temps de reprendre avant l'hiver ; dans le second, la végétation est si active à ce moment, que son interruption ne sera pas assez longue pour que les arbres en souffrent. La fin de l'été sera préférée pour le climat du Midi, à cause des chaleurs intenses de la fin du printemps. Quelle que soit l'époque choisie pour ces repiquages, il faudra profiter pour cela d'un temps doux et lorsque la terre est bien friable.

Mode de déplantation. — La déplantation doit être faite dans le carré des semis de façon à conserver aux jeunes plants la plus grande quantité possible de leurs racines. Cette recommandation, utile pour toutes les espèces, est surtout très-importante pour les arbres résineux dont la reprise est toujours difficile. Si ces jeunes plants doivent voyager, on doit abriter les racines de l'action desséchante de l'air. Pour cela on les enveloppe de mousse humide recouverte de paille solidement fixée.

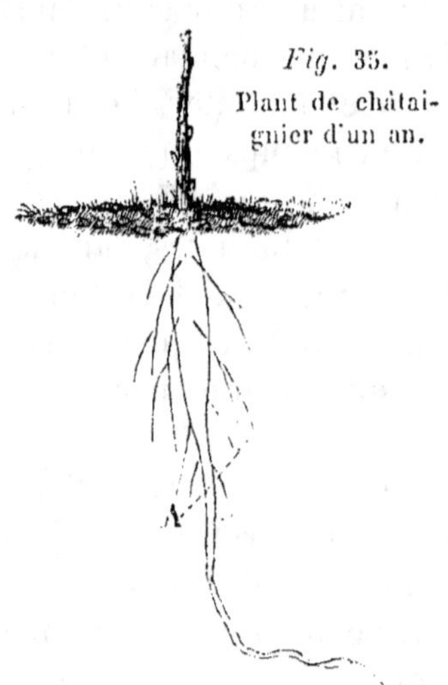

Fig. 35.

Plant de châtaignier d'un an.

Habillage des jeunes plants. —Cet habillage consiste à couper avec un instrument tranchant le pivot des jeunes plants au point où il diminue très-sensiblement de grosseur, en A (*fig. 35*). Il résulte de cette suppression que les racines se ramifient davantage et que les arbres reprennent mieux lors de la transplantation. Mais il convient de supprimer aussi une petite étendue de la tige, le tiers environ, afin de rétablir l'équilibre entre cette dernière et la quantité de racines que l'on a conservées. Cette double opération se fait rapidement en prenant les jeunes plants par petites poignées on pose les racines sur un billot en bois et d'un seul coup de serpe on coupe ce qui doit être retranché. On procède de même pour la tige.

Toutefois, certaines espèces doivent être soustraites à l'habillage de la tige. Telles sont, parmi celles de la plantation desquelles nous aurons à nous occuper :

Les chênes ;

Le hêtre ;

Les noyers.

Toutes les espèces résineuses ne doivent recevoir ni l'habillage de la tige ni celui des racines.

Plantation. — Le sol de la pépinière ayant reçu la première préparation décrite plus haut, on applique sur tous les carrés et les plates-bandes, immédiatement avant la plantation, un labour à la bêche ou à la houe de 0^m,25 de profondeur.

Les jeunes plants destinés à être plantés à demeure dans un âge peu avancé, tels que ceux propres aux haies vives ou au boisement des talus, sont repiqués à la distance de 0^m,15 en tous sens, sur les plates-bandes *b* (*fig.* 34). Ils occupent ces plates-bandes pendant un an ou deux, suivant la rapidité de leur développement, puis on les plante ensuite à demeure. Les plants résineux qui doivent former des plantations de haut jet, sont repiqués à la même distance sur les plates-bandes *d*. Ils ne seront déplacés qu'après deux ans.

Le mode de plantation le plus convenable pour le repiquage consiste à creuser au cordeau, au moyen de la bêche, une rigole d'une profondeur et d'une largeur proportionnées à la longueur et au volume des racines. On y met un à un les jeunes plants en les appuyant contre la terre d'un des côtés ; on ouvre ensuite, parallèlement à la première, une seconde rigole, dont la terre est rejetée sur les racines du rang précédent ; on continue ainsi sur toute la longueur du carré ou de la plate-bande. Il ne reste plus qu'à tasser le sol avec les pieds pour l'affermir autour des racines, puis à dresser convenablement la tige des plants à mesure que la terre est comprimée.

Les jeunes plants non résineux destinés à former des arbres de haut jet sont repiqués immédiatement dans le carré *a* (*fig.* 34), où ils resteront jusqu'au moment où ils auront acquis assez de développement pour pouvoir être plantés à demeure. Ces jeunes plants sont disposés en quinconce à 0^m,50 d'intervalle, de façon à ce que la lumière puisse pénétrer entre les lignes de plantation, mais de manière aussi à ce que les arbres soient forcés de s'élever au lieu de s'étendre latéralement plus qu'il ne convient.

Dans un sol profondément et complétement ameubli, comme

celui des pépinières, il y aurait peu d'avantage à ouvrir des tranchées continues pour ces dernières plantations ; on se contente de faire, avec la bêche, des trous assez grands pour recevoir les racines à l'aise. L'arbre doit y être placé de manière à ce qu'il ne soit pas plus enterré qu'il ne l'était précédemment ; et, tandis qu'un ouvrier rejette la terre sur les racines, un autre donne à la tige un mouvement de va-et-vient de haut en bas, pour faire pénétrer la terre dans les interstices des racines. Enfin lorsque le trou est en partie comblé, on tasse la terre en appuyant d'autant plus que le sol est plus léger.

Transplantation. — La transplantation dans la pépinière ne s'applique en général qu'aux arbres résineux. Elle a pour but de multiplier le nombre des racines en arrêtant leur allongement par ce déplacement, et de favoriser ainsi leur reprise, lorsqu'ils ont acquis assez de force pour être plantés à demeure. La transplantation de ces jeunes arbres a lieu deux ans après leur repiquage. On l'exécute à l'époque de l'année indiquée pour leur repiquage, et avec les mêmes soins. Leur déplantation doit être faite de manière à conserver toutes leurs racines et, autant que possible, une partie de la terre qui les entoure. On les transplante dans les carrés c (*fig.* 34) en les disposant en quinconce, à la distance de 0^m,60. On les enlève ensuite pour les planter à demeure lorsqu'ils ont pris un développement suffisant.

Boutures. — La multiplication au moyens des boutures n'est employée dans les pépinières forestières que pour un petit nombre d'espèces dont les rameaux s'enracinent facilement.

Modes de préparation des boutures — Depuis la fin de novembre et jusqu'au commencement de février, lorsqu'il ne gèle pas, on coupe sur les arbres qui doivent fournir les boutures des branches portant des rameaux vigoureux. Ces jeunes pousses développées pendant l'été précédent sont détachées de la branche qui les porte de façon à enlever en même temps le talon ou empatement qui existe à leur base (*fig.* 36). On donne à ce rameaux une longueur d'environ 0^m,25. C'est ce que l'on appelle *bouture à talon.* On peut également faire des boutures avec la partie du rameau située au delà du point que nous venons d'indiquer. On leur donne la même longueur en coupant chaque extrémité près d'un bouton (*fig.* 37). C'est ce que l'on nomme *boutures proprement dites*. Toutefois ces dernières s'enracinent moins bien que les premières.

Les unes et les autres sont ensuite réunies par paquets de 0^m,15 de diamètre et enterrées immédiatement, la tête en bas, jusqu'au niveau du sol, dans un terrain exempt d'humidité surabondante. La base de ces boutures ainsi placée au niveau du sol est recouverte par un monticule de terre de 0^m,25 d'épaisseur. On les laisse dans cet état jusqu'au commencement de mars, époque à laquelle on les plante à demeure. A ce moment la base de chacune d'elle, offre un bourrelet assez volumineux, composé de tissu cellulaire et dont la formation a été favorisée par la position renversée qu'on leur a donnée pendant tout l'hiver. Ce bourrelet hâte beaucoup le développement des premières racines.

Préparation du sol. — Le terrain destiné à recevoir les boutures doit être parfaitement ameubli jusqu'à 0^m,30 de profondeur après avoir été défoncé sur toute sa surface, comme nous l'avons expliqué plus haut.

Fig. 36.
Bouture
à
talon.

Fig. 37.
Bouture
proprement
dite.

Plantation. — Ainsi que nous venons de le dire, les boutures sont généralement plantées au commencement de mars. Toutefois, si le terrain est exposé à la sécheresse il sera préférable de les confier au sol à la fin de l'automne, aussitôt après les avoir détachées de leur pied-mère. Cette époque sera toujours choisie dans le Midi, quelle que soit la nature du sol.

Les boutures sont placées dans la pépinière, là où les jeunes arbres qui en résulteront se développeront, jusqu'au moment de la plantation à demeure. On les plante donc dans les carrés *a* (*fig.* 34) en les plaçant en quinconce, à 0^m,50 d'intervalle comme les jeunes plants destinés à former des arbres de haut jet.

Ces boutures sont mises en terre à l'aide d'un plantoir au moyen duquel on ouvre à chaque point un trou assez profond pour que la bouture ne montre hors de terre que deux ou trois boutons. On donne ensuite un second coup de plantoir dans une direction oblique et l'on ramène brusquement l'instrument contre la bouture, la terre se trouve ainsi fortement comprimée au pied de la bouture et sur toute sa longueur. On ferme ce second trou à l'aide du pied.

Greffes. — Les greffes sont assez rarement employées pour la multiplication des arbres forestiers. Elle est cependant nécessaire pour deux ou trois espèces. Nous devons donc décrire cette opération. — La *greffe en écusson à œil dormant* est seule nécessaire. Voici en quoi elle consiste :

Du mois de juillet à la fin d'août, suivant les espèces, et lorsque les arbres à greffer sont en séve, choisir sur l'arbre à multiplier une jeune pousse de l'année qui présente à l'aisselle de ses feuilles des yeux ou boutons bien formés. Détacher cette jeune pousse de son pied-mère, couper immédiatement toutes les feuilles en conservant 1 ou 2 centimètres de longueur de la queue ou pétiole et la tenir à l'abri du soleil. — Pratiquer sur l'écorce de la tige du jeune sujet qui doit recevoir

Fig. 39.
Greffoir.

Fig. 38.
Greffe en écusson.

Fig. 40.
Greffe en écusson.

l'écusson, en B (*fig.* 38), avec la lame du *greffoir* (*fig.* 39) une double incision en forme de T. Séparer ensuite l'écusson du jeune rameau qui le porte en glissant au-dessous de l'écorce la lame du greffoir de façon à enlever la moins grande quantité possible de bois. L'écusson ainsi préparé présente la forme de celui indiqué en A (*fig.* 38). La figure 40 montre la face intérieure de cet écusson. Avec la spatule du greffoir soulever légèrement l'écorce de chaque côté de l'incision vers le sommet, puis faire glisser l'écusson au-des-

sous des écorces en le saisissant par le pétiole *c* (*fig.* 38).
— Il n'y a plus qu'à ligaturer en serrant fortement au-dessous
du point d'attache du pétiole. On emploie comme ligature des
écorces d'osier ou de tilleul ramollies dans l'eau. Si, avant
la fin de la végétation, cette ligature déterminait des étran-
glements, par suite de l'accroissement du diamètre de la tige,
il conviendrait de la couper et de la remplacer immédiatement
par une autre.

Les écussons sont placés soit à $0^m,06$ environ de la base de la
tige des jeunes arbres, soit au sommet. Dans le premier cas, la
tige de l'arbre est formée avec la greffe, et l'on n'écussonne ainsi
que de jeunes plants âgés au plus de trois ans. Dans le second
cas, la tige est formée avec le sujet et l'on place l'écusson à
$2^m,30$ environ au-dessus du sol, aussitôt que la tige présente à
ce point la grosseur du doigt.

Il est bien entendu qu'en plaçant l'écusson on ne fait aucune suppression sur la tige de l'arbre. C'est à la fin du
mois de février suivant qu'on coupe la tige à $0^m,10$ environ
au-dessus du point où l'écusson a été placé. A ce moment
on supprime aussi la ligature. Dès la fin d'avril l'écusson
se développe vigoureusement, ainsi que plusieurs bourgeons
appartenant au sujet. On coupe la moitié de la longueur de
ceux-ci aussitôt qu'ils ont atteint $0^m,10$ de longueur. On les
supprime complétement dès que le bourgeon de l'écusson présente une longueur d'environ $0^m,15$. Ce dernier est maintenu dans une position verticale à l'aide d'une ligature de
jonc fixée sur le prolongement de la tige réservé au delà de
l'écusson. L'année suivante, ce prolongement de la tige ordinairement desséché est coupé au-dessus du point d'attache de
la greffe.

Soins d'entretien de la pépinière. — La pépinière
doit recevoir certains soins d'entretien destinés à assurer la
bonne venue des arbres. Ce sont : les façons à donner à la
terre ; les moyens à l'aide desquels on empêche l'action de
la sécheresse ; enfin la formation de la tige des arbres de
haut jet.

Façons à donner à la terre. — Ces façons sont destinées
soit à détruire les plantes nuisibles à racines traçantes en ra-

menant ces racines à la surface du sol, soit à maintenir le sol ouvert à l'influence des agents atmosphériques. Pour cela, tous les carrés et les plates-bandes de la pépinière doivent recevoir un labour chaque année vers le commencement du mois de mars. Ce labour ne doit pas être très-profond, afin que les racines des arbres ne soient pas mutilées. Il ne devra pas dépasser 0^m,80 sur les plates-bandes *b* et *d* (*fig*. 34) 0^m,15 sur les carrés *a* et *c*. Il importera surtout de renoncer, pour l'exécuter, à l'emploi des instruments à lame qui couperaient une grande quantité des racines. Il faudra n'employer que des instruments à dents tels que la fourche ou trident (*fig*. 41) ou la houe fourchue (*fig*. 42).

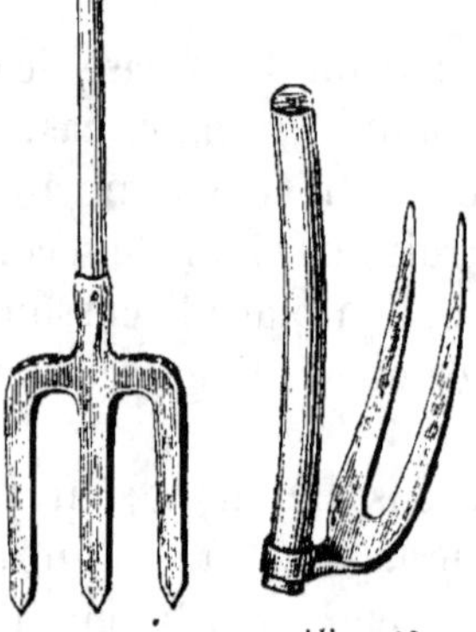

Fig. 41.
Fourche ou trident.

Fig. 42.
Houe fourchue.

Opérations contre la sécheresse du sol. — L'une des causes qui influent le plus défavorablement sur les succès des pépinières est la sécheresse du sol. On empêche cet effet de se produire à l'aide des binages, des couvertures et des arrosements.

Binages. — Cette opération consiste à remuer et à pulvériser la surface du sol, à la profondeur de 0,^m05 environ, aussitôt qu'il commence à se dessécher et à se fendiller. On peut employer, pour pratiquer les binages, la *serfouette* ou *binette* indiquée par la figure 43.

Voici comment on explique l'influence des binages contre la dessiccation du sol. La chaleur du soleil dessèche la terre d'autant plus profondément que celle-ci est plus affermie, parce que les particules qui la composent étant en contact immédiat les unes avec les autres, celles de la surface, desséchées par les rayons du soleil, réparent l'humidité qu'elles perdent aux dépens de celles placées immé-

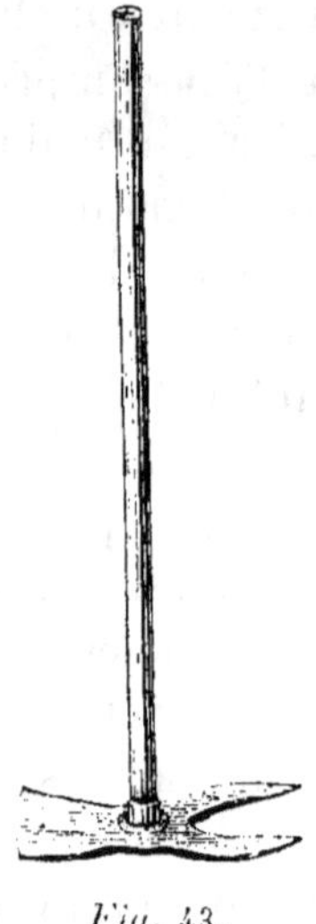

Fig. 43.
Serfouette.

diatement au-dessous d'elles. Celles-ci produisent le même effet sur les particules inférieures, et c'est ainsi que de proche en proche la sécheresse parvient à de grandes profondeurs.

A l'aide du binage, on ameublit la superficie du sol ; cette couche supérieure ainsi pulvérisée perd, il est vrai, rapidement son humidité, mais, n'étant plus adhérente à la partie inférieure, elle ne répare plus aux dépens de celle-ci la perte qu'elle a éprouvée, et, s'interposant entre l'action du soleil et la couche inférieure, elle devient un obstacle au desséchement de cette dernière. Pour maintenir cet état de choses, il faut donner un nouveau binage après chaque ondée de pluie ; car celle-ci, en mouillant la surface, lui fait contracter une nouvelle adhérence avec la couche inférieure, et détruit les effets du premier binage.

Les binages peuvent être surtout utilement employés dans les terres argileuses, qu'ils maintiennent dans un état convenable d'ameublissement.

Couvertures. — Quant aux terres légères, siliceuses ou calcaires, elles sont très-perméables et toujours trop exposées à l'évaporation. Il conviendra de remplacer les binages par les couvertures. Celles-ci pourront se composer de jeunes tiges de genêts de bruyère, de fougère, de feuilles sèches, d'herbes de marais, de mauvaises litières. On en forme à la surface du sol une couche continue épaisse d'environ 0^m,08. Ces couvertures offrent le triple avantage d'empêcher les effets de l'évaporation sur le sol, de s'opposer à la croissance des plantes nuisibles, de pouvoir être enterrées et de servir ainsi d'engrais lors de l'enlèvement des plants. Leur action sera la même que celle des binages, c'est-à-dire que, non adhérentes avec la surface du sol, elles seront un obstacle à l'action des rayons solaires.

Il sera bon de réunir ces couvertures, pendant chaque hiver, en une ligne entre les rangs d'arbres, afin d'empêcher les mulots et les souris de s'y réfugier et de ronger le pied des arbres, et aussi pour exposer à l'action des gelées les insectes nuisibles qui s'y abritent.

Arrosements. — Les deux opérations précédentes suffiront pour défendre de la sécheresse les pépinières du Nord et du Centre, mais elles seront impuissantes dans les pépinières du Midi. Là il faudra avoir recours nécessairement aux arrosements appliqués sous forme d'irrigation. Aussi ces pépinières ne devront être établies que là où cette opération pourra être pratiquée, et les plates-bandes et carrés devront être situés un peu au-dessous du niveau des chemins afin que les eaux puissent y être facilement amenées. — Il est difficile d'indiquer d'une manière précise la fréquence et l'abondance de ces arrosements; cela dépend du degré de perméabilité du sol et ·de l'intensité de la chaleur ; toutefois un arrosement répété toutes les semaines pendant les grandes chaleurs sera généralement suffisant. Il sera bon d'arroser autant que possible dans la soirée. Si l'on peut joindre les couvertures à cette opération, l'évaporation sera moins rapide et les arrosements seront plus profitables.

Formation de la tige des arbres de haut jet. — Les boutures que l'on a plantées dans les carrés *a* (*fig.* 34), ainsi que les jeunes plants qu'on y a repiqués pour former des arbres de haut jet, doivent recevoir pendant leur développement certains soins destinés à imprimer à leur tige une direction convenable.

Boutures. — Les boutures développent deux ou trois bourgeons pendant le premier été qui suit leur plantation. Au commencement de mars suivant, on choisit le plus vigoureux des trois rameaux et on le place dans une position verticale en l'attachant, au moyen d'un osier, contre le prolongement de la bouture (*fig.* 44), puis on supprime la moitié de la longueur des deux autres rameaux. Il résulte de cette opération que le rameau A choisi pour former la tête de l'arbre acquiert une grande vigueur. Après une nouvelle année de végétation on coupe en B le sommet de la bouture.

Recepage des plants repiqués. — Il est bien rare que les plants repiqués destinés à former des arbres de haut jet se développent de façon à produire une tige droite et vigoureuse. On leur applique alors le recepage qui donne à coup sûr ce résultat. On procède ainsi :

Après la deuxième année de végétation, vers la fin de février, on coupe la tige de tous ces jeunes plants à 0^m,10 environ au-dessus du sol. Ce tronçon de tige se couvre bientôt de bourgeons

vigoureux. Aussitôt qu'ils ont atteint une longueur de $0^m,20$ environ, on choisit le plus fort, autant que possible le plus rappro-
ché du sol et atta-
ché sur la tige du
côté du midi. On
le dresse verti-
calement en le
fixant à l'aide
d'un jonc contre
le sommet du
tronçon de tige.
Tous les autres
bourgeons sont
coupés entière-
ment. — Le bour-
geon conservé se
développe avec
tant de vigueur
pendant ce pre-
mier été qu'il
peut acquérir une
longueur de 2 mè-
tres (*fig.* 45). Au
mois de février
suivant, on coupe
en A le sommet du
tronçon de tige.

Si les jeunes
plants repiqués
doivent être écus-
sonnés en pied,
on place l'écusson pendant l'été qui précède le recepage. On recèpe
au mois de février suivantet la pousse de l'écusson forme la tige.

Fig. 44.   Fig. 45.

Formation de la tige sur les boutures. Resultat du recepage.

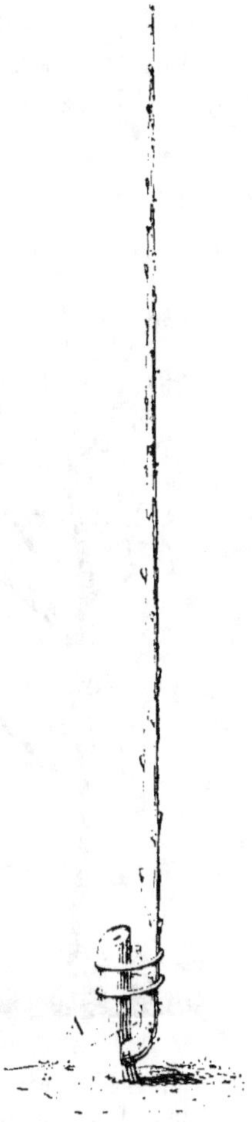

Toutefois l'opération du recepage ne pourra pas être appliquée
à toutes les espèces. Il faudra en excepter les *chénes*, le *hêtre*, les
noyers, les *frênes*, le *marronnier d'Inde*, et surtout les *arbres résineux*. La tige de ces arbres doit être formée avec la tige primi-
tive des jeunes plants.

Taille. — Après les opérations que nous venons de décrire, les jeunes tiges doivent encore être surveillées pendant les premiers temps de leur développement. Souvent elles donnent lieu à des bourgeons latéraux dont quelques-uns, favorisés par la lumière ou leur position, se transforment en branches vigoureuses

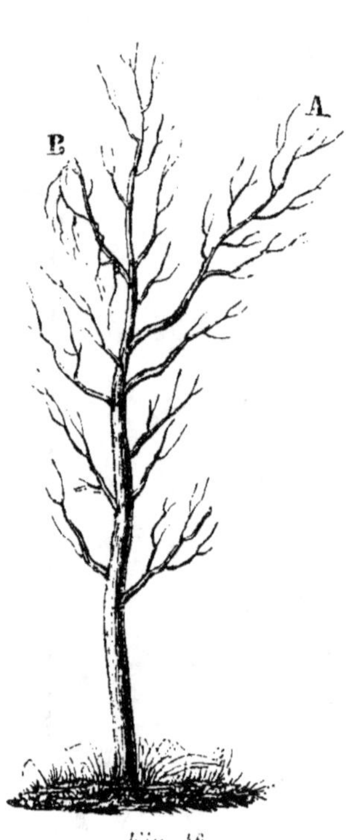

Fig. 46.

Jeune arbre en pépinière avec branches latérales trop vigoureuses.

Fig. 47.

Jeune arbre dont les bourgeons latéraux sont trop vigoureux.

(A, *fig.* 46) qui disputent au rameau terminal la prééminence qu'il doit conserver pour prolonger la tige.

Pour empêcher le développement trop vigoureux de ces ramifications, on devra, chaque année, jusqu'à l'époque de la plantation à demeure, visiter ces arbres vers le mois de juin dans le Midi, en juillet dans les autres régions, et couper l'extrémité herbacée des bourgeons latéraux les plus vigoureux, c'est-à-dire ceux qui naissent dans le voisinage du bourgeon terminal (*fig.* 47).

Cette mutilation suffira pour arrêter leur vigueur. Si l'on négligeait ce soin, les bourgeons seraient transformés en rameaux, puis bientôt en branches qui affameraient le sommet de l'arbre. Si cela arrivait, le seul remède serait de tordre ces branches vers les deux tiers de leur longueur, comme en B (*fig.* 46), et cela un peu avant la séve d'août; pendant l'hiver suivant, on les couperait à moitié.

Il faut bien se garder de supprimer, comme on le fait quelquefois, tous les rameaux latéraux, à mesure qu'ils se développent, sous le prétexte de favoriser l'allongement rapide de la tige. On arrive en effet, de cette manière, à la faire croitre rapidement en hauteur; mais, privée du plus grand nombre de ses feuilles, organes qui développent les filets ligneux et corticaux descendants, elle ne prend plus qu'un très-faible accroissement en diamètre, ne peut pas se soutenir d'elle-même, et l'on est obligé d'en enlever une partie lors de la plantation à demeure. On doit donc laisser les jeunes arbres continuellement garnis du haut en bas de ramifications peu vigoureuses (*fig.* 48), et se borner à supprimer celles qui tendent à prendre un accroissement disproportionné.

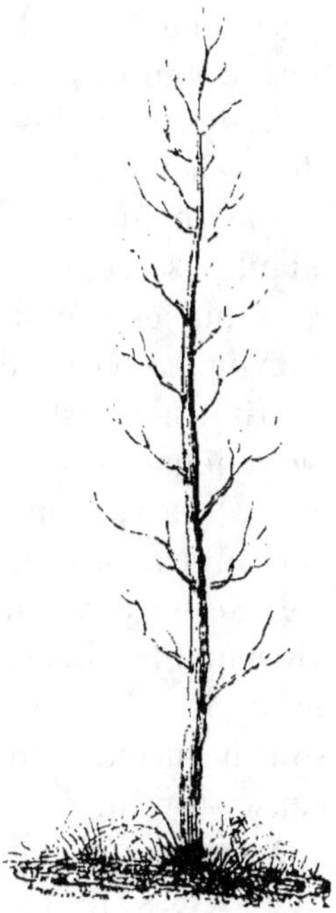

Ce n'est qu'au moment où ces arbres sont plantés à demeure qu'on supprime les branches latérales depuis la base jusqu'à la moitié de la hauteur totale de la tige. Cette suppression est pratiquée en février, un an avant leur transplantation.

Il est bien entendu que tous les arbres résineux sont exceptés de ces diverses opérations de taille. Leur tige se forme d'elle-même.

Fig. 48.
Jeune arbre en pépinière avec branches latérales d'une vigueur convenable.

Alternance dans les pépinières. — On entend par alternance, dans la culture, l'art de faire se succéder les diverses espèces de plantes sur le même terrain, pour tirer de celui-ci le plus grand produit, aux moindres frais possibles. La grande loi de l'alternance s'applique, non-seulement aux plantes herbacées, mais encore aux jeunes plants cultivés en pépinière.

La théorie de l'alternance, pour les pépinières, repose sur l'observation des deux faits suivants :

1° Si l'on cultive sans interruption la même espèce de plant dans le même terrain, la vigueur des dernières levées diminue progressivement, quoique avant chaque ensemencement on ait ajouté au sol la quantité de principes fertilisants que la levée précédente y a absorbée ; mais ce sol, devenu stérile pour l'espèce qu'on y a cultivée pendant plusieurs années, peut être très-fertile pour des arbres appartenant à d'autres familles de plantes.

Cette action des jeunes plants sur le sol, action à laquelle on donne le nom d'*effritement*, n'a pu jusqu'à présent être expliquée d'une manière bien satisfaisante. De Candolle prétend que les plantes sécrètent par leurs racines certaines substances qui, accumulées dans le sol, rendent celui-ci impropre à la végétation de l'espèce qui a produit ces sécrétions ; cette explication serait très-satisfaisante, mais rien n'est moins prouvé que ces sécrétions.

2° On a également remarqué que tous les jeunes arbres n'absorbent pas, à volume égal, la même quantité de fumure dans le sol, c'est-à-dire qu'ils ne sont pas également *épuisants*. C'est ainsi que le chêne, le frêne, paraissent être au nombre des espèces les plus épuisantes, tandis que l'orme, les robiniers le sont beaucoup moins. Cette différence doit être attribuée à la cause suivante.

Nous savons que les plantes sont pourvues de deux appareils nourriciers : les racines, qui puisent des matières nutritives dans le sol ; les feuilles, qui remplissent les mêmes fonctions dans l'atmosphère. Or, l'équilibre entre les fonctions de ces deux organes existe rarement ; tantôt c'est l'absorption des racines qui domine, tantôt c'est celle des feuilles. On conçoit bien, d'après cela, que les espèces dans lesquelles la force d'absorption des racines sera très-considérable épuiseront bien plus le sol que celles dans lesquelles l'absorption des feuilles sera dominante, puisque l'une et l'autre de ces deux plantes ne s'assimileront que la même quantité de principes nutritifs.

Il sera donc avantageux d'éloigner le plus possible le retour sur le même sol des mêmes espèces, des espèces du même genre ou de la même famille, et de remplacer, dans les divers carrés, chaque levée de plant par des espèces qui s'éloignent le plus possible de celles auxquelles elles succèdent. Si le nombre trop restreint des espèces cultivées dans la pépinière forçait à faire reparaître trop souvent le même plant sur le même sol, il serait plus avantageux, plutôt que d'obtenir des produits sans valeur, de cesser alternativement et périodiquement la culture des arbres sur chacune des parties de chaque carré principal de la pépinière, et de la consacrer pendant un an ou deux à la culture des gros légumes. C'est un excellent moyen de rendre la fertilité à un terrain fatigué par la culture trop souvent répétée des mêmes arbres.

Application des opérations précédentes.—Pour résumer les considérations que nous venons d'exposer à l'égard des pépinières, nous devons faire l'application de ces opérations aux différentes espèces ligneuses nécessaires pour former les diverses sortes de plantations. Pour cela, nous avons dressé le tableau suivant contenant, par ordre alphabétique, le nom de tous les arbres et arbrisseaux utiles pour les plantations de lignes forestières ou d'ornement, pour le boisement des dunes et des talus, pour la confection des haies vives. — Nous avons placé en regard de chaque nom, dans des colonnes séparées, le mode de multiplication qu'elles réclament et quelques autres indications utiles, renvoyant à ce qui précède pour le détail des opérations conseillées.

NOMS DES ESPÈCES.	MODE DE MULTIPLICATION			
	SEMIS.	ESPÈCES non recepées.	BOUTURES.	GREFFES.
Espèces non résineuses.				
Atriplex halimus.........	Semis.	»	Boutures.	»
Aubepine...............	Id.	»	»	»
Aune commun..........	Id.	»	»	»
Charme commun........	Id.	»	»	»
Châtaignier commun....	Id.	»	»	»
Chêne rouvre...	Id.	Non recepé.	»	»
— pédonculé........	Id.	Id.	»	»
— thauzin..........	Id.	Id.	»	»
— vert.............	Id.	Id.	»	»
— kermès..........	Id.	»	»	»
Épine-vinette...	Id.	»	»	»
Érable champêtre.......	Id.	»	»	»
— sycomore	Id.	»	»	»
— plane............	Id.	»	»	»
— de Montpellier....	Id.	»	»	»
Frêne élevé............	Id.	Non recepé.	»	»
Grenadier.............	Id.	»	»	»
Hêtre des bois	Id.	Non recepé.	»	»
Hippophaé rhamnoïde...	Id.	»	Boutures.	»
Houx commun..........	Id.	»	»	»
Marronnier d'Inde......	Id.	Non recepé.	»	»
— rouge	Id.	Id.	»	Greffe en écusson, en juillet sur le maronn. d'Inde.
Micocoulier de Provence.	Id.	»	»	»
Mûrier blanc....	Id.	»	»	»
Nerprun cathartique.....	Id.	»	»	»
Noyer noir.............	Id.	Non recepé.	»	»
Olivier de Bohême......	Id.	»	Boutures.	»
— sauvage.........	Id.	»	Id.	»
Oranger des Osages.....	Id.	»	»	»
Orme champêtre........	Id.	»	»	Greffe en écusson, en août sur orme champêtre.
— tortillard.........	»	»	»	»
— pédonculé........	Semis.	»	»	»
Paliure épineux.........	Id.	»	»	»
Peuplier blanc......... ..	»	»	Boutures	»
— argenté	»	»	Id.	»
— d'Italie	»	»	Id.	»
— du Canada	»	»	Id.	»
— de Virginie.....	»	»	Id.	»
Platane d'Occident......	»	»	d.	»
Poirier sauvage.........	Semis.	»	»	»
Pommier sauvage......	Id.	»	»	»
Prunellier épineux......	Id.	»	»	»
Prunier de Sainte-Lucie.	Id.	»	»	»
Tilleul de Hollande.....	Id.	»	Boutures.	»
— argenté	Id.	»	»	Gr. en écusson, en juillet sur tilleul de Hollande.
Tamarix Gallica........	»	»	Boutures.	»
Vernis du Japon........	Semis.	»	»	»

NOMS DES ESPÈCES.	MODE DE MULTIPLICATION.			
	SEMIS.	ESPÈCES non recepées.	BOUTURES.	GREFFES.
Espèces résineuses.				
Cyprès pyramidal........	Semis.	Non recepé.	»	»
Mélèze d'Europe........	Id.	Id.	»	»
Pin sylvestre	Id.	Id.	»	»
— de Corse...........	Id.	Id.	»	»
— noir d'Autriche.....	Id.	Id.	»	»
— Weimouth..........	Id.	Id.	»	»
— d'Alep.............	Id.	Id.	»	»
— maritime...........	Id.	Id.	»	
— pignon.............	Id.	Id.	»	»
Sapin argenté	Id.	Id.	»	»
— épicéa...........	Id.	Id.	»	»

Nous devons faire les deux observations suivantes à l'égard
du tableau qui précède : Et d'abord, ainsi que nous l'avons dit
plus haut, il conviendra de renoncer à semer dans la pépinière
les espèces indiquées comme devant être multipliées au moyen
de graines. On obtiendra presque toujours un succès plus certain et moins coûteux en se procurant les jeunes plants de ces
espèces chez les pépiniéristes.

En second lieu, certaines espèces, telles que le marronnier
rouge et l'orme champêtres ont indiquées, comme pouvant être
multipliées au moyen de graines. Nous engageons cependant à
recourir à la greffe en écusson. On pourra ainsi choisir les greffes
sur un individu présentant au plus haut degré les qualités que
l'on recherche. Avec les graines on obtiendra des individus très-
variés dans leur port ou dans la couleur de leur fleur. C'est ainsi
que pour le marronnier rouge on obtiendra des fleurs variant
depuis la couleur fauve jusqu'au rouge carmin. Pour les ormes
champêtres on obtiendra des arbres offrant des feuilles de toutes
les grandeurs et un port variant depuis la forme pyramidale jusqu'aux rameaux pendants. Avec la greffe on obtiendra des arbres parfaitement semblables qui permettront de donner plus de
régularité aux plantations.

CHAPITRE III

PLANTATION DES ROUTES,

CANAUX ET CHEMINS DE HALAGE, REMPARTS ET GLACIS DES FORTIFICATIONS.

Utilité de ces plantations. — *Routes.* — Les plantations exécutées sur la partie du sol des routes qui n'est pas absolument nécessaire à la circulation présentent les avantages suivants : Par leur ombrage, elles abritent les voyageurs contre l'ardeur du soleil ; en hiver, lors des neiges abondantes, elles servent de guide et rendent les communications plus sûres ; elles sont en outre un ornement.

On a longtemps émis des doutes sur l'opportunité de ces plantations. On a craint qu'elles ne nuisissent à l'entretien des routes en y maintenant une humidité trop considérable. Aujourd'hui la question est résolue d'une manière absolue au profit de ces plantations. On a constaté que ces arbres, plantés à distance suffisante les uns des autres, et conduits de façon à ce que leur tête soit assez élevée au-dessus du sol, étaient beaucoup moins nuisibles qu'une haie vive continue établie de chaque côté et empêchant la circulation de l'air perpendiculairement à l'axe de la route. On a même reconnu que la présence de ces arbres aidait parfois à la viabilité de la route en y entretenant une certaine dose d'humidité favorable à la cohésion des matériaux. Il conviendra toutefois, dans certaines circonstances exceptionnelles, de renoncer à ces plantations.

Lorsque, par exemple, la route sera établie sur un sol compacte, imperméable et sous un climat brumeux et humide ; ou encore lorsque cette route sera ouverte en tranchée dans un sol glaiseux ; ou enfin si cette route est assise immédiatement sur la roche.

Canaux. — Là, ces plantations ne sont pas moins nécessaires. Elles abritent contre l'ardeur du soleil les attelages employés au halage ; elles servent d'abri contre la violence des vents qui souvent deviendraient un obstacle à la navigation, surtout dans le Midi ; enfin elles diminuent très-notablement les effets de l'évaporation et, par conséquent, protégent la masse d'eau nécessaire pour l'entretien de ces canaux.

Chemins de halage. — Les chemins de halage établis sur le bord des grands fleuves profitent aussi de l'ombrage de ces plantations, et celles-ci servent de guide pour la navigation pendant le temps des inondations.

Les divers avantages que nous venons de signaler pour ces plantations ne sont certes pas sans importance. Nous les considérons cependant comme accessoires si l'on considère ces plantations au point de vue de la production des bois de service. En effet la longueur des routes impériales, stratégiques, départementales et des canaux était en France, en 1851, de 75,700 kilom. En y ajoutant approximativement 300 kilom. pour les chemins de halage sur le bord des fleuves, nous avons au moins 76,000 kil. En admettant que les deux côtés soient plantés d'arbres espacés de 10 mètres leur nombre s'élèvera à 15,000,000 au moins. Or dans un bois de haute futaie arrivé à l'âge d'exploitation on compte 400 pieds d'arbres par hectare. Les plantations dont nous venons de parler équivaudront donc à 37,500 hectares ; c'est environ la vingtième partie de l'étendue des forêts de l'État. La valeur de ces arbres peut devenir considérable s'ils reçoivent des soins convenables, attendu que la végétation se fait là dans des conditions bien meilleures que dans les forêts, où l'humidité du sol, le défaut de lumière nuisent toujours à la qualité du sol. Ajoutons que le bénéfice net donné par l'exploitation de ces arbres sera d'autant plus élevé que ce produit aura été obtenu sur un sol qui ne donnait aucune rente.

Remparts et glacis des places de guerre. — L'utilité de la plantation des arbres de haut jet sur les remparts et les glacis des places fortes a été reconnue en France dès le commencement de ce siècle par le comité des fortifications. Là, ces arbres rendent beaucoup plus difficiles les approches des places et la formation des tranchées par la présence dans le sol de leurs nombreuses racines, et ils procurent une précieuse ressource en bois dans les places menacées d'un siége.

Ces diverses sortes de plantations exigent absolument les mêmes soins de création et d'entretien, sauf quelques différences de détail sur lesquelles nous nous arrêterons. Nous croyons donc devoir les confondre pour étudier leur exécution et les soins d'entretien qu'elles réclament.

Choix des espèces. — Les espèces propres à ces sortes de plantations doivent remplir les conditions suivantes : 1° les arbres doivent s'élever suffisamment pour que les branches qui forment la tête ne soient pas un obstacle à la circulation ;

2° Leur feuillage devra être ample, abondant, de façon à produire un ombrage épais ;

3° Ils doivent être rustiques, afin de résister aux accidents auxquels ils sont parfois exposés, et aussi pour ne pas exiger les soins minutieux qu'on ne pourrait leur donner lorsqu'ils couvrent de grandes surfaces. Ils devront supporter la transplantation dans un âge un peu avancé, ce qui leur permettra de résister plus facilement aux accidents. Enfin, leur accroissement sera prompt et vigoureux, afin qu'ils remplissent le plus tôt possible leur destination ;

4° Leur bois devra être de bonne qualité, puisque la production de cette matière est un des résultats importants de ces plantations ;

5° Pour la plantation des glacis des places fortes, ces arbres devront avoir des racines plutôt traçantes que pivotantes.

6° Il faudra encore et surtout que les espèces choisies s'accommodent du climat, du sol et de l'exposition de la localité à planter ; car chaque espèce est organisée pour vivre au milieu de certaines circonstances déterminées, hors desquelles elle périt ou reste languissante, et cela malgré les efforts de l'homme pour modifier les lois de la nature. Ce sera donc toujours en vain que l'on voudra faire vivre les arbres du Midi sous le climat du Nord, ceux des terrains légers dans les sols compactes, ou enfin ceux du flanc des montagnes exposés au nord sur les pentes brûlantes du midi.

Nous donnons dans le tableau ci-après la série des espèces qui remplissent le mieux ces conditions.

Appropriation des espèces à la nature du sol et au climat. — La première condition à remplir pour assurer le

PRINCIPAUX ARBRES DE HAUT JET DISTRIBUÉS DANS LES TERRAINS OÙ ILS PEUVENT PROSPÉRER.

	SOLS ARGILEUX, COMPACTES OU GLAISEUX.	SOLS DE CONSISTANCE MOYENNE : ARGILO-CALCAIRES, ARGILO-SILICEUX.	SOLS LÉGERS HUMIDES : SILICEO-CALCAIRO-ARGILEUX, SILICEO-ARGILEUX, SILICEUX, GRAVELEUX.	SOLS LÉGERS : SILICEO-CALCAIRO-ARGILEUX, SILICEO-ARGILEUX.	SOLS LÉGERS SECS : SILICEUX, GRAVELEUX.	SOLS LÉGERS SECS : CALCAIRO-ARGILEUX, CALCAIRES.	SOLS TOURBEUX HUMIDES.
CLIMAT DU NORD.	**Espèces non résineuses.** Chêne rouvre (*fig.* 52), — pédoncule (*fig.* 53), Hêtre des bois (*fig.* 68), Noyer noir (*fig.* 70), Orme champêtre (*fig.* 73), — tortillard (*fig.* 74), — pédoncule (*fig.* 75).	**Espèces non résineuses.** Charme commun (*fig.* 50), Chêne rouvre (*fig.* 52), — pédoncule (*fig.* 53), Érable sycomore (*fig.* 61), — plane (*fig.* 62), Frêne élevé (*fig.* 63), Hêtre des bois (*fig.* 68), Noyer noir (*fig.* 70), Orme champêtre (*fig.* 73), — tortillard (*fig.* 74), — pédoncule (*fig.* 75), Peuplier blanc (*fig.* 77), — argenté (*fig.* 78), — d'Italie (*fig.* 79), — du Canada (*fig.* 80), — de Virginie (*fig.* 81), Platane d'Occident (*fig.* 76), Robinier faux-acacia (*fig.* 82), Tilleul de Hollande (*fig.* 84), — à petites feuilles (*fig.* 85), Vernis du Japon (*fig.* 86).	**Espèces non résineuses.** Aune commun (*fig.* 49), Charme commun (*fig.* 50), Châtaignier commun (*fig.* 51), Érable sycomore (*fig.* 61), — plane (*fig.* 62), Frêne élevé (*fig.* 63), Noyer noir (*fig.* 70), Orme champêtre (*fig.* 73), — tortillard (*fig.* 74), — pédoncule (*fig.* 75), Peuplier blanc (*fig.* 77), — argenté (*fig.* 78), — d'Italie (*fig.* 79), — du Canada (*fig.* 80), — de Virginie (*fig.* 81), Platane d'Occident (*fig.* 76), Robinier faux-acacia (*fig.* 82), Tilleul de Hollande (*fig.* 84), — à petites feuilles (*fig.* 85), Vernis du Japon (*fig.* 86).	**Espèces non résineuses.** Châtaignier commun (*fig.* 51), Érable sycomore (*fig.* 61), — plane (*fig.* 62), Orme champêtre (*fig.* 73), — tortillard (*fig.* 74), — pédoncule (*fig.* 75), Peuplier blanc (*fig.* 77), — argenté (*fig.* 78), — d'Italie (*fig.* 79), — du Canada (*fig.* 80), — de Virginie (*fig.* 81), Robinier faux-acacia (*fig.* 82), Tilleul de Hollande (*fig.* 84), — à petites feuilles (*fig.* 85), Vernis du Japon (*fig.* 86).	**Espèces non résineuses.** Châtaignier commun (*fig.* 51), Peuplier argenté (*fig.* 78), — blanc (*fig.* 77), — du Canada (*fig.* 80), — d'Italie (*fig.* 79), Robinier faux-acacia (*fig.* 82), Vernis du Japon (*fig.* 86).	**Espèces non résineuses.** Érable sycomore (*fig.* 61), Vernis du Japon (*fig.* 86).	**Espèces non résineuses.** Aune commun (*fig.* 49), Peuplier blanc (*fig.* 77), — argenté (*fig.* 78), — d'Italie (*fig.* 79), — du Canada (*fig.* 80), — de Virginie (*fig.* 81), Platane d'Occident (*fig.* 76).
	Espèces résineuses. Sapin commun (*fig.* 95), — épicéa (*fig.* 96).	**Espèces résineuses.** Mélèze d'Europe (*fig.* 88), Pin sylvestre (*fig.* 89), — de Corse (*fig.* 90), — noir d'Autriche, — weymouth (*fig.* 91), Sapin commun (*fig.* 95), — épicéa (*fig.* 96).	**Espèces résineuses.** Mélèze d'Europe (*fig.* 88), Pin sylvestre (*fig.* 89), — de Corse (*fig.* 90), — noir d'Autriche, — weymouth (*fig.* 91), Sapin commun (*fig.* 95), — épicéa (*fig.* 96).	**Espèces résineuses.** Pin sylvestre (*fig.* 89), — de Corse (*fig.* 90), — noir d'Autriche, Sapin épicéa (*fig.* 96).	**Espèces résineuses.** Pin sylvestre (*fig.* 89).	**Espèces résineuses.** Pin sylvestre (*fig.* 89).	**Espèces résineuses.** Pin sylvestre (*fig.* 89), Sapin épicéa (*fig.* 96).
CLIMAT DE MIDI.	**Les mêmes espèces** MOINS : Hêtre des bois, Sapin commun, — épicéa. PLUS : Pin d'Alep (*fig.* 94).	**Les mêmes espèces** MOINS : Pin sylvestre, Hêtre des bois, Mélèze d'Europe, Pin weymouth, Sapin commun, — épicéa. PLUS : Chêne Thauzin (*fig.* 60), Micocoulier de Provence (*fig.* 69), Pin maritime (*fig.* 92), — d'Alep (*fig.* 94), Cyprès pyramidal (*fig.* 87).	**Les mêmes espèces** MOINS : Pin sylvestre, Mélèze d'Europe, Pin weymouth, Sapin épicéa, — commun. PLUS : Chêne Thauzin (*fig.* 60), Micocoulier de Provence (*fig.* 69), Pin pignon (*fig.* 93), — maritime (*fig.* 92), — d'Alep (*fig.* 94), Cyprès pyramidal (*fig.* 87).	**Les mêmes espèces** MOINS : Pin sylvestre, Sapin épicéa. PLUS : Chêne Thauzin (*fig.* 60), Micocoulier de Provence (*fig.* 69), Pin pignon (*fig.* 93), — maritime (*fig.* 92), — d'Alep (*fig.* 94), Cyprès pyramidal (*fig.* 87).	**Les mêmes espèces** MOINS : Pin sylvestre. PLUS : Chêne Thauzin (*fig.* 60), Micocoulier de Provence (*fig.* 69), Pin pignon (*fig.* 93), — maritime (*fig.* 92), — d'Alep (*fig.* 94).	**Les mêmes espèces** MOINS : Pin sylvestre. PLUS : Chêne Thauzin (*fig.* 60), Micocoulier de Provence (*fig.* 69), Pin pignon (*fig.* 93), — maritime (*fig.* 92), — d'Alep (*fig.* 94).	**Les mêmes espèces** MOINS : Pin sylvestre, Sapin épicéa. PLUS : Pin d'Alep (*fig.* 94).

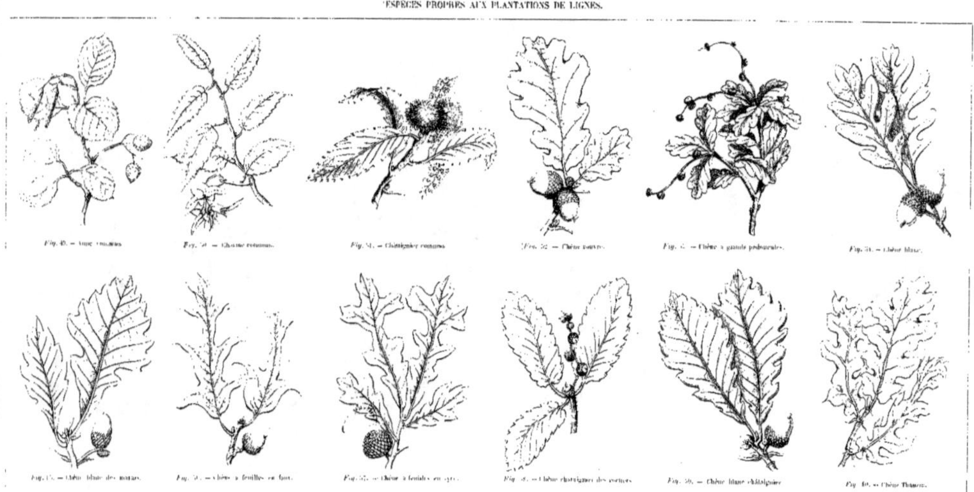

Fig. 49. — Aune commun.   Fig. 50. — Charme commun.   Fig. 51. — Châtaignier commun.   Fig. 52. — Chêne rouvre.   Fig. 53. — Chêne à glands pédonculés.   Fig. 54. — Chêne blanc.

Fig. 55. — Chêne blanc des marais.   Fig. 56. — Chêne à feuilles en faux.   Fig. 57. — Chêne à feuilles en scie.   Fig. 58. — Chêne châtaignier des vertues.   Fig. 59. — Chêne blanc châtaignier.   Fig. 60. — Chêne Thauzin.

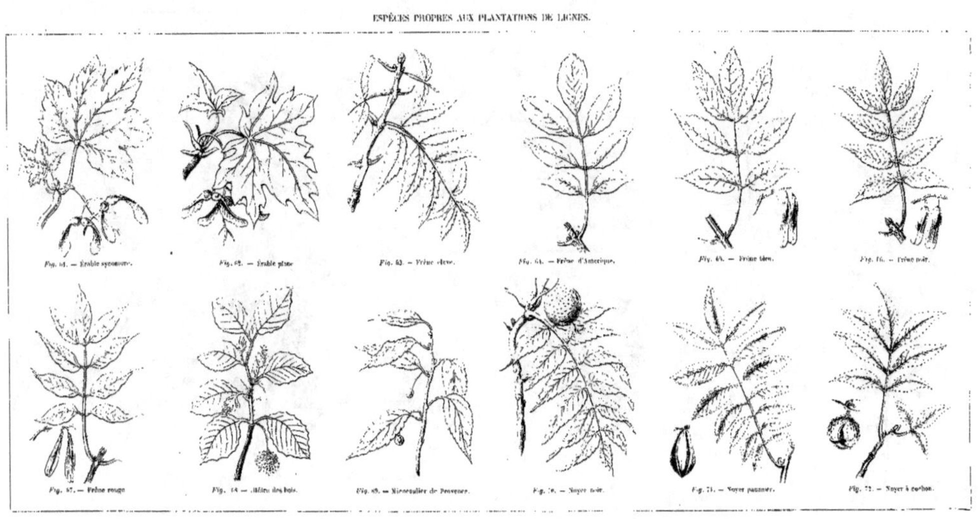

Fig. 61. — Érable sycomore. Fig. 62. — Érable plane. Fig. 63. — Frêne élevé. Fig. 64. — Frêne d'Amérique. Fig. 65. — Frêne bleu. Fig. 66. — Frêne noir.

Fig. 67. — Frêne rouge. Fig. 68. — Hêtre des bois. Fig. 69. — Micocoulier de Provence. Fig. 70. — Noyer noir. Fig. 71. — Noyer pacanier. Fig. 72. — Noyer à cochon.

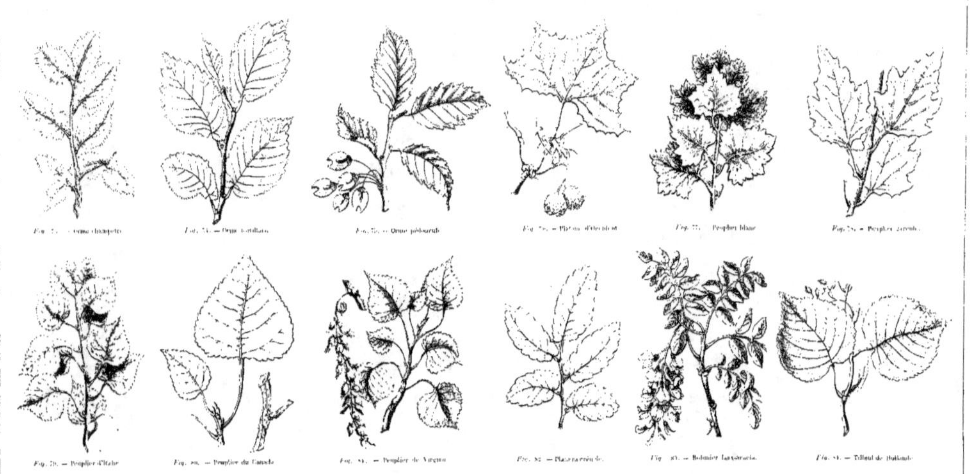

Fig. 73. — Orme champêtre.   Fig. 74. — Orme tortillard.   Fig. 75. — Orme pédonculé.   Fig. 76. — Platane d'Orient.   Fig. 77. — Peuplier blanc.   Fig. 78. — Peuplier tremble.

Fig. 79. — Peuplier d'Italie.   Fig. 80. — Peuplier du Canada.   Fig. 81. — Peuplier de Virginie.   Fig. 82. — Platane occidental.   Fig. 83. — Robinier lancéolata.   Fig. 84. — Tilleul de Hollande.

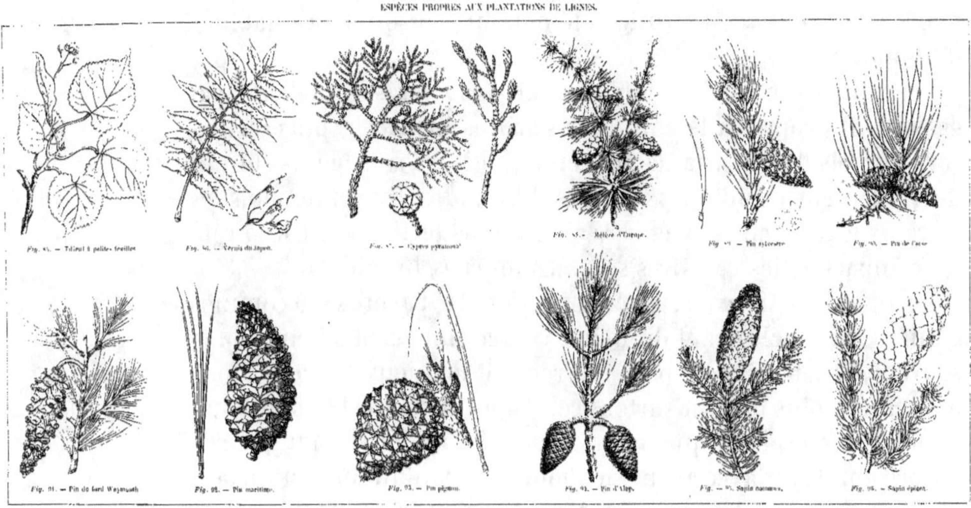

Fig. 85. — Tilleul à petites feuilles.

Fig. 86. — Vernis du Japon.

Fig. 87. — Cyprès pyramidal.

Fig. 88. — Mélèze d'Europe.

Fig. 89. — Pin sylvestre.

Fig. 90. — Pin de Corse.

Fig. 91. — Pin du lord Weymouth.

Fig. 92. — Pin maritime.

Fig. 93. — Pin pignon.

Fig. 94. — Pin d'Alep.

Fig. 95. — Sapin commun.

Fig. 96. — Sapin épicéa.

succès des plantations, c'est d'approprier les espèces à la nature du sol et au climat. Pour fournir les indications nécessaires à cet égard, nous donnons ci-contre la liste des principales sortes de terrains avec les diverses espèces d'arbres qu'ils peuvent nourrir soit dans le Nord, soit dans le Midi.

Les sortes de terrains entre lesquels nous avons réparti les diverses espèces sont loin de comprendre tous les mélanges terreux que l'on rencontre. Nous n'avons indiqué ici que les mélanges principaux, négligeant un grand nombre de sols intermédiaires qui lient ces types entre eux. Lorsque l'on aura à planter dans les terrains intermédiaires, il suffira pour cela de choisir les arbres recommandés pour l'espèce de terre qui s'en rapproche le plus par sa composition élémentaire et son degré habituel d'humidité.

On voit par ce même tableau que tous les sols ne sont pas également propres à la culture des arbres. Ainsi les plus fertiles sont les sols de consistance moyenne, puis les sols légers, humides; viennent ensuite les terrains d'humidité moyenne, puis les terrains légers, siliceux et secs. Les moins fertiles sont les argiles compactes, les calcaires secs, les tourbes humides.

Lorsque l'on trouvera un certain nombre d'arbres s'accommodant du même climat et du même sol, comme cela a lieu le plus souvent, on choisira l'espèce qui remplit le mieux les conditions énumérées plus haut et surtout celle dont le bois est le meilleur.

Outre les espèces que nous venons d'indiquer, on pourra encore employer avec avantage, pour ces plantations, un certain nombre d'arbres de l'Amérique du Nord, introduits en France depuis quelques années déjà, mais qui, jusqu'à présent, n'ont pu être multipliés assez abondamment dans les pépinières pour qu'on puisse en former des plantations assez étendues sans une forte dépense. Nous citerons surtout les espèces suivantes :

Chêne blanc (*fig.* 54).	Frêne bleu (*fig.* 65).
— blanc des marais (*fig.* 55).	— noir (*fig.* 66).
— à feuilles en faux (*fig.* 56).	— rouge (*fig.* 67).
— à feuilles en lyre (*fig.* 57).	Noyer pacanier (*fig.* 71).
— châtaignier des rochers (*fig.* 58).	— à cochon (*fig.* 72).
— blanc châtaignier (*fig.* 59).	Planera crénelé (*fig.* 82).
Frêne d'Amérique (*fig.* 64).	

Nous ferons une dernière observation à l'égard de cette liste d'arbres, c'est que les diverses espèces résineuses que nous avons recommandées ne pourront donner de bons bois de service qu'autant qu'ils formeront un massif serré. Disposés en lignes isolées, ces arbres s'allongent peu et restent pourvus de branches jusqu'à la base, ce qui nuit à la qualité du bois, et gênerait aussi la circulation s'ils formaient des bordures le long des routes. Les petites dimensions qu'ils doivent avoir pour supporter la transplantation les exposeraient d'ailleurs à trop d'accidents si on formait de semblables plantations.

Il conviendra donc de les réserver pour la formation de massifs qu'on pourra défendre du parcours pendant quelques années.

PRÉPARATION DU SOL.

Après le choix des espèces d'arbres les plus convenables pour chaque localité, la préparation du terrain est l'opération la plus importante ; car, la transplantation que subissent les arbres les privant, quoi qu'on fasse, d'une certaine quantité de leurs racines, et le sol où on les plante à demeure étant presque toujours de moins bonne qualité que celui où ils ont été élevés, leur végétation se trouve singulièrement contrariée. Si, sous l'influence de cet état de choses, on se contente de pratiquer une petite excavation juste assez grande pour recevoir les racines, celles-ci, déjà mutilées, et ne rencontrant qu'un terrain de qualité assez médiocre, ne prendront qu'un développement insuffisant, l'arbre languira et finira par périr. Il faut donc, pour remédier à ces deux causes de souffrance, une bonne préparation du sol.

Cette opération a d'abord pour objet de pulvériser, de diviser la terre qui entoure les racines de manière qu'elles puissent s'y développer facilement, ensuite de placer ces racines en contact immédiat avec une terre de meilleure qualité, plus fertile que le terrain où l'on plante.

On peut obtenir ce résultat, pour les plantations d'alignement, à l'aide de deux procédés : le premier consiste dans l'ouverture de trous plus ou moins grands à chacun des points qui doivent recevoir un arbre ; le second s'exécute au moyen de tranchées continues ouvertes à la place de chacune des lignes d'arbres.

Trous. — La confection des trous doit être considérée sous quatre points de vue différents : leur forme, leurs dimensions, l'époque où on doit les exécuter, la manière dont ils doivent être faits.

Les trous destinés à la plantation des arbres de haut jet peuvent être circulaires ou carrés. Sans attacher une grande importance à cette question, nous pensons qu'on devra donner la préférence à la forme circulaire, parce que, l'arbre étant placé au centre, ses racines trouveront un espace égal à parcourir de tous côtés, tandis qu'au milieu d'un trou carré les racines qui se dirigeront perpendiculairement sur les côtés se heurteront plus tôt contre la terre non remuée que celles qui prendront une direction diagonale.

On a remarqué que les racines, ayant constamment besoin de l'influence de l'air, tendent à se développer plutôt horizontalement que verticalement ; les trous devront donc être plus larges que profonds. Cette largeur doit varier, selon que le sol est plus ou moins fertile. En effet, plus il y aura de différence entre la fertilité de la pépinière et celle du nouveau terrain, plus on devra retarder le moment où les racines des arbres seront obligées de s'engager dans la terre non remuée. On pourra, au contraire, diminuer l'étendue des trous lorsque le terrain à planter s'éloignera peu par sa fertilité de celui de la pépinière. Les deux limites extrêmes seront, pour les terrains les plus médiocres, au moins 2 mètres de largeur, et pour les terrains les plus fertiles, 1 mètre. Il sera facile de prendre des largeurs intermédiaires, selon que le sol se rapprochera plus ou moins de ces deux points extrêmes. Dans tous les cas, il n'y aura qu'avantage pour les arbres à étendre les limites que nous venons de poser, tandis qu'il y aurait de graves inconvénients à les restreindre. Il n'y a qu'une seule circonstance où l'on puisse sans inconvénient faire des trous moindres d'un mètre de largeur : c'est lorsqu'on plante un sol qui a été défoncé uniformément sur toute son étendue, ou lorsqu'on plante la levée d'un fossé dont le sol a aussi été ameubli.

La profondeur des trous doit être moins considérable que leur largeur ; elle varie en raison de la plus ou moins grande dose d'humidité que retient le sol. Plus le sol est exposé à la sécheresse, plus les arbres ont besoin d'enfoncer profondément leurs racines pour que celles-ci trouvent l'humidité qui leur est nécessaire. Dans les terrains humides, au contraire, les racines ont une tendance bien prononcée à se rapprocher de la surface pour éviter l'humidité surabondante qui les empêche de recevoir l'influence de l'air.

Dans les terrains les plus secs, les trous ne devront pas avoir moins de 0^m,80 de profondeur, et ne pas dépasser 0^m,35 dans les sols les plus humides.

On n'a pas jusqu'à présent attaché assez d'importance à l'époque la plus convenable pour ouvrir les trous destinés aux plantations. On fait généralement cette opération au moment même de la plantation ; nous pensons que cette pratique est vicieuse, et qu'il y a tout avantage à faire ce travail quelques mois avant la plantation. La couche de terre placée au-dessous de la surface, et qui est généralement peu propre à la végétation parce qu'elle n'a pas encore reçu l'influence fertilisante de l'air, se trouvera suffisamment aérée lorsque viendra la mise en terre des arbres, et sera surtout beaucoup plus friable.

Lorsque le point que doit occuper chaque arbre est déterminé, on prend un bout de cordeau présentant en longueur exactement le rayon de la circonférence du trou à ouvrir. On fixe à chaque extrémité une cheville pointue, on enfonce l'une d'elles au point qui doit être occupé par la tige, on tend le cordeau, et l'on trace avec l'autre cheville la circonférence du trou. Ceci fait, on pratique l'excavation en se servant de la bêche, de la pioche ou de la pelle, suivant que la terre est plus ou moins meuble. Il est important de séparer les différentes couches du sol à mesure qu'on les extrait. Ainsi on lève d'abord toute la couche superficielle, le gazon, jusqu'à 0^m,12 environ de profondeur, et on le met à part sur l'un des côtés du trou en A (*fig.* 97). On attaque ensuite la couche inférieure dont on enlève une épaisseur de 0^m,20 environ, que l'on place en B. La couche de terre suivante est également enlevée et mise de côté en C. Puis le fond du trou est remué, afin de l'ouvrir à l'influence fertilisante de l'atmosphère.

Après avoir exécuté le trou, il sera bon de se procurer, pour les terrains légers et exposés à la sécheresse, des terres silico-argileuses ; pour les sols exposés à une humidité surabondante, on prendra des mortiers, des plâtras concassés, des sables graveleux ou même de la marne délitée ; pour les sols précédents

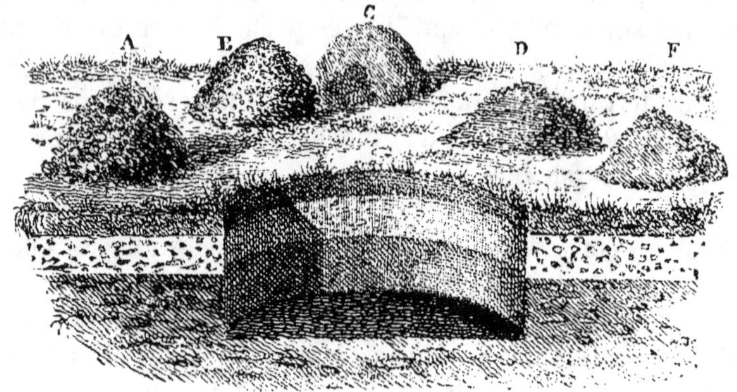

Fig. 97. — Trou préparé pour la plantation.

et pour tous les autres, ce seront des vases de mares, d'étangs ou de fossés, exposées à l'air depuis une année, ou encore des gazons recueillis à l'avance et décomposés. On déposera au bord de chaque trou (en D et en F) environ $0^m,1$ cube de chacune de ces substances. L'argile forcera le terrain à retenir plus d'humidité ; les plâtras et mortiers diminueront, au contraire, la compacité du sol et faciliteront l'écoulement des eaux surabondantes ; enfin, les dernières substances amélioreront la terre par les débris organiques qu'elles contiennent. Après ces travaux, on abandonnera le trou jusqu'au moment de la plantation.

Tranchées. — Le mode de préparation du sol au moyen de tranchées consiste à ouvrir une tranchée continue à la place que doit occuper chaque ligne d'arbres. La profondeur et la largeur en sont déterminées par les circonstances que nous avons indiquées pour la dimension des trous.

Voici comment on opère : soit une bande de 2 mètres de large sur 1 mètre de profondeur à défoncer d'A en B (*fig.* 98) ; si le sol n'est pas de bonne qualité, on répand d'abord à la surface de cette bande les terres argileuses ou autres, H, dont nous avons parlé, pour améliorer le terrain, et cela en une couche de $0^m,15$ d'épaisseur environ. Ceci fait, on ouvre une tranchée de C en D, longue de $1^m,50$, profonde de $0^m,85$ et comprenant la largeur de la bande. La terre qu'on en extrait est portée en E pour combler l'extrémité opposée. On enlève ensuite au fond de la tranchée une couche d'une épaisseur égale à celle que l'on a répandue à la surface, soit environ 0^m,15. Cette terre est rejetée en L sur l'un des côtés de la tranchée, pour être enlevée après l'opé-

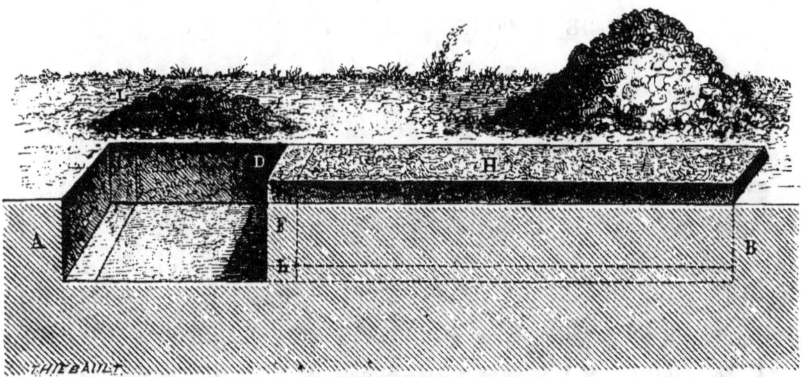

Fig. 98. — Préparation du sol au moyen d'une tranchée.

ration. On entame alors une première tranche de terre en F, large seulement de 0^m,20, et profonde aussi de 0^m,85. On fait tomber cette terre dans la tranchée, on en mélange bien les différentes couches, puis avec la pelle l'ouvrier la rejette derrière lui en C, de façon qu'elle n'occupe pas plus d'espace qu'avant son déplacement. Il en résulte que l'ouvrier conserve ainsi au fond de la tranchée une place suffisante pour travailler sans gêne. Il lève ensuite au-dessous de cette tranchée une nouvelle couche I, de 0^m,15 d'épaisseur, qu'il jette au dehors ; il entame alors une seconde tranchée verticale de 0^m,20 de largeur, dont il mélange bien les différentes parties, et qu'il place derrière lui, à côté de la première ; et ainsi de suite jusqu'à l'extrémité opposée de la bande, qui est fermée au moyen de la terre qu'on y a déposée au début de l'opération, en ayant toujours le soin d'enlever au-dessous de chaque tranche successive, 0^m,15 de terre, qu'on jette en dehors de la tranchée. Lorsque le défoncement est terminé, la surface de la bande, bien nivelée, doit être élevée à 0^m,14 au-dessus du sol environnant, afin que la terre, en se tassant, ne produise pas de dépression.

Ce mode est certainement préférable au premier, car il amé-

liore une bien plus grande surface de terrain et rend plus vigoureuse la végétation des arbres ; mais aussi la dépense est
beaucoup plus élevée : aussi ne doit-on l'employer que si les
arbres doivent être, au plus, à 4 mètres les uns des autres, ou
s'ils sont plantés dans un sol de très-mauvaise qualité.

FORME A DONNER AUX PLANTATIONS.

Les plantations d'alignement forestières se rattachent toutes
aux deux formes suivantes : les *plantations en bordure* et *en avenue*, et les *plantations en futaies* ou *massifs*.

Plantations en bordure et en avenue. — Pour les plantations en bordure et en avenue, il convient d'étudier : 1° la
distance à réserver entre les arbres ; 2° la disposition des lignes
les unes par rapport aux autres ; 3° la disposition des arbres les
uns par rapport aux autres sur les différentes lignes.

1° La *distance à réserver* entre les arbres est de la plus grande
importance. Beaucoup de plantations de ce genre n'ont donné
que de chétifs résultats pour n'avoir pas été suffisamment es-
pacées.

En général, on a une tendance fâcheuse à planter à des distances beaucoup trop rapprochées, dans l'espoir d'obtenir un
résultat plus prompt. On obtient, en effet, en plantant très-
serré, une avenue plus tôt garnie de branches et de verdure ;
mais les arbres, se joignant par leurs branches et leurs racines longtemps avant d'être arrivés au maximum de leur développement, se gênent les uns les autres, se disputent la terre
et la lumière, restent rabougris ; les plus vigoureux étouffent les
plus faibles et créent dans la plantation des vides nombreux.

C'est une grande erreur de penser que plus on plantera dru,
plus le produit en bois sera considérable. Il est, pour chaque
espèce et pour chaque sol, certaines limites qu'on ne peut dépasser sans voir le produit diminuer dans la même proportion. Si
les arbres d'une avenue d'ormes ou de hêtres sont plantés à une
distance moitié plus considérable qu'ils ne devraient l'être, le
produit sera diminué de moitié ; et cela, parce que ces arbres
n'auront pu couvrir utilement tout l'espace qu'on a laissé à
chacun d'eux. Si, au contraire, ils sont plantés à une distance

moitié trop rapprochée, on obtiendra en volume la même quantité de bois, mais ce bois sera de très-petit échantillon, parce que ces arbres, se nuisant mutuellement, n'auront pu acquérir leur développement normal.

On a cru pouvoir profiter du bénéfice des plantations très-drues, tout en échappant à leurs inconvénients, en plantant dans la même ligne deux espèces d'arbres différentes s'accommodant du même terrrain et se développant beaucoup plus rapidement l'une que l'autre. Ainsi, entre des chênes ou des ormes plantés à une distance convenable, on intercalait un frêne ou un peuplier. On espérait que le frêne ou le peuplier, poussant beaucoup plus vite que le chêne ou l'orme, pourrait arriver à l'âge d'exploitation sans avoir nui à ceux-ci. Malheureusement tous les essais qui ont été tentés sous ce rapport ont échoué.

Ce résultat était, du reste, facile à prévoir; car, l'espèce la plus vigoureuse s'emparant bientôt, aux dépens de celle qui l'est moins, du sol et de la lumière, on est bientôt obligé, si l'on ne veut pas voir étouffer l'espèce à végétation lente, de mutiler la tige de l'espèce vigoureuse, afin d'arrêter sa végétation ; encore ses racines nuisent-elles toujours au développement de celles de la première. De telle sorte qu'en définitive on n'obtient de ce mode de plantation que des arbres chétifs. Lors même que l'on réussirait à faire croître ainsi deux espèces différentes, on reconnaîtrait encore, au moment de l'exploitation, un inconvénient qui suffirait pour faire abandonner cet usage. Si l'on exploite le peuplier ou le frêne à l'âge de quarante ou cinquante ans, les ormes ou les chênes, habitués jusqu'alors à vivre pressés les uns contre les autres, se trouvant isolés tout à coup, seront exposés à l'influence brûlante du soleil, leurs écorces se durciront et leur végétation deviendra languissante. D'un autre côté, privés de l'appui mutuel qu'ils recevaient contre la violence des vents, beaucoup seront renversés.

Ce mode de plantation ne peut réussir qu'en plaçant les arbres à végétation lente à une distance moitié plus grande que celle qui leur convient, puis en plaçant entre chacun d'eux un arbre à croissance rapide. Ces divers arbres se développent alors sans se nuire; et lorsqu'on vient à exploiter l'espèce à bois mou, vers l'âge de quarante ou cinquante ans, les individus à bois dur ont acquis alors un grand accroissement et dessinent encore parfaitement l'avenue. Mais il ne faut faire usage de ce moyen que si l'on tient absolument à ce que l'avenue donne rapidement de l'ombrage, car l'on perd ainsi sur la qualité du produit, attendu que les bois blancs n'ont jamais la même valeur que les bois durs.

La distance qu'il convient de réserver entre les arbres plantés en bordure ou en avenue est déterminée par trois circonstances :

1° La nature du sol ;

2° Les espèces d'arbres ;

3° Le nombre de lignes qui sont placées l'une près de l'autre.

On comprend bien que la *nature du sol* doive influer sur la distance à réserver entre les arbres, puisqu'ils prennent plus ou moins de développement, selon que le sol est plus ou moins fertile. D'un autre côté, les *diverses espèces d'arbres* étant loin d'acquérir le même développement, toutes choses égales d'ailleurs, il ne faudra pas réserver le même espace entre toutes les espèces.

Enfin, des arbres plantés sur une seule ligne isolée pourront être beaucoup plus rapprochés les uns des autres que si cette ligne est bordée de chaque côté par deux autres lignes. Dans le premier cas, les racines pourront s'étendre sans obstacle dans la direction perpendiculaire à la ligne, et il en sera de même pour les branches qui recevront sans partage l'influence de la lumière. Dans le second cas, au contraire, chacun de ces arbres étant entouré de toutes parts par d'autres individus, l'allongement de leurs racines sera bientôt arrêté par celui des racines voisines, et leurs branches seront privées d'une partie de la lumière.

Le tableau suivant indique la distance la plus convenable à réserver entre les arbres de ces sortes de plantations dans un sol de très-bonne qualité.

On diminuera ces distances d'un quart dans les terrains de qualité moyenne et de moitié dans les sols très-médiocres.

NOMS des ESPÈCES D'ARBRES.	SUR 1 LIGNE.	SUR 2 LIGNES.	SUR 3 LIGNES.	SUR 4 LIGNES et plus.
Chênes........................	8ᵐ,00	10ᵐ,00	12ᵐ,00	13ᵐ,32
Ormes	Id.	Id.	Id.	Id.
Châtaignier commun	Id.	Id.	Id.	Id.
Hêtre........................	Id.	Id.	Id.	Id.
Platane	Id.	Id.	Id.	Id.
Tilleul......................	7ᵐ,00	8ᵐ,50	10ᵐ,50	11ᵐ,66
Vernis du Japon..........	Id.	Id.	Id.	Id.
Sapin de Normandie......	Id.	Id.	Id.	Id.
— épicéa.............	Id.	Id.	Id.	Id.
Peuplier de Virginie......	6ᵐ,00	7ᵐ,50	9ᵐ,00	10ᵐ,00
— argenté..........	Id.	Id.	Id.	Id.
— blanc de Hollande.	Id.	Id.	Id.	Id.
— du Canada........	Id.	Id.	Id.	Id.
Mûrier blanc..............	Id.	Id.	Id.	Id.
Pin maritime	Id.	Id.	Id.	Id.
— laricio	Id.	Id.	Id.	Id.
— de Weymouth........	Id.	Id.	Id.	Id.
— pignon	Id.	Id.	Id.	Id.
— d'Alep	Id.	Id.	Id.	Id.
Mélèze......................	Id.	Id.	Id.	Id.
Érable sycomore..........	Id.	Id.	Id.	Id.
— plane.............	Id.	Id.	Id.	Id.
Frène.......................	Id.	Id.	Id.	Id.
Noyer noir.................	Id.	Id.	Id.	Id.
Pin sylvestre..............	5ᵐ,00	6ᵐ,25	7ᵐ,50	8ᵐ,32
Robinier faux-acacia.....	Id.	Id.	Id.	Id.
Micocoulier	Id.	Id.	Id.	Id.
Charme commun...........	Id.	Id.	Id.	Id.
Aune commun.............	Id.	Id.	Id.	Id.
Peuplier d'Italie.........	4ᵐ,00	5ᵐ,00	6ᵐ,00	6ᵐ,66
Cyprès pyramidal	2ᵐ,00	2ᵐ,50	3ᵐ,00	3ᵐ,32

Quant aux bases qui nous ont servi pour ce tableau, ce sont les suivantes : la distance convenable pour des arbres sur une ligne étant 8 mètres, nous avons pensé que, placés sur deux lignes, ces arbres étant privés du côté intérieur, vers la tête et vers les racines, d'un quart de l'espace dont jouissent les arbres sur une ligne, il fallait augmenter la distance d'un quart, soit 2 mètres ; pour trois lignes nous avons augmenté de moitié ; pour quatre lignes et plus, nous avons ajouté deux tiers.

Les indications que nous venons de donner sont pour le cas où l'on veut obtenir des arbres leur plus grand développement et d'une surface de terrain la plus grande somme possible de bois de service ayant le plus de valeur. Mais il conviendra d'apporter quelques modifications à ces distances pour l'exécution de plusieurs des plantations dont nous nous occupons.

Ainsi pour la plantation des routes, on a à redouter un ombrage trop épais de la tête des arbres. Aussi a-t-on adopté dans ce cas un intervalle régulier de 10 mètres, quelles que soient la nature du sol et l'espèce d'arbres plantés.

Pour la plantation des glacis des places fortes on a intérêt à ce que les racines des arbres s'enchevêtrent rapidement les unes dans les autres. On pourra alors diminuer d'un tiers les distances indiquées dans notre tableau.

Mais ces prescriptions devront être suivies pour la plantation des canaux et pour celle des massifs uniquement destinés à la production du bois de service.

2° *Disposition des lignes les unes par rapport aux autres.* — Les lignes doivent être parfaitement parallèles les unes aux autres. La distance à réserver entre elles est déterminée par les indications que nous avons déjà fournies, et qui s'appliquent, non-seulement aux arbres sur la même ligne, mais encore aux lignes entre elles.

3° *Disposition des arbres les uns par rapport aux autres sur les différentes lignes.* — Si la plantation se compose d'une seule ligne, la place des arbres est indiquée d'une manière invariable par la distance à laquelle ils doivent se trouver les uns des autres. Mais, s'il s'agit de plusieurs lignes réunies, on peut donner aux arbres d'une ligne, par rapport à ceux des autres lignes, plusieurs dispositions différentes qui ne sont pas sans influence sur la végétation.

Ainsi on distingue deux dispositions : la plantation *carrée* et la plantation en *quinconce*[1].

La plantation carrée (*fig.* 99) présente, comme on le voit, la disposition suivante : chaque arbre occupe, comme en A l'un des angles d'un triangle rectangle. D'où il suit que chacun d'eux (L) se trouve placé au milieu d'un carré, dont quatre autres arbres, B, C, D, E, occupent les angles, et quatre autres

---

1 Cette forme de plantation, usitée chez les Romains, portait le nom que nous lui donnons ici et qui dérive du mot latin *quincunx*, employé pour désigner le chiffre romain V; il y a en effet un grande similitude entre ce chiffre et les triangles équilatéraux que forment les arbres dans cette sorte de plantation.

plus rapprochés, F, G, H, I, le milieu du carré. Le terrain est partagé, par les lignes de plantation, en une foule de petits carrés, et offre à peu près l'aspect d'un échiquier.

Une légère attention suffit pour apercevoir les défauts de cette sorte de plantation. Les arbres ne sont pas équidistants; de sorte que chacun d'eux, tendant à développer sa tête circulairement, s'y trouve de bonne heure arrêté par ses quatre plus proches voisins. Or, ces vices que nous venons de signaler n'étant compensés par aucun avantage, nous pensons qu'on devra renoncer à cette forme de plantation, au moins pour celles en bordure. Pour les avenues destinées à l'ornement et aux promenades publiques, elle présente moins d'inconvénients, en ce que les lignes rapprochées l'une de l'autre ne dépassent jamais le nombre de deux. D'ailleurs il est bon que la vue puisse tra-

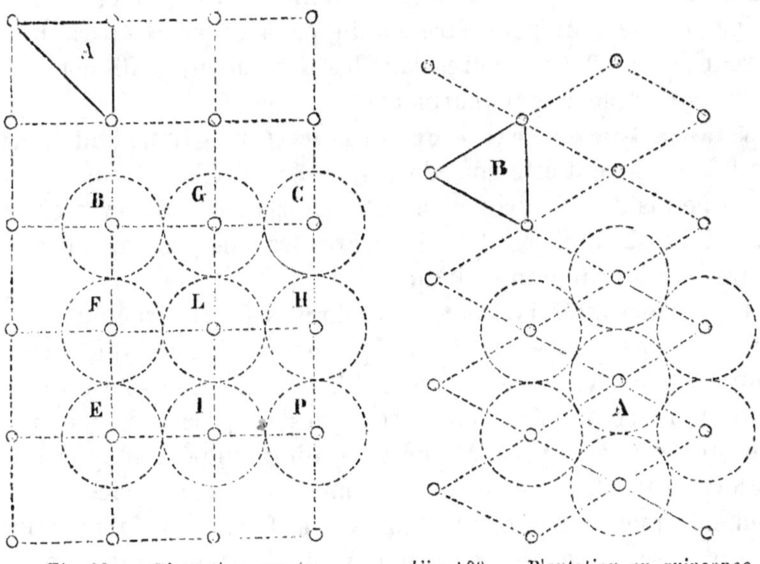

Fig. 99. — Plantation carrée.   Fig. 100. — Plantation en quinconce.

verser perpendiculairement ces sortes de plantations sans rencontrer d'obstacles.

Dans la plantation en quinconce (*fig.* 100), chaque arbre (A) est entouré par six autres arbres placés sur des lignes inclinées à 60°, de telle sorte que chacun d'eux occupe l'un des angles d'un triangle équilatéral (B).

Plantés à une distance parfaitement égale de tous leurs voisins, les arbres forment une tête bien ronde, parfaitement libre de tout contact étranger, et autour de laquelle la lumière pénètre librement. Aucune partie du sol n'est perdue pour la végétation ; exposées, au contraire, par des clairières, continues dans plusieurs sens, aux courants d'air, aux rayons du soleil et aux bénignes influences de la rosée, les productions se rapprochent bien davantage, et pour la quantité et pour la qualité, de celles qui croissent isolées.

Enfin l'avantage le plus important, c'est que, à surface de terrain égale et à distance égale entre les arbres, on peut en placer un bien plus grand nombre avec la plantation en quinconce qu'avec la plantation carrée.

On est surpris qu'à eôté de semblables avantages la forme en quinconce soit si peu usitée. Cela tient peut-être à ce qu'elle exige plus de soin pour être appliquée avec succès ; car une erreur de 1 ou 2 centimètres dans les alignements suffit pour en détruire complétement l'harmonie.

Plantation en futaie ou en massifs. — Les plantations en futaie peuvent être considérées, eu égard à leur forme, sous deux points de vue principaux : 1° la distance à réserver entre les arbres ; 2° la disposition des arbres les uns par rapport aux autres sur les différentes lignes.

La distance à réserver entre les arbres, soit sur la même ligne, soit entre les lignes, étant celle que nous avons indiquée dans l'un des tableaux précédents pour les plantations en bordure ou en avenue composées de quatre lignes rapprochées, nous n'y reviendrons pas ; quant à leur disposition, on peut adopter soit la forme carrée, soit celle en quinconce. Mais, comme les inconvénients que nous avons reconnus à la forme carrée pour les bordures se reproduisent, au moins avec la même gravité, pour les plantations en futaie, nous pensons qu'on devra exclusivement employer celle en quinconce.

Choix des arbres. — On ne saurait trop recommander de bien choisir les arbres destinés aux plantations qui nous occupent ; car un mauvais choix compromettrait le succès. Nous avons vu de ces plantations qu'on avait été obligé de recommencer jusqu'à trois fois ; les arbres mal choisis avaient mauvais pied, ils étaient trop âgés, ou leur tige, trop faible par rapport à son élévation, n'avait pu résister à la violence des vents. Ces arbres défectueux sont, à la vérité, ordinairement vendus à très-bas prix ; mais si l'on tient compte des frais trois fois répétés de plantation et d'acquisition, ainsi que de la perte de temps qui en résulte, on trouvera que ce mode d'agir est de beaucoup plus coûteux.

Le choix des arbres destinés aux plantations d'alignement doit être surtout déterminé : 1° par leurs dimensions ; 2° par le mode de culture qu'ils ont reçu dans la pépinière ; 3° par la nature du sol de cette pépinière.

Leurs dimensions. — La plupart des arbres peuvent être transplantés, même après avoir acquis un grand développement ; il suffit de pouvoir les déplanter avec presque toutes leurs racines, et de faire des trous assez grands pour qu'elles soient reçues à l'aise. Mais cette opération ne peut se faire, pour des arbres de 8 ou 10 mètres d'élévation, par exemple, sans des dépenses considérables dont on ne serait pas indemnisé par la formation plus prompte d'une bordure, d'une avenue ou d'une futaie. D'ailleurs, quoi qu'on fasse, les arbres transplantés dans un âge avancé ne présentent jamais la longue durée et le beau développement de ceux qui ont été plantés plus jeunes. Ils ne sont pas non plus aussi solidement fixés dans le sol et résistent moins bien aux vents violents. Il faudra donc choisir, pour les plantations d'alignement des arbres moins âgés. Il y a cependant quelques circonstances exceptionnelles où l'on peut planter de grands arbres, mais c'est seulement lorsqu'il s'agit de plantations d'ornement. Nous examinerons plus loin cette question en traitant de ces sortes de plantations.

Pour les plantations d'alignement, dont nous nous occupons, il suffit que les arbres soient assez développés pour se défendre convenablement de l'ardeur du soleil, à laquelle ils sont d'autant plus sensibles, qu'ils en ont été en partie privés dans la pépinière ; il faut aussi qu'ils aient acquis assez de force ou de rusticité pour surmonter facilement le passage du terrain fertile de la pépinière dans celui, ordinairement moins riche, où on les plante à demeure. Il faut, en outre, choisir le moment où leur développement est tel qu'on puisse encore les déplanter facilement avec la plus grande partie de leurs racines, et qu'on ne soit pas obligé de faire des trous trop grands pour les recevoir. L'état de développement où les arbres remplissent ces diverses conditions varie beaucoup en raison des espèces. Ainsi tous les arbres dont les racines s'allongent peu et se ramifient beaucoup, comme les espèces à bois mou, peuvent être transplantés plus forts que les arbres résineux et les espèces à bois dur, qui sont pourvues de longues racines à peine ramifiées.

Nous allons indiquer dans le tableau suivant les dimensions que doivent avoir les principales espèces propres à ces plantations pour être le plus convenablement plantées à demeure.

ESPÈCES.	HAUTEUR TOTALE DE LA TIGE.	CIRCONFÉRENCE DE LA TIGE mesurée à 1ᵐ du collet de la racine.
Pin............................ Sapin commun................	1ᵐ	»
Epicéa........................ Mélèze........................ Cyprès........................	1ᵐ,50	»
Chêne........................	2ᵐ	0ᵐ,10
Hêtre des bois...............	3ᵐ	0ᵐ,10
Charme........................ Châtaignier.................... Érable........................ Frêne........................ Micocoulier.................... Noyer noir.................... Orme........................ Platane d'Occident............ Robinier (faux acacia)........ Vernis du Japon..............	4ᵐ	0ᵐ,14
Aune commun.................. Mûrier blanc................. Peuplier...................... Tilleul........................	5ᵐ	0ᵐ,16

Si nous avons choisi plutôt les dimensions des arbres que leur âge pour indiquer le moment où ils doivent être plantés à demeure, c'est qu'il peut arriver qu'en raison des soins plus ou moins grands qu'on leur a donnés ou du degré de fertilité du sol de la pépinière, tel arbre qui n'aura que trois ans d'âge sera assez fort pour être planté à demeure, tandis qu'un autre individu de la même espèce, et qui aura cinq ans, ne sera pas encore assez d éveloppé.

Soins dans la pépinière. — Les soins que les arbres ont reçus dans la pépinière influent beaucoup sur le succès de leur plantation à demeure, et, par conséquent, sur le choix que l'on doit en faire. Il faut surtout examiner : 1° s'ils ont été repiqués et transplantés dans la pépinière ; 2° s'ils y ont été placés à des distances suffisantes ; 3° si la tige a été convenablement formée.

Le *repiquage* et la *transplantation* dans la pépinière sont deux opérations de la plus grande importance pour assurer le succès des plantations. Il arrive quelquefois que les pépiniéristes se contentent, pendant la première et la seconde année qui suivent un ensemencement, d'éclaircir les plants, et d'abandonner les autres à eux-mêmes jusqu'à ce qu'ils soient assez forts pour être plantés à demeure. On devra bien se garder de choisir de pareils arbres, car leurs racines, n'ayant pas été contrariées dans leur développement, seront très-longues, mais peu nombreuses, et surtout très-peu ramifiées. Lorsqu'on viendra à les déplanter, la plupart d'entre elles seront rompues, l'arbre languira longtemps et finira souvent par périr.

Le repiquage et la transplantation ont pour but de prévenir ces accidents. Ils concourent à faire ramifier les racines et à les empêcher de s'allonger outre mesure ; de sorte que, lorsqu'on vient à les déplanter, on les enlève sans peine.

Dans le but d'économiser le terrain, les pépiniéristes placent souvent les arbres *trop près* les uns des autres lors du repiquage ou de la transplantation. Il en résulte que les ramifications qui auraient pu garnir la tige, étant privées de lumière, meurent ou ne se développent pas ; l'arbre croît rapidement en hauteur, mais, sa grosseur n'étant pas proportionnée à son élévation, il faut, au moment de le planter à demeure, le priver d'une partie de sa tige, sous peine de le voir rompre par les vents. D'un autre côté, l'écorce de la tige, n'ayant pas été habituée à l'influence bienfaisante du soleil, se durcit, se dessèche tout à coup, et s'oppose au grossissement de l'arbre, qui languit longtemps avant de surmonter ces causes de souffrance.

On doit donc, dans les pépinières, choisir des arbres plantés à une distance telle, que la grosseur de leur tige soit bien proportionnée à leur hauteur. On veillera, en outre, à ce que cette tige soit parfaitement droite, qu'elle présente une écorce bien lisse, qu'on n'y remarque pas de cicatrisations de plaies trop apparentes, résultant de la suppression tardive des branches latérales. Enfin, ces arbres auront dû recevoir, pour la formation de leur tige, les soins que nous avons indiqués en parlant des pépinières.

Il y aurait grand avantage à élever toujours les arbres dans une pépinière présentant un sol à peu près de même nature que celui du terrain qui doit les recevoir à demeure. Aussi conseillons-nous de tâcher de choisir ces arbres dans une pépinière dont le sol s'éloigne le moins par sa nature de celui qui doit les recevoir.

Époque des plantations. — Ce que nous avons dit à cet égard à l'article du repiquage dans les pépinières (p. 51) s'applique également aux plantations. Nous y renvoyons donc pour éviter une répétition inutile.

Déplantation. — C'est une chose vraiment déplorable que le peu de soin apporté généralement à la déplantation des arbres ; cette opération, telle qu'elle est faite par la plupart des jardiniers, mérite bien plutôt le nom d'*arrachage*. On croirait, à les voir tirer sur les arbres à peine dégagés de la terre qui retient leurs racines, et couper avec la bêche ou la pioche celles qui résistent à leurs efforts, que ces racines sont des organes superflus, dont on peut, sans inconvénient, retrancher la plus grande partie, tandis que ce sont ceux dont la conservation est le plus utile au succès de la plantation. Aussi voit-on ces arbres dont on a été obligé de mutiler la tige pour rétablir l'équilibre entre elle et les racines, rester languissants et souvent même périr au bout de l'année.

On doit, lors de la déplantation des arbres de haut jet, dans les pépinières, remplir deux conditions : 1° choisir un moment convenable ; 2° employer un mode de déplantation qui conserve la plus grande quantité possible de racines.

L'instant le plus favorable pour déplanter les arbres est celui où le temps est doux et où il ne pleut pas. Il faut se garder de faire cette opération sous l'action des vents froids et desséchants,

car le chevelu des racines en serait bientôt désorganisé. On devra, à plus forte raison, ne pas déplanter les arbres lorsque la
température est au-dessous de zéro. Les racines sont en effet
bien plus sensibles au froid que les tiges, et il suffit, pour la plupart des espèces, d'un abaissement de température de 2° cent.
au-dessous de zéro pour les détériorer complétement.

Toutes les fois qu'on sera obligé de planter au printemps des
espèces à feuilles caduques, il sera convenable de faire déplanter
les arbres dans le courant ou à la fin de l'hiver et de les faire
mettre en *jauge* ou *tranchée*, soit dans la pépinière, soit dans le
voisinage du terrain à planter. Le printemps venu, le premier
développement de ces arbres sera retardé, et, lorsque viendra le
moment de les confier définitivement au sol, on ne sera pas exposé
à troubler leur végétation. Cette pratique présentera surtout
de grands avantages pour les plantations tardives du printemps.
Nous avons souvent planté de cette manière, vers le milieu du
mois de mai, des arbres déplacés en février.

La déplantation s'effectuera, comme nous l'avons indiqué,
pour les jeunes plants : on ouvrira à l'une des extrémités du
carré d'arbres une tranchée d'une profondeur telle, qu'elle pé-
nétrera un peu au-dessous du point où sont arrivées les racines ;
puis, en minant le terrain de proche en proche, on enlèvera les
arbres avec la plus grande partie de leurs racines.

On objectera peut-être qu'on ne pourra employer ce mode de
déplantation que dans le cas où les arbres du carré seront également bons à planter à demeure, mais qu'il deviendrait impra-
ticable dans le cas où l'on voudrait laisser encore les plus faibles.
Nous pensons qu'il n'y a que le pépiniériste qui puisse avoir avantage à laisser les arbres trop faibles pour ne pas être obligé de
les replanter. Nous engageons, pour éviter les mutilations qu'é-
prouveraient indubitablement les racines si l'on choisissait les
arbres dans le carré, à acheter tout ou partie de ce carré et à
les faire déplanter ainsi que nous venons de l'indiquer. Il y aura
à cela deux avantages : le premier, que les arbres seront beaucoup moins mutilés ; le second, qu'on pourra placer en pépinière,
dans le voisinage de la plantation, ceux qui seront encore trop
faibles pour être plantés à demeure, et qui serviront plus tard à
effectuer les remplacements.

Tous les arbres souffrent de la suppression ou du desséchement de leurs racines, mais les espèces à bois dur, telles que le chêne, le hêtre et tous les arbres résineux, sont celles qui supportent le moins facilement ces altérations. Ainsi, lors de la déplantation, on devra, quoi qu'il en coûte, conserver toutes les racines de ces arbres, sous peine de ne pas les voir reprendre, et s'efforcer surtout de retenir la terre autour des racines des espèces résineuses.

Si les arbres doivent voyager avant la plantation, on prendra les plus grands soins pour que les racines ne soient pas desséchées ou gelées en route. On ne saurait trop s'élever contre la négligence de certains pépiniéristes qui ne garantissent que la tige et entourent à peine les racines par une poignée de paille qui, mal fixée, est bientôt détachée, et les laisse à nu. Lorsqu'il s'agira d'espèces à bois dur comme le chêne, le hêtre, on devra, aussitôt après leur déplantation, tremper les racines dans un mélange liquide de terre argileuse et de bouse de vache, qui, en se desséchant sur les racines, les préservera du contact de l'air. Ces arbres seront ensuite soigneusement emballés, surtout vers le pied.

Préparation ou habillage des arbres. — Lorsque l'on est prêt à effectuer la plantation, on pratique la préparation ou l'habillage des arbres. Cette préparation s'applique aux racines et à la tige.

Malgré tous les soins possibles, il y a toujours une certaine quantité de racines qui sont rompues ou desséchées par l'impression de l'air. La préparation, dans ce cas, consiste à enlever, avec un instrument bien tranchant, l'extrémité des racines rompues ou desséchées, et à couper celles qui ont été blessées, immédiatement au-dessus du point où la plaie existe. Ces plaies se cicatrisent et donnent naissance, sur leur périmètre et au-dessus d'elles, à de nombreuses racines qui viennent bientôt remplacer celles qu'on a tronquées. Si, au contraire, on abandonnait à elles-mêmes les parties brisées ou desséchées, les plaies deviendraient chancreuses, les racines resteraient dans un état maladif et ne seraient d'aucun secours pour l'arbre. Telles sont les seules suppressions à opérer sur les racines.

Si l'on supprime, pour quelque temps, une partie des racines, il devient indispensable d'enlever également une certaine étendue de la tige, afin de maintenir un équilibre parfait entre l'étendue respective de ces deux organes. Cette suppression, pour qu'elle ne devienne pas nuisible, doit être faite avec non moins de circonspection que celle des racines, et être avec elle dans un rapport complet.

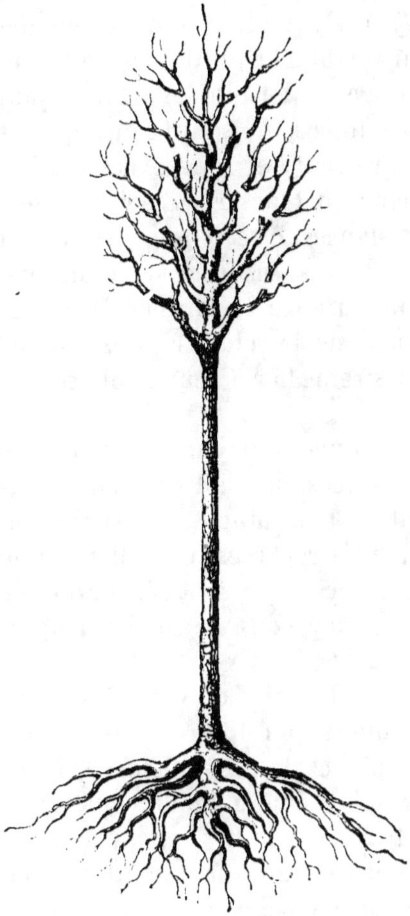

Les amputations devront uniquement porter sur les rameaux âgés d'un an, ou tout au plus sur les ramifications de deux ans, comme le montre la figure 101. On ne saurait trop s'élever contre l'usage barbare qui consiste à couper entièrement la tête des arbres en les plantant, ce qui les fait ressembler, après la plantation, à autant de jalons (*fig.* 102). Cette pratique est on ne peut plus vicieuse, et cela pour deux raisons : la première, c'est que l'on prive l'arbre de tous les

Fig. 101.

Retranchement à opérer sur la tige pour la plantation.

Fig. 102.

Habillage exagéré pour la plantation des jeunes arbres.

boutons qui auraient donné naissance aux bourgeons et aux feuilles indispensables pour développer les filets ligneux et corticaux, et préparer le cambium qui concourt à l'accroissement des racines ; la seconde, c'est que la plaie, restant longtemps exposée à l'influence de l'air avant d'être cicatrisée, se carie souvent et détermine dans le tronc de l'arbre un vice qui en diminue singulièrement la valeur.

Il n'y a que deux circonstances dans lesquelles cette opération puisse être tolérée, c'est : 1° lorsque les racines ont été tellement mutilées par la déplantation (*fig.* 102), que le retranchement des ramifications ne suffit plus pour rétablir l'équilibre entre l'étendue de ces racines et celle de la tige ; 2° lorsque les arbres, ayant été trop rapprochés dans la pépinière, se sont beaucoup plus développés en hauteur qu'en grosseur, et sont exposés à être rompus par les vents. Il est même quelques espèces dont la tête devra, malgré ces deux circonstances, être conservée ; ce sont particulièrement les chênes, les hêtres, les frênes et les noyers. Il est donc de la plus grande importance de faire déplanter les sujets de ces espèces avec soin et de les choisir assez gros de tige, puisqu'on ne pourrait pas remédier à leur faiblesse par l'amputation de la tête.

Enfin, une autre exception, plus importante encore, est relative aux arbres résineux. Pour ces espèces, on doit s'abstenir, dans quelque circonstance que ce soit, de toute amputation sur la tige, car les suppressions ne sont jamais réparées. Cela tient à une organisation particulière de ces espèces, qui sont dépourvues de boutons adventifs ; les nouveaux bourgeons ne se développent presque jamais qu'à l'extrémité des rameaux.

Mise en terre des arbres. — La mise en terre des arbres exige aussi quelques soins particuliers : on doit considérer, dans cette opération, l'orientation des arbres, la profondeur à laquelle les racines doivent être enterrées, la manière dont les différentes couches de terre, enlevées des trous, doivent y être replacées.

L'orientation des jeunes plantations ne présente d'utilité que pour ceux des arbres qui se sont développés dans la pépinière sur le bord des carrés. Pour ceux-là, il sera bon d'exposer au midi le côté de la tige habitué à cette exposition et que l'on reconnaît à une teinte plus grise de l'écorce. Quant aux arbres pris dans l'intérieur du carré, on peut indifféremment placer les côtés de leur tige à toutes les expositions, car ces tiges ont été presque complétement soustraites à l'action du soleil.

En général, les racines doivent être enterrées à une profondeur

telle, que, d'une part, elles puissent recevoir l'influence de l'air,
et que, de l'autre, elles ne soient pas exposées à la sécheresse.
Le degré de profondeur moyenne à l'aide duquel on remplit le
mieux ces deux conditions est 0^m,05. Ainsi, le collet de la racine
devra être placé de manière à ce que, la terre du trou étant
complétement affaissée, il se trouve placé à 0^m,05 au-dessous de
la surface du terrain. Néanmoins cette profondeur devra beaucoup varier en raison de la nature du sol. Celle que nous donnons est pour un terrain de con-
sistance moyenne; mais, dans un
sol très-léger, très-perméable, et
par conséquent très-exposé à
la sécheresse, cette profondeur
pourra être portée à 0^m,8. Au
contraire, dans les terrains compactes, humides, elle ne devra
pas dépasser 0^m,02. Dans tous
les cas, il y aura moins d'inconvénient à planter trop près de la
surface du sol qu'à enterrer
trop profondément. Dans le premier cas, les racines nouvelles
s'enfonceront vers le point convenable ; dans le second cas, elles
seront obligées de suivre une direction contraire à leur tendance
naturelle pour se rapprocher
assez de la surface.

Les trous ayant été ouverts
avec les soins indiqués plus haut
pour chaque sorte de terre, on
procède ainsi à la mise en terre
des arbres : ameublir le mieux
possible le fond du trou en G
(*fig.* 103). Mélanger ensemble les

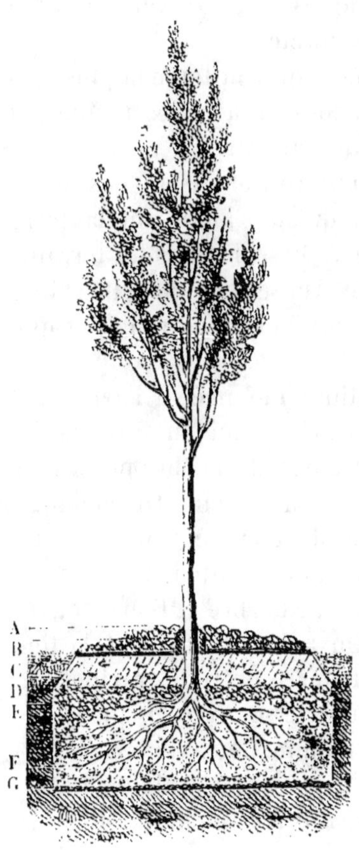

Fig. 103. — Coupe verticale du
terrain après la plantation.

deux couches superficielles que l'on a mises à part en ouvrant
les trous et ajouter au mélange les engrais et les terres que l'on
a pu déposer près de chaque trou. Déposer au fond du trou une

certaine quantité de ce mélange, sous forme d'un cône évasé (F) ; asseoir au sommet de ce cône le pied de l'arbre de façon à ce que le collet de la racine se trouve placé à un degré de profondeur convenable. Recouvrir les racines avec la même terre (E), en ayant soin de bien étendre les racines et d'interposer de la terre entre elles. Si cette terre est insuffisante pour combler entièrement le trou, achever de le remplir avec la terre extraite du fond (D); puis tasser avec les pieds. Si le sol était très-sec, on remplacerait le tassement par un arrosoir d'eau versé au pied de chaque arbre lorsque le trou est comblé.

Il résulte de cette manière d'opérer que la terre la plus fertile se trouve immédiatement en contact avec les racines, et concourt puissamment à la reprise de l'arbre.

Les trous doivent être comblés à environ 0^m,10 au-dessus du niveau du terrain non remué, afin qu'en s'affaissant la terre ne s'abaisse pas au-dessous du niveau du sol. Dans les terrains exposés à la sécheresse, il sera bon de creuser un peu cette saillie en cuvette, afin qu'elle retienne mieux l'eau des pluies et que celles-ci profitent aux racines.

Si l'on plante sur une bande continue défoncée à l'avance, il suffit d'ouvrir, à chaque point où les arbres doivent être placés, un trou assez grand pour que les racines de l'arbre puissent y être étendues assez profondément et sans gêne. On mélange alors l'engrais déposé à l'avance près de chaque trou avec une partie de la terre extraite, on en répand une petite partie au fond de l'excavation, on y étend les racines de l'arbre et l'on recouvre celle-ci avec cette terre amendée. On agite légèrement la tige de bas en haut pour faire pénétrer la terre entre les racines, on achève de remplir le trou, puis on tasse le sol avec les pieds.

Lorsque les arbres ont été plantés comme nous venons de l'indiquer, la coupe verticale du trou doit présenter la figure 103.

Plantation des arbres dans les terrains très-humides. — Il est certains terrains tellement humides ou exposés aux inondations périodiques, que les plantations ne peuvent y réussir qu'autant qu'elles sont effectuées au-dessus de la surface du sol. Voici comment on doit opérer dans cette circonstance : à chacun des points qui devront être occupés par les arbres, on trace sur le gazon, avec le cordeau et les chevilles, une circonférence de

2 mètres de diamètre (A, *fig.* 104), dans laquelle on inscrit un second cercle (B) de 1 mètre de diamètre, et que l'on coupe avec la bêche à la profondeur de 0^m,06 environ. On sépare de la même manière toute l'étendue comprise dans les cercles en seize parties (C et D). Le grand cercle A doit rester intact. On enlève ensuite, en les conservant entières, toutes les plaques de gazon D

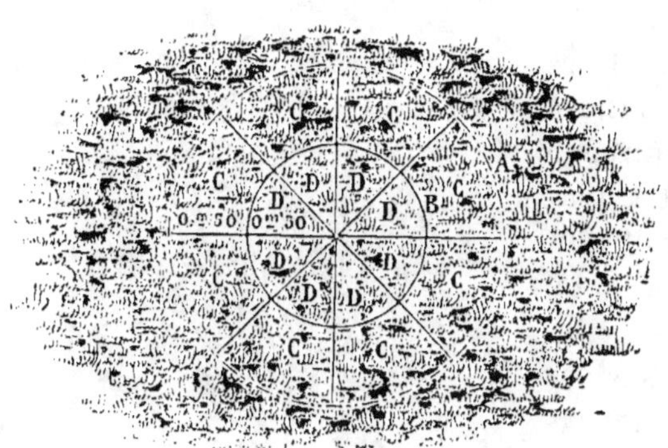

Fig. 104. — Tracé d'un trou pour la plantation des arbres dans les terrains très-humides.

comprises dans le cercle B ; enfin on détache également toutes les plaques de gazon C, mais en les laissant adhérentes au bord extérieur. Cette opération terminée, on enlève les gazons C, puis on les renverse en dehors du grand cercle A. Ce premier travail présente alors l'aspect de la figure 105. On ameublit ensuite la terre comprise dans les deux cercles A et B jusqu'à la profondeur de 0^m,35 environ. On rapporte ensuite une quantité de terre de bonne qualité suffisante pour en

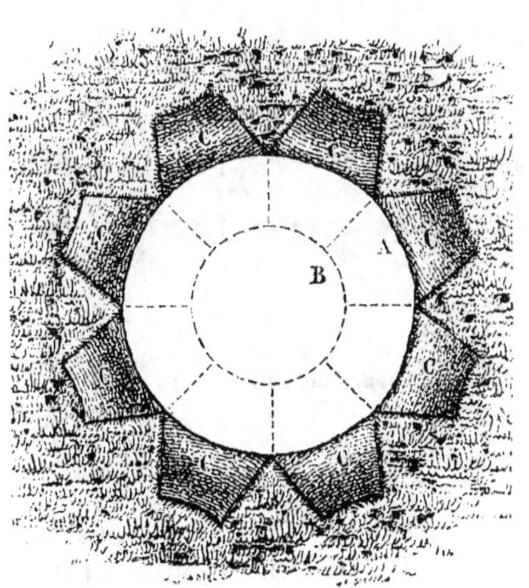

Fig. 105. — Trou pour la plantation des arbres dans les terrains très-humides.

faire un cône tronqué de 0^m,35 de hauteur. On en met d'abord une quantité telle, que, les racines de l'arbre étant placées dessus, le collet de celui-ci se trouve à 0^m,27 environ au-dessus du niveau du terrain environnant, puis continue jusqu'à ce que le cône s'élève à 0^m,35 au-dessus du sol. La terre étant bien battue, on donne à cette butte la forme d'un cône tronqué (A, *fig.* 106). Les plaques de gazon C, qui sont renversées autour de cette butte, sont ensuite relevées contre les côtés. Pour remplir les vides (B, *fig.* 106), on se sert des gazons extraits du cercle intérieur (B, *fig.* 105) que l'on taille en triangle (D, *fig.* 106). Il ne reste plus qu'à battre fortement ces gazons pour les bien appuyer sur les parois de la butte. La coupe verticale du trou présente l'aspect de la figure 106.

Nous ne saurions trop recommander cette opération pour tous les terrains très-humides, surtout pour ceux qui sont exposés aux inondations périodiques.

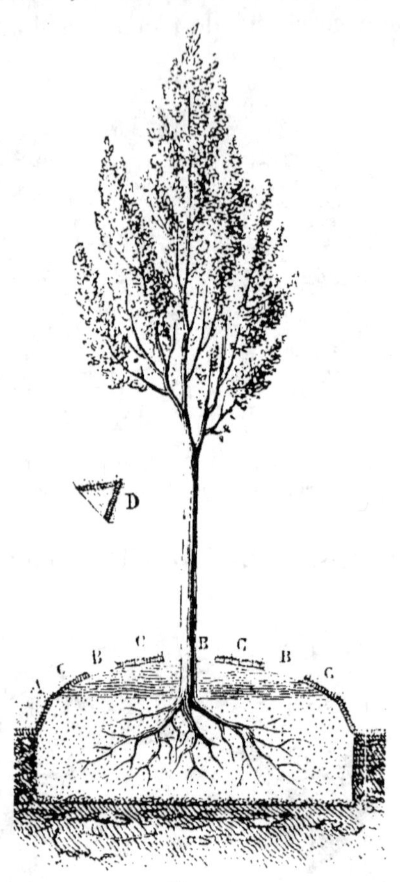

Fig. 106.
Coupe verticale d'un trou après la plantation dans un terrain très-humide.

SOINS D'ENTRETIEN.

Ce n'est pas assez que de bien planter, il faut encore, pour assurer le succès de cette opération, entourer les jeunes arbres, pendant les premières années, de soins destinés à les défendre de certaines influences nuisibles, à en éloigner les accidents auxquels ils sont exposés; enfin, à imprimer à leur tige un développement convenable. Examinons donc ces diverses opérations.

Opérations contre la sécheresse du sol. — La sécheresse du sol, toujours nuisible pour les plantations déjà anciennes, l'est, à bien plus forte raison, pour les arbres qui, n'ayant pas encore pris possession du terrain, s'approprient plus difficilement le peu d'humidité qu'il contient. Aussi voit-on fréquemment les plantations récentes entièrement détruites par cette influence lorsqu'on n'emploie pas ses efforts pour la combattre.

Nous avons indiqué, en traitant des pépinières, les arrosements, les binages et les couvertures comme étant les meilleurs moyens d'empêcher la sécheresse du sol; ces opérations conviennent parfaitement aux plantations d'alignement, en y joignant toutefois les ensemencements d'ajonc.

Les binages, pratiqués avec les soins indiqués à l'article des pépinières, conviennent surtout aux plantations des terrains un peu argileux. On devra les opérer sur toute la surface du terrain remué pour la plantation. Ils devront être répétés deux ou trois fois en été pendant les cinq premières années.

Pour les sols légers ou de consistance moyenne, il vaudra mieux faire usage des couvertures. Le meilleur mode de couvertures consiste dans l'emploi simultané des tiges d'ajonc, de bruyère, de fougère, de genêt, etc., dont on forme une couche d'environ 0^m,06 d'épaisseur, et d'une couche de cailloux de la grosseur du poing et symétriquement tassés les uns contre les autres (A et C, *fig.* 103). Ces tiges d'ajoncs, tout en retenant l'humidité du sol, se décomposent et forment un excellent terreau dont profitent les racines. Lorsqu'on place la couche de cailloux au pied de chaque arbre, on doit avoir soin d'entourer la base de la tige d'une motte de gazon(B, *fig.* 103). Sans cette précaution, on s'expose à ce que ces cailloux blessent l'écorce de la tige lorsque celle-ci est ébranlée par les vents.

Lorsqu'il n'est pas nécessaire de laisser libre le terrain qui entoure immédiatement les arbres, il est préférable de joindre à ces couvertures le procédé suivant qui consiste dans un ensemencement d'ajonc. Ainsi, dès que la plantation est terminée, on répand la graine d'ajonc sur toute l'étendue du sol, et on l'enterre le plus profondément possible à l'aide d'un râteau à dents de fer. On répand cette graine dans la proportion de 18 kilogrammes par hectare. Cet ensemencement, qui peut être fait avec plus ou moins de succès dans tous les terrains, doit être effectué au printemps.

Il résulte de cette pratique que le sol occupé par les racines des arbres est bientôt couvert par les rameaux d'ajonc, qui le défendent de l'ardeur du soleil et l'empêchent de se dessécher. On ne doit pas redouter l'épuisement du terrain par l'ajonc, car l'expérience a prouvé qu'il rend plus de principes nutritifs à la terre qu'il n'y en absorbe; les débris de ses feuilles ne tardent pas à former à la surface une couche de terreau de plusieurs centimètres d'épaisseur.

A mesure que la plantation grandit, les ajoncs privés de lumière, deviennent languissants, jusqu'à ce qu'ils aient été complétement anéantis; mais alors les arbres, couvrant entièrement le sol de leur ombre, l'empêchent de se dessécher et peuvent se passer du secours des ajoncs.

Quant aux arrosements, ils seraient aussi un excellent moyen; mais l'étendue des plantations dont nous nous occupons rendra souvent cette opération coûteuse et difficile. Toutefois, lorsqu'on pourra l'employer, il ne faudra pas la négliger surtout dans les terrains secs et particulièrement dans le Midi; le long des routes, les cantonniers peuvent recueillir un peu d'eau en barrant momentanément les fossés; ils peuvent aussi, à l'aide de petites rigoles sur les accotements, diriger les eaux pluviales au pied des arbres. Sur le bord des canaux l'opération est beaucoup plus facile.

Opérations contre l'ardeur du soleil. — Les jeunes arbres élevés dans la pépinière s'abritent mutuellement contre l'ardeur du soleil et l'action des vents desséchants; mais, lorsqu'on les plante à demeure, ils sont tout à coup isolés et exposés à l'influence des rayons solaires et d'un air vif. Il en résulte que leur écorce, tendre et herbacée, se durcit rapidement, perd son élasticité, se refuse à l'accroissement de la tige en diamètre, et gêne la circulation de la séve. Pour éviter cet accident, et pour diminuer les effets de l'évaporation sur la tige, jusqu'au moment où l'arbre sera bien enraciné, on couvre toute la surface de la tige, immédiatement après la plantation, d'une bouillie de chaux éteinte, dans laquelle on ajoute un quart en volume de terre glaise pour faire résister plus longtemps cet enduit à l'action des pluies. Dans quelques localités, on enveloppe la tige avec une couche de paille longue fixée au moyen de liens d'osier. Mais nous avons vu si souvent cette paille servir de refuge aux insectes qui attaquent l'écorce de ces arbres, que nous ne saurions recommander ce procédé, qui est d'ailleurs presque toujours plus coûteux que le précédent.

Opérations contre les accidents. — Les arbres qui forment les plantations d'alignement sont souvent exposés à des accidents, tels que la mutilation ou l'ébranlement de leur tige, et qui peuvent les rendre souffrants et retarder leur reprise.

Pour empêcher ces mutilations, on enveloppe les tiges avec de jeunes branches bien ramifiées, appartenant à une espèce à bois dur et épineux. Les plus convenables sont l'aubépine et le prunellier (*prunus spinosa*), qui croissent spontanément dans toutes nos forêts. Ces branchages, placés depuis la base de la tige jusqu'à 1^m,70 du sol environ, sont fixés au moyen de trois liens en fil de fer (*fig.* 107). On entretient cet épinage pendant trois ans, et l'on remplace les ligatures chaque année, afin qu'elles

Fig. 107. — Armure contre l'ébranlement des jeunes arbres.

ne gênent pas le grossissement de la tige.

La position occupée par les jeunes arbres le long des routes les expose fréquemment à des ébranlements qu'il convient de prévenir. Pour cela, on enfonce, à 0^m,40 environ du pied de l'arbre, pour ne pas blesser ses racines, et dans une direction oblique, un tuteur de 0^m,18 de circonférence environ, dont le sommet, taillé en biseau, vient s'appuyer contre la tige, à 1^m,50 environ du sol. On place entre la tige et le tuteur, au point de contact, une poignée de paille A, puis on réunit la tige et le tuteur par une ligature en fil de fer, au-dessous de laquelle on place une poignée de paille, du côté opposé au tuteur. Ce dernier doit être placé parallèlement à la ligne d'arbres, afin de ne pas gêner la circulation. Ces tuteurs (*fig.* 107) sont entretenus seulement pendant les deux premières années.

Ces appuis sont insuffisants pour garantir convenablement les arbres placés sur les points les plus fréquentés, aux angles des routes ou des boulevards, par exemple, et il faut alors les entourer d'une sorte d'armure. La plus convenable se compose de deux pieux, de 0^m,07 d'équarrissage (*fig.* 108), longs de 1^m,80 et un peu arqués à leur base, de façon qu'ils soient assez rapprochés de la tige de l'arbre pour la garantir, quoique écartés de 0^m,40 au moins du pied de l'ar-

Fig. 108. — Armure contre l'ébranlement des jeunes arbres.

bre, pour ne pas blesser ses racines. On les enfonce de chaque côté de la tige, à 0^m,40 de profondeur environ, en les inclinant un peu l'un vers l'autre; puis on les réunit au moyen de six tra-

verses. Il est utile d'entourer la tige d'une poignée de paille
solidement fixée au point où elle sort de cette armure, afin que,
balancée par le vent, elle ne soit pas meurtrie vers ce point.
Cette armure, faite en bon bois, peut durer pendant sept à huit
ans. Au bout de ce temps, les arbres auront acquis assez de
force pour résister aux mutilations. Nous préférons cette armure
à celle au moyen de trois pieux ; elle remplit aussi bien le but
et coûte un tiers moins cher.

Deux moyens peuvent être ajoutés aux précédents pour les
plantations exécutées sur les routes, et qui ont le plus à souffrir
des accidents dont nous venons de parler. Le premier consiste
à exécuter ces plantations sur de petits trottoirs en terre établis
sur chacun des côtés de la route, de façon à en éloigner les voitures. De petites rigoles pratiquées de place en place au-dessus
ou au-dessous des trottoirs faciliteront l'écoulement des eaux de
la route dans les fossés latéraux. Le second moyen consiste à
accumuler au pied de chaque arbre, du côté intérieur de la
route, une certaine quantité de boue, de façon à en faire une
sorte de *chasse-roue* qui éloigne les voitures des arbres. Ce
procédé pourra être substitué au premier dans le cas où, par
suite de la nature imperméable du sol, on craindrait que les
trottoirs ne devinssent un obstacle à l'écoulement suffisant des
eaux.

Élagage des plantations d'alignement. — Si, dans la
culture des plantations d'alignement, on ne voulait qu'obtenir la
plus grande quantité possible de bois, dans un temps et sur un
espace donnés, on pourrait, lorsque les plantations ont été
convenablement faites, abandonner les jeunes arbres à eux-
mêmes, et se contenter de les préserver de tout ce qui peut
nuire à leur prompt et vigoureux accroissement. Mais on cher-
che encore à obtenir des bois de construction, et pour cela les
troncs doivent être à la fois le plus longs, le plus gros possible,
et surtout dépourvus de ces nœuds volumineux, souvent cariés,
qui diminuent singulièrement la valeur des arbres.

Lorsque les jeunes arbres ont déjà acquis un certain développement, à l'âge de six à huit ans, par exemple, et qu'ils n'ont
pas été trop rapprochés les uns des autres dans la pépinière, leur
tige est couverte de ramifications sur la moitié environ de leur

hauteur (*fig.* 109). Si ces arbres sont ensuite plantés en massif un peu serré, la lumière n'éclairant que faiblement les branches inférieures A, celles-ci ne prendront presque aucun accroissement, et la séve, agissant surtout vers le sommet où l'appelle une végéta-tion vigoureuse, finira bientôt par aban-donner les ramifications inférieures, qui se dessécheront. L'arbre continuant à s'élever, les branches latérales B se trou-veront à leur tour placées assez loin du sommet; elles deviendront de plus en plus languissantes, et finiront aussi par se dessécher. C'est ainsi que, successive-ment, les branches latérales disparais-sent à mesure que la tige s'allonge. Quand, enfin, l'arbre cesse de croître en hauteur, les ramifications du sommet con-tinuent de se développer, et forment la tête de l'arbre, qui n'éprouve plus, depuis ce moment jusqu'à sa décrépitude, que des changements peu sensibles (*fig.* 110). Il s'ensuit que les arbres ainsi plantés peuvent former d'eux-mêmes un tronc droit, très-élevé, assez gros, et surtout dépourvu de nœuds ou de grosses ramifi-cations, sans qu'il soit nécessaire de leur appliquer l'élagage. C'est, en effet, ce qui a lieu pour tous les arbres disposés en massifs ou futaie un peu serrés.

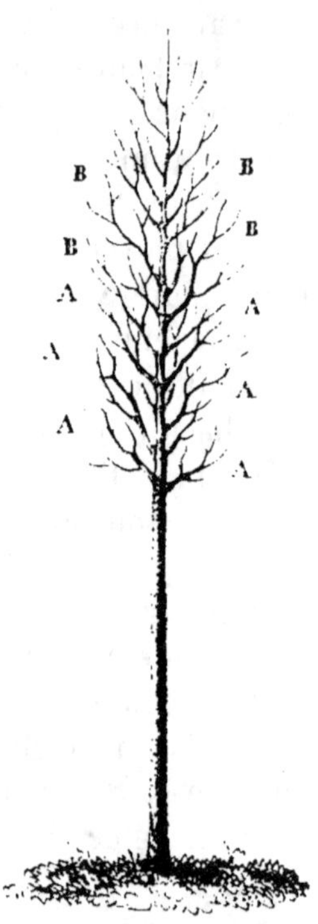

Fig. 109. — Jeune orme âgé de six à huit ans, ayant 4 mètres de haut.

Mais il n'en est pas ainsi pour les arbres plantés en lignes iso-lées, si on les abandonne à eux-mêmes. Leur tige étant com-plétement éclairée du sommet à la base, au moins sur deux de ses côtés, toutes les branches latérales, les plus élevées comme les plus basses, profitent de cette influence et poussent vigoureu-sement; elles absorbent une grande partie de la séve en se par-tageant son action presque également, de sorte que, le sommet étant beaucoup moins favorisé que dans le cas précédent, l'arbre s'élève moins, mais sa tête est beaucoup plus large. Il arrive même souvent que le tronc se divise à une hauteur peu considérable, et cela parce qu'une ou plusieurs branches latérales ont, par leur position favorable, contre-balancé la vigueur de la flèche de l'arbre. La figure 111 montre un de ces arbres. Si l'on vient à l'exploiter, le tronc sera peu élevé, couvert de ramifications volumineuses et tout à fait impropre aux constructions, et l'on ne pourra, ainsi que les branches, l'utiliser que comme bois de chauffage. D'ailleurs, il arrivera souvent que ses branches gêneront la circulation, ou bien qu'elles nuiront aux propriétés voisines. De là, la nécessité d'appliquer aux arbres des plantations d'alignement, surtout à ceux des lignes isolées, un élagage convenable, à l'aide duquel on puisse modifier l'action naturelle de la séve et leur imposer une forme en rapport avec leur destination et avec la place qu'ils occupent.

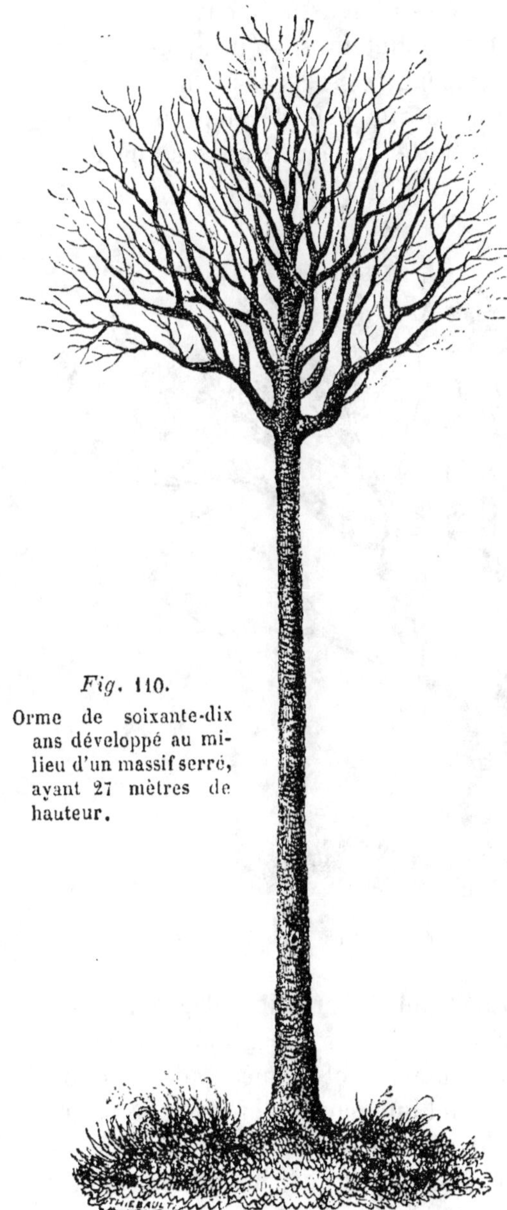

Fig. 110.

Orme de soixante-dix ans développé au milieu d'un massif serré, ayant 27 mètres de hauteur.

Ceci posé, examinons les principes généraux de l'élagage.

Époque du premier élagage. — C'est assurément une pratique vicieuse que d'attendre trop longtemps pour appliquer aux jeunes arbres le premier élagage; c'est pendant les premières années qui suivent leur reprise que leur développement est le plus rapide et qu'on doit se hâter de leur imposer une forme

Fig. 111. — Arbre forestier n'ayant pas reçu d'élagage.

convenable. De plus, en retardant le premier élagage, on est dans la nécessité de supprimer à la fois un grand nombre de branches, ce qui est toujours fâcheux; et beaucoup de ces branches ont acquis un diamètre tel que leur suppression laisse sur la tige des plaies considérables qui enlèvent au tronc de l'arbre toute sa valeur, comme bois de service; car la cicatrisation n'a presque jamais lieu avant que l'aubier mis à nu ait été plus ou moins profondément altéré par l'action de l'air et de l'humidité qui hâte sa décomposition et détermine souvent la carie. Il y a cependant quelque inconvénient à pratiquer trop tôt ce premier élagage. En effet, il importe de stimuler le développement des nouvelles racines qui doivent assurer la reprise de l'arbre et le faire végéter vigoureusement. Or nous savons que ce sont les feuilles qui sont les organes générateurs des racines. Il faut donc que la tige en porte la plus grande quantité possible. On conçoit, d'après cela, que le premier élagage ne devra être appliqué aux jeunes plantations qu'après leur reprise complète, c'est-à-dire de deux à cinq ans après cette plantation, suivant qu'ils pousseront plus ou moins vigoureusement.

Saison la plus favorable pour l'élagage. — L'élagage, en supprimant un grand nombre de rameaux et de boutons, détermine un trouble considérable dans la circulation des fluides de l'arbre, et par suite dans l'ensemble de la végétation. Pour que ce désordre soit moins préjudiciable, il importe de choisir le moment où la végétation est suspendue, c'est-à-dire depuis la fin d'octobre jusqu'au milieu de mars. On préfère la fin de l'hiver, parce que, la végétation ayant lieu peu de temps après cette opération, les plaies sont exposées moins longtemps à l'influence désorganisatrice de l'air. Il faut cependant faire une exception pour les arbres résineux, qu'il vaut mieux élaguer à l'automne, leurs sucs résineux s'écoulant alors en moins grande abondance qu'au printemps.

Hauteur jusqu'à laquelle on doit élaguer les arbres. — Nous avons déjà dit qu'on doit s'efforcer de faire prendre au tronc le plus grand développement en diamètre et en hauteur. L'expérience a démontré que, pour cela, la tête, c'est-à-dire l'étendue de la tige pourvue de branches, doit former la moitié environ de la hauteur totale de l'arbre.

Si l'on enlève périodiquement toutes les branches latérales, à l'exception d'un petit bouquet de ramifications réservé au sommet de la tige, comme on le pratique souvent, il en résulte que l'arbre, fréquemment privé des organes générateurs des couches ligneuses, croît très-lentement en diamètre. Son allongement est aussi entravé par les nombreuses nodosités qui résultent de la suppression périodique de toutes les branches latérales; ces nodosités gênent l'ascension de la séve, et la forcent de dépenser presque toute son action au profit de ces branches latérales que l'on ne coupe que tous les cinq ou six ans.

Si, au contraire, on conserve sur la tige un nombre de ramifications suffisant pour favoriser son accroissement en diamètre, mais réparties sur toute la hauteur de l'arbre, au lieu d'être réunies en tête, il en résultera les inconvénients suivants : le tronc offrira un diamètre qui diminuera très-rapidement de la base au sommet, parce que, à 10 mètres d'élévation, la tige, ne pouvant profiter des filets ligneux développés par les branches placées au-dessous de ce point, ne grossira que par la superposition des fibres qui descendent des branches supérieures. A 12 mètres, l'accroissement en diamètre sera encore moindre, parce qu'il y aura au-dessus une moins grande quantité de branches, et, par conséquent, de feuilles ; et ainsi de suite jusqu'au sommet.

Lorsque, au contraire, toute cette masse de feuilles est concentrée sur la moitié supérieure de l'arbre, le tronc profite également dans toute sa longueur des fibres ligneuses fournies par ces feuilles, et son diamètre offre bien moins de différence du sommet à la base. Or c'est là un résultat important, car la valeur du bois de service est proportionnellement d'autant plus grande, que le diamètre des pièces est plus égal dans toute leur étendue. Nous devons donc conclure que l'élagage des plantations d'alignement doit être conduit de façon à supprimer de temps en temps les branches inférieures de la tête, à mesure que la tige s'allonge, afin que les arbres soient constamment dépourvus de ramifications sur la moitié environ de leur hauteur totale.

Toutefois cette règle générale fléchit encore pour les arbres résineux. Ils n'ont presque jamais deux tiges principales. En outre, on a également constaté que la vigueur de leurs branches latérales influait d'une manière bien moins sensible sur la rapidité de leur allongement que dans les espèces non résineuses. L'élagage de ces arbres serait donc plus nuisible qu'utile, puisqu'il les priverait, sans profit bien apparent, d'une partie de leurs organes nourriciers. Enfin, comme la présence de ces ramifications sur le tronc n'altère nullement le bois et n'influe pas par conséquent sur sa valeur, et cela à cause du peu de volume qu'elles présentent, il devient peu important que ces ramifications soient conservées à la base de la tige.

L'élagage ne peut donc être utilement employé pour les arbres résineux que dans le cas suivant : c'est pour retrancher les branches de la base à mesure qu'elles commencent à devenir languissantes. En les retranchant avant qu'elles soient complétement mortes, les plaies qui en résultent se cicatrisent beaucoup plus facilement.

Choix des branches à supprimer. — Ce qui précède indique suffisamment que les branches à supprimer sont toutes celles qui sont situées au-dessous de la moitié de la hauteur totale de l'arbre ; mais l'élagage doit porter aussi sur les ramifications suivantes, quelle que soit leur position sur la tige :

1° Sur celles qui, plus favorisées que leurs voisines, prennent un accroissement disproportionné (A, *fig.* 112). Si l'on attendait, pour les couper complétement, qu'elles fussent comprises dans l'étage des branches qui doit être enlevé, elles déformeraient la tige, en contre-balançant l'action absorbante du rameau terminal ou flèche. D'un autre côté, la plaie qui résulterait de leur suppression tardive serait plus étendue et se cicatriserait plus lentement. Enfin les couches centrales de leur corps ligneux venant à passer à l'état de couches inertes ou bois parfait, et se trouvant alors en communication avec le bois parfait du tronc, il deviendrait très-difficile d'empêcher cette partie, que l'amputation aurait mise à nu, de se décarboniser sous l'influence de l'air, de se carier ensuite, de communiquer cette altération au centre du tronc, et de lui enlever ainsi tout son prix.

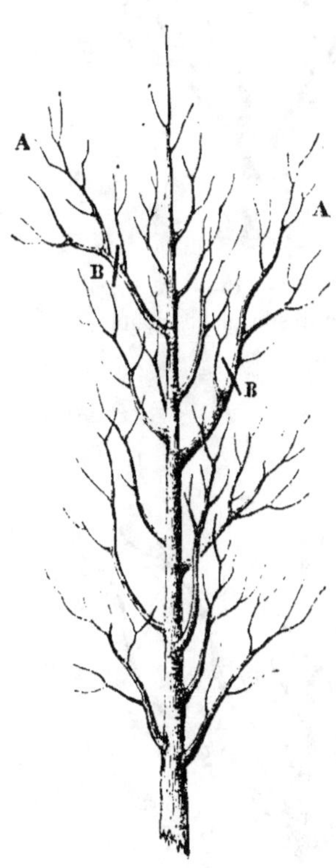

Fig. 112.

Suppression partielle des branches trop vigoureuses.

2° Sur les branches faibles ou de moyenne grosseur qui naissent plusieurs au même point (*fig.* 113). Dans ce cas, on supprime l'une des deux branches ; autrement, elles formeraient

un large empâtement qui donnerait lieu à une plaie étendue, lorsque ces ramifications seraient enlevées.

3° Sur les ramifications qui, naissant à la même hauteur autour de la tige, y forment une sorte de verticille (*fig* 114). Ici, il convient de couper quel-ques-unes de ces branches en laissant un espace égal entre celles qu'on conserve. Si elles étaient laissées intactes, elles nuiraient au libre passage de la séve au delà de ce point, et gêneraient ainsi l'élonga-tion de la tige. Il en résul-terait d'ailleurs des plaies mul-tipliées et trop rapprochées l'une de l'autre, lorsque vien-drait le moment de les supprimer toutes.

Fig. 113.

Suppression des branches doubles.

4° Sur le rameau situé immédiate-ment à côté du ra-meau terminal de la tige, et lorsqu'il devient presque aussi vigoureux que ce dernier (A, *fig*. 115). S'il n'était pas sup-primé, il déforme-rait la tige en la faisant se diviser. On retranche les trois quarts de sa

Fig. 114. — Suppression des branches verticillées.

longueur, et l'on attache, sur le chicot conservé, le rameau ter-minal pour le ramener dans une position bien verticale. Ce chicot est entièrement supprimé lors de l'élagage suivant

5° Enfin, sur certaines branches dont la suppression importe au redressement de la tige de l'arbre, dont le centre de gravité a été dérangé par la violence des vents ou toute autre cause. L'enlèvement de certaines ramifications est, en effet, un puissant moyen de ramener la tige des arbres dans une position verticale. A cet effet, on dégarnit beaucoup le côté de la tête qui est incliné, et on laisse l'autre presque intact. Pour certaines lignes d'arbres qui présentent le flanc à des vents fréquents d'une grande violence, il sera bon de prévenir l'inclinaison des arbres, en commençant dès leur jeune âge à charger plus leur tête du côté du vent que du côté opposé.

Manière d'opérer les suppressions. — On ne doit supprimer entièrement une branche qu'autant que ses couches ligneuses centrales ne sont pas encore passées à l'état

Fig. 115.

Suppression des branches rivales du rameau terminal.

de bois parfait. Autrement il en résulterait les inconvénients graves que nous avons signalés précédemment, et que ne pourraient compenser les avantages qu'on avait en vue en coupant cette branche. Si, par négligence ou toute autre cause, on a laissé acquérir à une branche un âge tel que plusieurs de ces couches ligneuses soient passées à l'état de bois parfait, on se contente de diminuer sa vigueur, en retranchant la moitié environ de sa longueur, immédiatement au-dessus d'une petite ramification. Du reste, il n'est pas toujours possible de juger par la grosseur d'une branche si une partie de ses couches sont à l'état de bois parfait, car ce résultat se produit plus ou moins rapidement, selon le degré de vigueur des espèces, des individus ou même des branches. C'est seulement en les coupant vers la moitié de leur longueur, qu'on peut s'assurer de ce résultat.

Lorsqu'une branche n'offre pas encore de couches ligneuses à l'état de bois parfait, mais que, plus favorisée que les autres, elle a acquis un diamètre trop considérable proportionnellement à celui de la tige, il faut ne la supprimer qu'en deux fois. On en retranche d'abord les deux tiers, en ayant soin de pratiquer l'amputation immédiatement au-dessus d'une petite ramification (B, *fig.* 115), et, lors de l'élagage suivant, on retranche le reste. Le développement de cette branche étant ainsi arrêté, et la tige continuant de grossir, on diminue l'étendue proportionnelle de la plaie et celle-ci est plus promptement recouverte.

Si l'on coupe une branche contre la tige, que cette ramification ait déjà été raccourcie ou non, on doit faire l'amputation de façon que le diamètre de la plaie ne soit pas plus grand que celui de la base de la branche. Souvent on laisse sur le tronc une partie de la branche coupée, 0^m,16 ou 0^m,20 (*fig.* 116) : c'est là une pratique vicieuse, car cette sorte de moignon commence par se dessécher ; s'il se conserve sans pourrir, ce qui a lieu dans les arbres résineux, dont la tige ressemble alors à un bâton de perroquet (*fig.* 117), le tronc conti-

Fig. 116. — Suppression incomplète des branches.

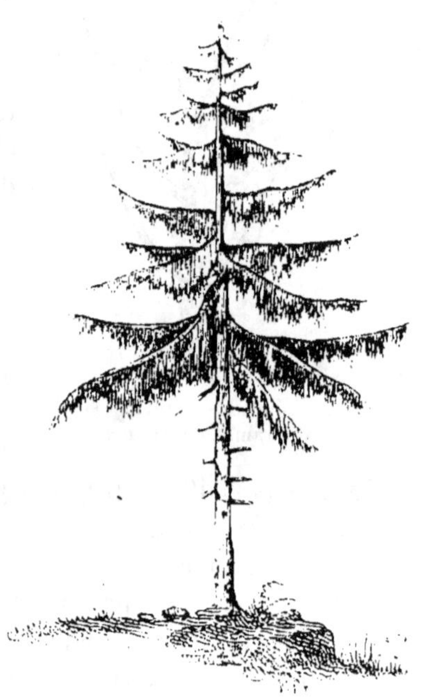

Fig. 117. — Sapin mal ébranché.

nuant toujours de grossir, ce moignon paraît bientôt diminuer progressivement de longueur, par l'addition successive des nouvelles couches ligneuses dont se couvre le tronc ; puis, enfin, il disparaît complétement au milieu des parties voisines, avec lesquelles il ne contracte aucune adhérence. Il peut alors être comparé à une cheville enfoncée dans le tronc de l'arbre ; mais,

7

quand on vient à exploiter cet arbre et à le diviser en planches, ces moignons apparaissent sous forme de taches brunes, se détachent au moindre choc, et laissent un trou à leur place. C'est ce que tout le monde a pu remarquer dans les planches de pin et de sapin. Si, au contraire, ce chicot de bois se pourrit après quelques années, alors qu'il est déjà en partie engagé dans le corps ligneux de l'arbre, il y laisse un trou, qui, avant d'être fermé par les bourrelets qui se forment sur ses bords, laisse pénétrer l'air jusqu'au bois parfait, lequel est atteint par la carie, et l'arbre perd toute sa valeur.

D'autres fois, loin de laisser la base de la branche, on la coupe tellement près de la tige, sous le prétexte d'avoir une surface le plus verticale possible, que l'on enlève une partie de celle-ci

Fig. 118. — Suppression des branches trop près de la tige.

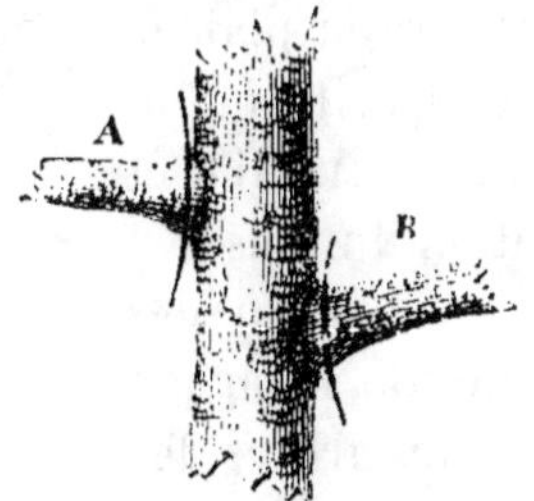

Fig. 119. — Mode de suppression des branches formant un angle droit ou peu aigu avec la tige.

Fig. 120. — Mode de suppression des branches formant un angle très-aigu avec la tige.

(*fig.* 118); de sorte que le diamètre de la plaie est beaucoup plus grand que celui de la branche. Ce mode d'opérer n'est pas moins pernicieux que le précédent, puisque la plaie est moins vite cicatrisée, et que l'aubier, restant exposé à l'air pendant plusieurs années, finit par se décomposer, et entraîne la pourriture du centre de l'arbre.

Afin de remplir la condition que nous venons de poser, voici comment on devra opérer : si la branche à supprimer formeavec la tige un angle droit A (*fig.* 119) ou peu aigu B, on fera la section tout près de celle-ci, sans l'endommager, et de façon qu'elle soit perpendiculaire à l'axe de la branche. Si la ramification forme un angle très-aigu avec la tige (*fig.* 120), l'aire de la coupe ne sera plus perpendiculaire à la direction de cette branche, elle devra lui être un peu oblique. La plaie sera elliptique au lieu d'être ronde, et, par conséquent, un peu plus grande que le diamètre de la branche ; mais aussi la surface de cette plaie, ainsi inclinée, permet l'écoulement rapide des eaux, ce qui n'aurait pas lieu si la coupe était faite perpendiculairement à l'axe de la branche.

Les branches à supprimer, quelle que soit leur grosseur, doivent être coupées de manière qu'en se détachant elles n'entraînent pas une partie de l'écorce du tronc au-dessous de leur point d'insertion. Ces déchirements se cicatrisent difficilement et sont très-préjudiciables aux arbres. Pour les éviter, on doit faire, au-dessous de la branche à couper, une entaille qui comprenne le quart de son diamètre C (*fig.* 121). On pratique ensuite, à la partie supérieure une entaille correspondante D, et la branche se détache sans accident. Ceci fait, on doit rendre la plaie le plus nette possible ; car les aspérités qu'on y laisserait retiendraient l'humidité et hâteraient la décomposition du bois.

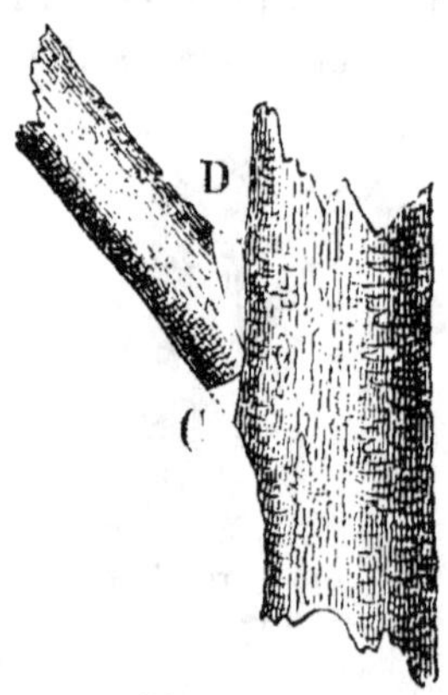

Fig. 121.

Mode de section des branches.

Engluement des plaies. — L'un des plus grands inconvénients de l'élagage est de produire sur la tige des arbres des plaies plus ou moins étendues qui exposent le corps ligneux à l'influence de l'air et de l'humidité, et cependant on ne fait rien ou presque rien pour prévenir cet accident. Nous ne saurions trop nous élever contre cette négligence inexplicable, puisque, pour prévenir la conséquence la plus fâcheuse de ces plaies, il suffit de les recouvrir d'un engluement jusqu'à ce qu'elles soient complétement cicatrisées. Un mélange, en parties égales, de poix noire et de poix de Bourgogne est ce qu'il y a de plus convenable pour cela. Ce mastic est employé assez chaud pour être liquide, mais pas assez pour altérer les tissus avec lesquels on le met en contact. On doit l'appliquer sur les plaies deux ou trois jours après l'élagage, afin que leur surface se sèche et que ce mastic y adhère plus complétement.

Il faut bien se garder d'employer pour cet usage le goudron de gaz ou coaltar. Cette matière contient des substances corrosives qui détruisent les tissus vivants avec lesquels on la met en contact.

Instruments pour l'élagage. — L'instrument le plus employé pour l'élagage est la serpe, que tout le monde connaît (*fig.* 125), et dont la forme varie un peu suivant les localités. On se sert aussi du croissant (*fig.* 124) et de l'échenilloir (*fig.* 123) pour couper l'extrémité de certaines branches dont on veut arrêter l'accroissement.

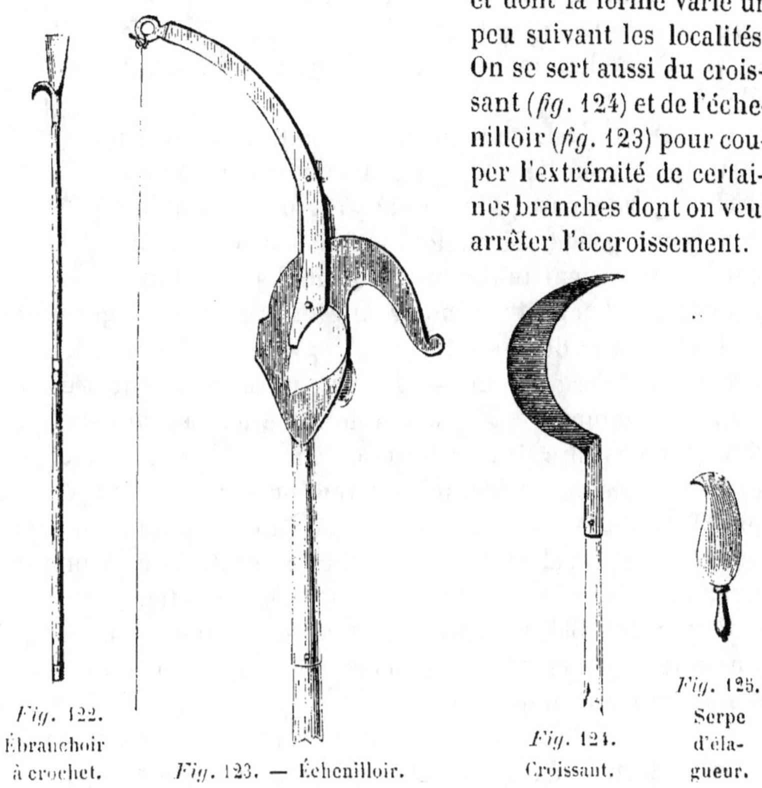

Fig. 122.
Ébranchoir
à crochet.

Fig. 123. — Échenilloir.

Fig. 124.
Croissant.

Fig. 125.
Serpe
d'éla-
gueur.

Il est un autre instrument qui mérite d'être beaucoup plus répandu qu'il ne l'est, c'est l'*ébranchoir à crochet* (*fig.* 122). Cet instrument est surtout très-utile pour l'élagage des jeunes arbres, trop faibles pour qu'on puisse monter dessus sans inconvénient. Il dispense aussi, jusqu'à un certain point, de l'emploi des échelles. Pour s'en servir, on place la lame au point où la branche doit être coupée, puis, en frappant sur l'extrémité inférieure du manche à l'aide d'un maillet, on la détache facilement. Le crochet qui accompagne la lame sert à dégager ensuite la branche de celles dans lesquelles elle peut être retenue. On peut augmenter ou diminuer à volonté la longueur du manche au moyen de rallonges.

Nous ne saurions trop nous élever contre l'emploi de ces
griffes (*fig.* 126), dont les élagueurs s'arment parfois les pieds
pour monter sur les arbres. Ces griffes mutilent la tige
en y laissant des plaies contuses toujours funestes
aux arbres. Il vaut mieux obliger les ouvriers à se
servir d'échelles doubles ou simples suffisamment
élevées.

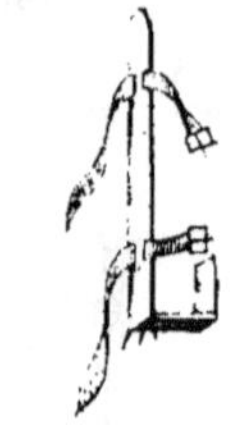

Fig. 126.
Griffe
d'élagueur.

La scie est aussi, quoi qu'on en ait dit, un mauvais
instrument pour l'élagage. La plaie qu'elle laisse est
déchirée, rugueuse ; l'humidité y est arrêtée comme
dans une éponge. Si quelques circonstances parti-
culières rendaient indispensable l'emploi de cet instrument, il faudrait au moins enlever avec le plus grand soin
toutes les traces de la scie.

Fréquence des élagages. — On laisse presque toujours s'écouler
un laps de temps trop considérable entre les élagages successifs
d'un même arbre. Il en résulte qu'on a à retrancher, en une
fois, une masse considérable de ramifications dont un élagage
plus fréquent aurait empêché la naissance, ou que, du moins,
on aurait retranchées avant qu'elles eussent absorbé une séve
qui aurait tourné au profit de l'élongation de la tige.

D'un autre côté, la plupart d'entre ces ramifications ont pris
un développement tel que leur suppression laisse des plaies
d'une grande étendue.

Enfin, ces retranchements considérables ne se font pas sans
jeter du trouble dans la végétation. On conçoit, en effet, que, les
plus grosses racines étant ordinairement situées vers le côté de
la tige où les plus grosses branches sont elles-mêmes placées, si
l'on vient à supprimer une ou plusieurs de ces branches, les
fonctions de ces racines seront tout à coup suspendues ; elles deviendront maladives, plusieurs pourriront ; le côté de la tige,
situé entre ces racines et les branches supprimées, cessera tout
accroissement en diamètre, et il en résultera souvent une dépression sur toute la longueur de cet intervalle ; il s'ensuivra
enfin un désordre dans la circulation des fluides, et une gêne
dans tout l'ensemble de la végétation. Il est vrai qu'au bout de
trois ou quatre ans, de nouveaux développements viendront rétablir l'harmonie ; mais un nouvel élagage viendra donner lieu

à de nouveaux désordres, et l'état de souffrance se perpétuera pendant tout le temps de la formation de l'arbre.

Pour prévenir ces inconvénients graves, il est bien préférable de multiplier les élagages, de façon à n'avoir à retrancher chaque fois qu'un petit nombre de ramifications, et surtout des branches peu volumineuses.

Il sera donc préférable de répéter l'opération tous les deux ans, pendant les douze premières années. Après ce laps de temps, les arbres commenceront à perdre une partie de leur plus grande vigueur ; leur allongement annuel et leur accroissement en diamètre seront un peu moins prompts, et l'on pourra, pendant les douze ou quinze années suivantes, ne plus élaguer que tous les trois ans. Enfin, après cette seconde période, l'accroissement devenant moins rapide encore, on laissera un intervalle de quatre ans jusqu'au moment où la tête de l'arbre, prenant beaucoup d'extension en largeur, ne croîtra plus que très-peu en hauteur. Cela a lieu vers l'âge de trente à cinquante ans, suivant les espèces et la vigueur des individus. A cette époque, on cesse toute espèce d'élagage, car le tronc a désormais acquis la longueur qu'il pouvait atteindre, et toutes les branches qu'il porte lui sont désormais nécessaires pour former une tête volumineuse destinée à faire acquérir au tronc le plus grand diamètre possible.

Différents systèmes d'élagage. — Les plantations d'alignement sont soumises à des systèmes d'élagage assez variés et qu'il n'est pas toujours facile de bien caractériser. On peut cependant les réunir tous dans les quatre modes suivants, que nous appellerons, *élagage complet*, *élagage belge* ou *en colonne*, *élagage en cône*, *élagage progressif* ou *en tête*. Nous allons rechercher, parmi ces diverses méthodes, celle qu'il convient de préférer, c'est-à-dire celle qui s'écarte le moins des principes généraux que nous venons de poser.

Élagage complet. — Ce mode est l'un des plus anciens. On a eu d'abord en vue l'accroissement plus rapide des arbres en hauteur, puis il a été perpétué par les fermiers ou les usufruitiers du terrain planté, qui, n'ayant aucun intérêt à ce que le tronc des arbres acquît de la valeur, ont trouvé un double avantage à l'adopter. Ils obtiennent ainsi une abondante production de menu bois tous les cinq ou six ans ; puis, ces arbres nuisent moins par leur ombrage aux récoltes voisines. Voici en quoi consiste cet élagage.

D'abord, on n'applique le premier élagage aux jeunes arbres que huit ou dix ans après leur plantation. A ce moment, on retranche complétement sur la tige toutes les ramifications depuis la base jusqu'au sommet, moins un petit faisceau de branches à l'extrémité (*fig.* 127). Bientôt on voit naître de nouvelles ramifications sur le périmètre de chacune des plaies de la tige. On laisse croître librement ces nouvelles productions pendant cinq ou six ans, puis on les coupe comme les premières, en supprimant aussi quelques-unes des branches réservées d'abord à l'extrémité, si l'arbre s'est sensiblement élevé depuis le premier élagage. La même opération est alors répétée tous les cinq ou six ans.

Cette pratique offre les résultats suivants. Un grand nombre des branches coupées, lors du premier élagage, étaient presque aussi grosses que la tige, de sorte que leur suppression laisse sur celle-ci des plaies considérables qui souvent se carient avant d'être cicatrisées, communiquent cette altération aux couches centrales de la tige, et lui enlèvent toute espèce de valeur comme bois de construction. D'un autre côté, les nombreuses ramifications qui

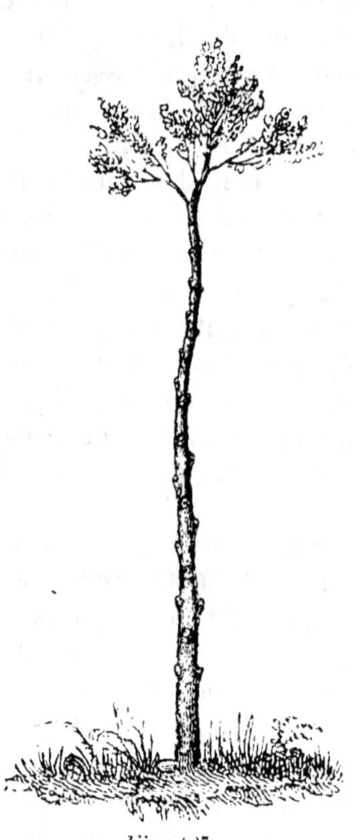

Fig. 127.

Jeune arbre élagué outre mesure.

naissent sur le périmètre de ces plaies étant périodiquement supprimées, il se produit vers ces points des nœuds qui grossissent d'année en année et déforment la tige. Ces suppressions périodiques ont d'ailleurs pour effet de la priver fréquemment d'une grande partie des organes générateurs des couches ligneuses, les feuilles, de sorte que le tronc croît très-lentement en diamètre. Quant à son allongement, qu'on espérait favoriser ainsi, il est entravé, d'un côté, par les nodosités répandues sur toute la surface de la tige et qui, gênant l'ascension de la séve, la forcent de dépenser la plus grande partie de son action au profit des branches latérales, de l'autre par l'action des vents, qui brisent fréquemment les quelques branches isolées, restées au sommet de l'arbre.

Les arbres soumis à ce traitement sont donc composés, vers l'âge de 70 ans, d'une tige difforme, souvent creuse, couverte de nœuds volumineux, cariés et donnant tous les cinq ou six ans une abondante production de menu bois (*fig.* 128). En un mot, ce ne sont plus des arbres de haut jet, ce sont de véritables *tétards*, dont la tige ne peut fournir, au moment de son exploitation, que du bois à brûler. Ce mode d'élagage est donc le plus vicieux qu'on puisse imaginer.

Élagage belge ou *en colonne*. — Cet élagage est généralement usité en Belgique, où l'on s'est le plus occupé des soins à donner aux plantations d'alignement; cette méthode y est déjà ancienne, puisque de Poerderlé en parle dans un Mémoire publié à Paris en 1789. En

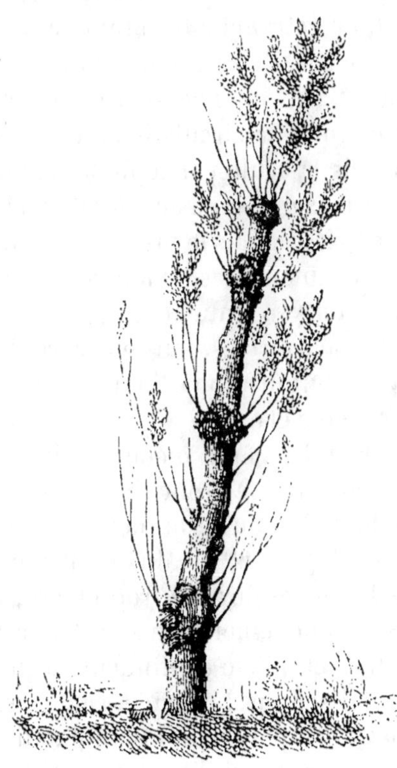

Fig. 128. — Résultat de l'élagage complet sur un orme de 70 ans.

voici la description :

Par le premier élagage, pratiqué deux ou trois ans après la plantation, on supprime complétement toutes les ramifications comprises depuis le sol jusqu'à 2 mètres d'élévation. Au delà de ce point, on conserve toutes les branches, moins celles qui ont pris un développement disproportionné, et que l'on supprime en deux fois, comme nous l'avons expliqué aux principes généraux. On retranche également les ramifications qui naissent trop près les unes des autres, qui forment un verticille autour de la tige, ou qui, voisines du rameau terminal, sont presque aussi vigoureuses que lui. Toutes ces suppressions sont faites avec les soins indiqués plus haut.

Les jeunes arbres étant ainsi opérés, on les abandonne à eux-mêmes jusqu'au moment du second élagage, qui n'a lieu qu'au bout de trois ans. A ce moment, on retranche les branches inférieures, de façon que la tige en soit dépourvue depuis le sol jusqu'à 2^m,50 d'élévation. Cela est surtout nécessaire pour empêcher que ces branches ne nuisent à la circulation au-dessous des arbres. Mais ce sera désormais la seule partie de la tige qui restera dégarnie des branches. On examine ensuite les nouvelles ramifications qui se sont développées depuis le premier élagage, et on les traite comme l'ont été les anciennes. Quant à la partie de la tige primitivement opérée, on y retranche complétement les branches qu'on avait d'abord raccourcies, puis on raccourcit celles qui ont pris un développement disproportionné, pour les couper entièrement lors du troisième élagage.

La tige continue de s'allonger, et le même mode d'opérer est répété tous les trois ans, de façon que le tronc de l'arbre soit constamment garni de petites branches ou de branches moyennes, régulièrement distribuées, depuis 2^m,50 du sol jusqu'au sommet. Dès que l'une de ces branches devient trop grosse, on la retranche en deux fois. Ces retranchements successifs, pratiqués sur toute l'étendue de la tige, et qui se continuent jusqu'au moment de l'exploitation, ne laissent pas de vide, car on voit naître bientôt, dans le voisinage des points où les amputations ont eu lieu, de nouvelles ramifications qui viennent remplacer les branches supprimées, et que l'on conserve elles-mêmes jusqu'à ce qu'elles deviennent trop grosses. Les arbres, ainsi traités, sont donc constitués de façon à présenter l'aspect d'une sorte de colonne, c'est-à-dire, que les ramifications qui déterminent l'accroissement en diamètre par les feuilles qu'elles portent sont,

7.

non réunies au sommet de l'arbre, comme cela a lieu ordinairement, mais distribuées sur toute l'étendue de la tige, excepté sur la partie inférieure, qui en est privée sur une hauteur de 2^m,50 (*fig.* 129).

Les arbres soumis à cet élagage n'offrent, comme on le voit, rien de disgra-
cieux. Nous ne voyons donc aucune objection à faire à ce procédé, quant à la décoration. En est-il de même à l'égard de la production du bois, et surtout du bois de service ? C'est ce que nous devons examiner.

Le tronc de l'arbre ainsi obtenu est incontestablement beaucoup plus sain que celui des arbres sou-
mis à l'élagage complet ; toutefois il n'est pas non plus irréprochable. En effet, l'élagage continu qu'on fait subir à la tige, pendant toute la vie de l'arbre, a pour résultat de la couvrir de plaies nombreuses. Celles-ci sont, à la vérité, très-peu éten-
dues, et promptement ci-
catrisées ; mais elles n'en interrompent pas moins, sur des points multipliés,

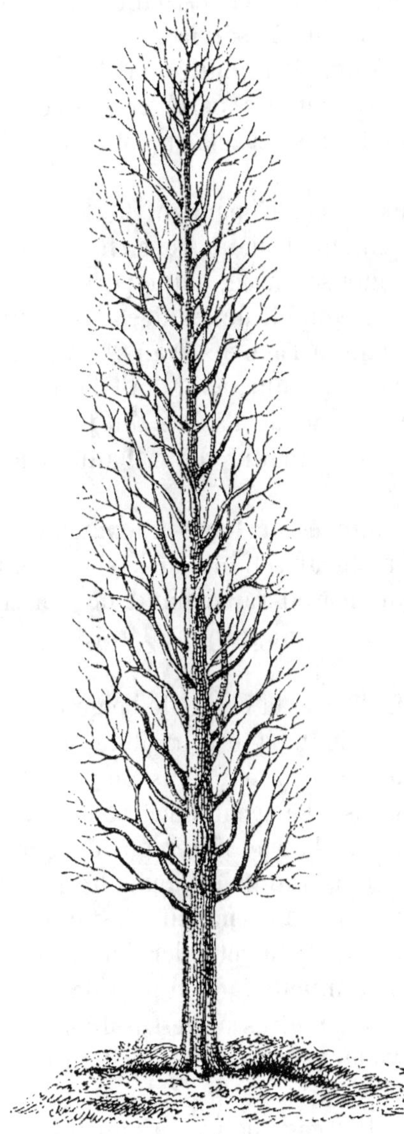

Fig. 129. — Orme de 70 ans soumis à l'élagage belge ou en colonne.

la continuité des fibres ligneuses dans chacune des couches

annuelles superposées sur le tronc. Ces nombreuses solutions de continuité, existant dans toute l'épaisseur du corps ligneux, ont pour effet de diminuer très-sensiblement la résistance du bois, et de restreindre sa valeur comme bois de service.

D'un autre côté, ce procédé diminue la rapidité de l'élongation de la tige, en forçant la séve ascendante à partager son action entre les nombreuses branches latérales, et cela au détriment du sommet.

Ajoutons que ces suppressions, exercées pendant toute la vie de l'arbre, nuisent à son accroissement en diamètre, en le privant, à chaque élagage, et pendant toute sa durée, d'une portion importante de branches, et, par conséquent, de feuilles. Ainsi, un arbre soumis à ce traitement offrira, à l'âge de 70 ans, une tige beaucoup moins élevée et moins grosse que celui dont l'élagage aura été conduit de façon que la tige de l'arbre soit toujours dépourvue de ramifications sur la moitié de sa hauteur totale.

Enfin, les branches étant disséminées sur toute la longueur de la tige, au lieu d'être réunies en tête au sommet de l'arbre, il en résulte que le diamètre du tronc décroît rapidement de la base au sommet, ainsi que nous l'avons expliqué plus haut, ce qui diminue la valeur du bois.

On a dit que les arbres élagués d'après la méthode belge résistent mieux à l'effort des vents violents que ceux dont la tige n'est pourvue de branches qu'à son sommet, mais on a oublié de remarquer que les arbres soumis à l'élagage belge sont moins solidement enracinés que ceux dont la tête, librement développée, donne lieu à des racines moins ramifiées, mais beaucoup plus longues et plus grosses. Ce qu'il y a de positif, c'est que les nombreuses plantations d'arbres soumis à cette dernière forme, que nous avons en France, et notamment dans le pays de Caux (Seine-Inférieure), situé à plus de 150 mètres au-dessus du niveau de la mer, et exposé aux vents violents de l'ouest, résistent très-bien à l'action de ces vents.

En résumé, nous pensons que l'élagage belge, ou en colonne, quoique bien supérieur au premier, présente des inconvénients tels qu'on ne peut en conseiller l'usage.

Élagage en cône. — Ce mode d'élagage est né en Belgique

depuis quelques années seulement. Il a été préconisé par M. Stephens, qui, en 1848, a commencé à l'appliquer à toutes les plantations des routes et canaux confiés à sa direction. Ce système a reçu, comme toutes les innovations, des améliorations progressives. Voici l'exposé de ce nouveau mode, tel qu'il a été adopté en dernier lieu par l'auteur.

Le moment d'appliquer le premier élagage aux jeunes arbres étant venu, on les dégarnit de branches depuis le sol jusqu'à 2^{m},50 d'élévation. Arrivé à ce point, on conserve sur la tige toutes les ramifications, quelque rapprochées qu'elles soient les unes des autres, et quelle que soit leur grosseur ; puis on raccourcit chacune de ces branches de façon à donner à leur ensemble la forme d'un cône dont la base égale trois fois la hauteur. On veille aussi à ce que le rameau terminal ou flèche de la tige soit simple ; s'il est double, on emploie le procédé décrit à l'élagage belge.

Pendant l'été suivant, depuis le commencement de juin jusqu'en août, on pratique le *pincement* à l'extrémité de chacune des branches latérales, c'est-à-dire qu'on supprime le sommet herbacé des bourgeons qui prolongent les branches. Cette dernière opération est faite en vue de favoriser l'élongation de la tige, et aussi pour diminuer la vigueur des branches latérales et retarder leur accroissement en diamètre.

Cet élagage, et l'opération d'été qui le suit, sont ensuite répétés tous les quatre ans, et toujours de manière à conserver à la tête sa forme conique. Il faut aussi, lors de chacun de ces élagages, supprimer les ramifications des branches principales, sous peine de déterminer dans la tête de l'arbre une confusion inextricable qui pourrait la déformer, et faire périr tout ou partie de quelques-unes des branches. La figure 130 montre l'aspect d'un arbre ainsi conduit, lorsqu'il a atteint l'âge de 70 ans. Voyons maintenant si ce procédé remplit mieux que le précédent toutes les conditions d'un bon élagage. Sous le rapport de la forme, l'élagage en cône ne laisse rien à désirer. L'aspect des arbres est très-séduisant. Mais il s'en faut de beaucoup qu'il en soit ainsi à l'égard de la qualité du bois. Et d'abord, la présence des branches qu'on maintient sur presque toute l'étendue du tronc jusqu'au moment de l'exploitation, détermine, dans les fibres .

ligneuses, depuis la base jusqu'au sommet, de nombreuses solutions de continuité qui enlèvent au bois une grande partie de sa solidité. Si encore ces branches latérales étaient peu volumineuses, comme cela a lieu pour les arbres soumis à l'élagage belge, cet effet serait moins sensible. Mais elles finissent par devenir très-grosses; car l'élagage qu'on fait subir à chacune d'elles, n'ayant lieu que tous les quatre ans, elles ont le temps de développer des ramifications vigoureuses qui augmentent rapidement leur diamètre. Le pincement est aussi insuffisant pour empêcher ce résultat, car, si le bourgeon pincé cesse de s'allonger, les autres bourgeons latéraux deviennent plus vigoureux et établissent la compensation. D'ailleurs ce pincement, employé avec beaucoup de succès pour la formation des arbres dans les pépinières ou dans les jardins, ne peut être conseillé sérieusement pour une plantation d'arbres forestiers, haute de 15 ou 20 mètres, et composée souvent de plusieurs milliers d'arbres.

Nous devons encore ajouter que ces branches, étant raccourcies et privées de leurs ramifications tous les quatre ans, se couvriront, avec le temps, de nœuds plus ou moins volumineux, qui finiront souvent par se carier

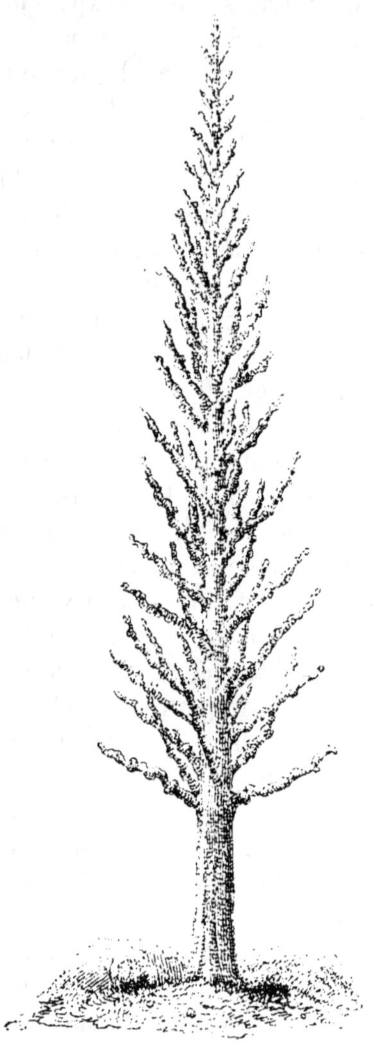

Fig. 130. — Orme de 70 ans soumis à l'élagage en cône.

(*fig.* 131). Cette altération, se prolongeant progressivement dans toute l'étendue de la branche, atteindra le tronc, qui perdra alors toute sa valeur comme bois de service.

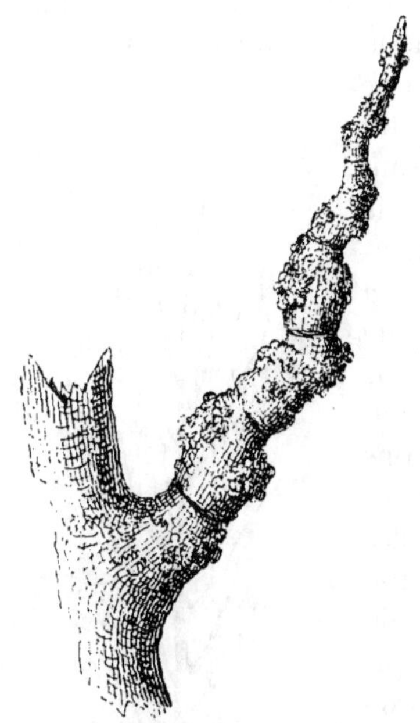

Fig. 131. — Branche d'un orme soumis à l'élagage en cône et couverte de nœuds cariés.

Les élagages périodiques répétés pendant toute la durée des arbres nuisent, comme l'élagage belge, à l'accroissement du tronc en diamètre. Ces branches latérales, conservées sur toute l'étendue de la tige, arrêtent aussi son allongement, mais plus encore que dans l'élagage belge, parce qu'elles sont plus grosses. Elles produisent également sur le tronc cette diminution rapide de diamètre de la base au sommet que nous avons signalée dans l'élagage belge. Mais, à âge égal, et dans les mêmes circonstances, les arbres soumis à l'élagage en cône donnent un volume de bois utile, un tronc, moins considérable que ceux soumis à l'élagage belge. La différence au profit de ce dernier égale à peu près le volume des branches conservées sur les arbres en cône. Ainsi donc, comparé à l'élagage belge ou en colonne, l'élagage en cône donne une forme aussi agréable à l'œil, mais la masse de bois produite est encore moins abondante et surtout de moins bonne qualité, comme bois de service : d'où il résulte que, si nous étions obligé d'opter entre ces deux méthodes, nous choisirions, sans balancer, l'élagage belge.

Élagage progressif ou *en tête*. — Cette méthode est loin d'être aussi récente que la précédente, puisqu'elle était connue avant Duhamel ; mais elle a été successivement améliorée, et nous avons payé nous-même notre modeste tribut à la solution de cette importante question. Voici la description succincte de ce mode d'élagage.

Les jeunes arbres étant bien repris et ayant commencé à pousser vigoureusement, c'est-à-dire vers la troisième année qui suit la plantation, on leur applique le premier élagage. Soit, par exemple, un jeune orme offrant une hauteur totale de 6 mètres, et portant 21 branches, dont les premières sont placées à 2 mètres du sol (*fig.* 132); le premier élagage portera sur les sixr a-mifications de la base C, qu'on coupera entièrement, de façon que la tête ne comprenne que la moitié de la hauteur totale de l'arbre. Il faudra aussi retrancher avec soin, parmi les ramifications conservées, 1° quelques-unes de celles A, qui naissent trop près les unes des autres, ou qui forment un verticille autour de la tige; 2° les deux tiers de la longueur des ramifications B, qui présentent un développement dispro-portionné, ou qui, comme la branche D, disputent au rameau terminal de la tige la prééminence qu'il doit conser-ver.

Cet élagage est ensuite répété avec les mêmes soins, et toujours de façon à conserver la même proportion entre la hauteur de la tête de l'arbre et la lon-gueur de la tige dépourvue de ramifi-cations. Quant à la fréquence de ces élagages et à leur durée, on suit les in-dications données aux principes géné-raux. La figure 133 montre un arbre de 70 ans environ, et qui a été soumis à ce mode d'élagage.

C'est la disposition qu'on donne à leur tête lorsqu'ils sont plantés assez loin des propriétés riveraines pour que cette tête puisse se dé-velopper librement sans s'étendre sur le terrain voisin, lorsque,

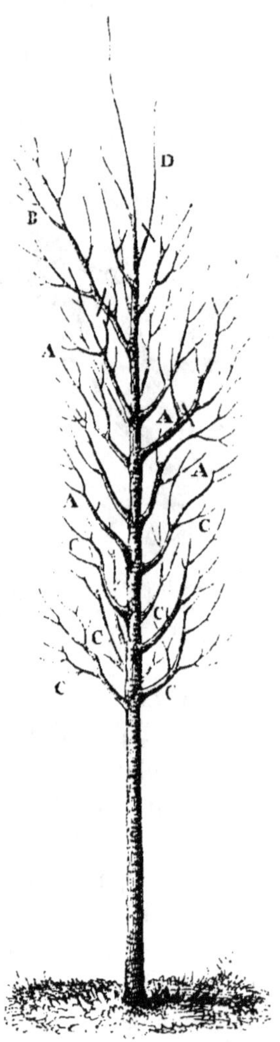

Fig. 132. — Jeune orme âgé de 9 ans, haut de 6 mètres soumis à l'élagage progres-sif ou en tête.

par exemple, les arbres sont placés à 4ᵐ,50 de la limite de la

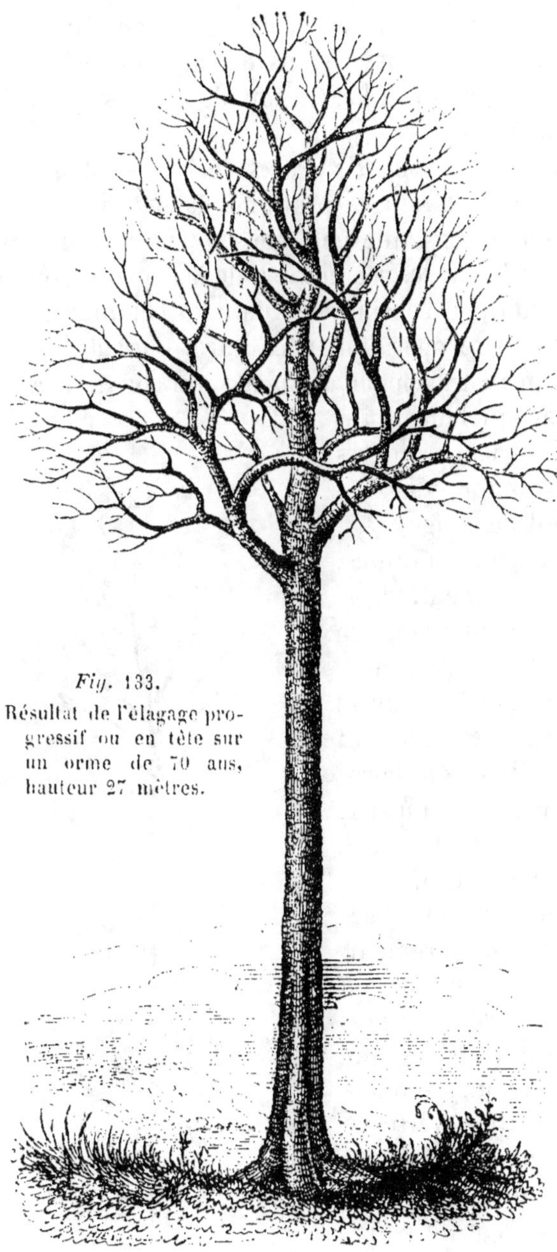

Fig. 133.

Résultat de l'élagage progressif ou en tête sur
un orme de 70 ans,
hauteur 27 mètres.

propriété voisi-
ne. Mais, quand
ils n'en sont éloi-
gnés que de 2 mè-
tres, il convient
de maintenir con-
stamment les
branches dans
cette limite, au
moyen de l'éla-
gage.

Les suppres-
sions de bran-
ches que l'on
pratique à cha-
que élagage, à la
base de la tête de
l'arbre, à mesure
que la tige s'al-
longe, et tou-
jours avant que
les branches
aient acquis un
grand diamètre,
ont pour résultat
de donner un
tronc à la fois le
plus long, le plus
gros possible
dans toute son
étendue, et sur-
tout dépourvu de
nœuds.

Ces résultats,
que nous avons
posés comme

étant ceux qu'on doit s'efforcer d'obtenir au moyen de l'élagage n'étant donnés que très-imparfaitement par les trois méthodes décrites en premier lieu, même par l'élagage belge, qui est le moins mauvais des trois, nous croyons devoir adopter le système de l'élagage progressif, à l'exclusion des autres, pour les plantations d'alignement.

Prolongement de la tige sur les arbres étêtés. — Malgré le blâme que nous avons jeté sur la pratique vicieuse d'étêter les jeunes arbres lors de leur plantation, nous avons reconnu que la mutilation éprouvée par les racines lors de la déplantation, ou leur espacement trop peu considérable dans la pépinière, rendaient quelquefois cette opération nécessaire. Il est donc utile que nous disions un mot du mode d'élagage qui convient à ces arbres, car il exige quelques soins particuliers pendant les premières années, pour la formation du nouveau prolongement de la tige.

Ces jeunes arbres, ainsi mutilés, se couvrent ordinairement, lorsqu'ils ont été bien plantés, de bourgeons dès la première année. Cette végétation se produit sur le tiers supérieur de la tige. Lors du repos de la végétation, on laisse intacts tous ces jeunes rameaux, moins ceux qui se trouvent placés depuis le sommet de la coupe jusqu'à 0^m,15 environ de ce point ; ces derniers sont coupés entièrement. A 0^m,15 environ du sommet, on choisit l'un des rameaux les plus vigoureux et naissant, autant que possible du côté de l'ouest ; on le place dans une position verticale en le redressant et en l'attachant contre le sommet de la tige. S'il existe dans le voisinage de ce rameau une ou plusieurs ramifications présentant aussi une grande vigueur, on arrêtera leur développement en retranchant

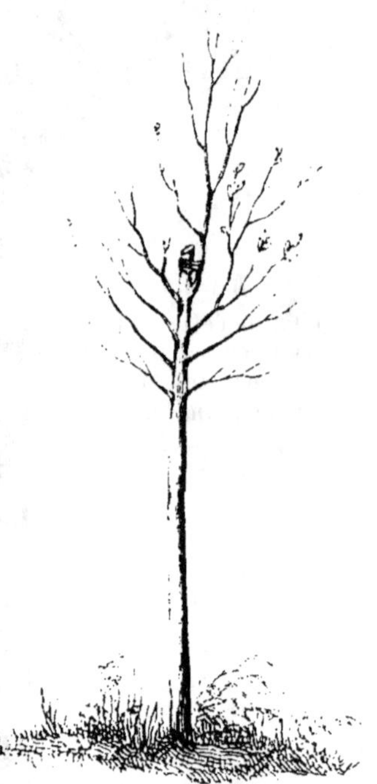

Fig. 134.

Jeune arbre étêté dont on réforme la tige au moyen de l'élagage.

au même moment environ la moitié de leur étendue. L'arbre
ainsi disposé est ensuite abandonné à lui-même. Il présente
alors l'aspect de la figure 134. Le rameau terminal, favorisé par
la position verticale qu'on lui a donnée, se développe beaucoup
plus vigoureusement que les autres, et forme bientôt un prolongement convenable à la tige. Deux ans après, on supprime le
sommet de l'ancienne tige, en la coupant obliquement, immédiatement au-dessus du point où naît le nouveau prolongement.
Au bout de deux ans, cette plaie est cicatrisée, et l'arbre présente alors l'aspect de ceux qui n'ont pas été étêtés. On applique
ensuite à ces arbres un mode d'élagage semblable à celui que
nous avons conseillé pour les arbres non étêtés.

**Des remplacements dans les plantations d'aligne-
ment.** — Quelque soin que l'on mette à suivre scrupuleuse-
ment les indications que nous avons données, il arrivera presque toujours que, dans une plantation un peu étendue, quelques arbres ne reprendront pas, ou resteront languissants et
finiront par périr. Il sera convenable de remplacer ces arbres
le plus tôt possible ; car plus on attendra, plus les arbres voisins
prendront de développement, et plus ils nuiront, soit par l'ombre de leur tige, soit par leurs racines, à ceux qu'on plantera
ensuite.

Lorsque ces remplacements seront exécutés un an ou deux
seulement après la plantation, on videra entièrement les trous,
en mettant à part chacune des couches de terre superposées lors
de la plantation précédente ; puis on les replacera dans le même
ordre, au moment de la mise en terre des arbres. Si le remplacement est pratiqué six ou huit ans après la plantation, on
pourra mélanger sans inconvénient toute la terre extraite des
trous. Mais si l'arbre que l'on remplace a végété pendant quinze
ou vingt ans, il deviendra nécessaire d'enlever la terre qui avoi-
sinait les racines et de la remplacer par la terre la plus fertile
possible. L'épuisement qu'aura éprouvé le sol sous l'influence de
la végétation de l'arbre précédent nous fait insister sur cette
précaution.

Le remplacement des arbres, dans les jeunes plantations, ne
présente, comme on le voit, aucune difficulté ; mais il n'en est
pas de même pour les plantations qui datent de quinze ans et

plus, car on est exposé à ce que les racines des arbres voisins
absorbent la nourriture de ceux qu'on veut planter. Ce résultat
est d'autant plus infaillible qu'on est obligé de renouveler entièrement la terre au point où l'on fait ces remplacements, et
que le sol meuble et fertile stimule singulièrement l'allongement
des racines des arbres voisins. D'un autre côté, l'ombre de ces
derniers devient encore un obstacle presque insurmontable pour
la végétation de ceux qu'on veut placer entre eux. Si donc les
jeunes arbres qu'on plante dans ces circonstances ne meurent
pas, ils ne prennent aucun accroissement.

Il est cependant utile, au moins pour la régularité de la plantation, de tàcher de remplir les vides qui peuvent se manifester
dans les lignes ; or voici ce qu'il nous parait le plus convenable
de conseiller en pareille circonstance.

Lorsqu'il s'agira d'avenues ou de bordures, on exécutera le
remplacement, quelle que soit d'ailleurs l'espèce d'arbre qui
forme la plantation avec le *peuplier du Canada* (*fig.* 80), ou mieux
encore avec le *peuplier argenté* (*populus nivea*, Wild.) (*fig.* 78), espèce voisine de l'ypreau. L'expérience a démontré que ce sont
les deux espèces qui surmontent le plus facilement les obstacles
signalés plus haut, et que, leur végétation étant assez rapide dans
presque tous les terrains, ils finissent souvent par reprendre l'espace envahi d'abord par les arbres voisins. On opérera de la
même manière s'il s'agit de bordures composées de trois lignes
au plus.

Pour les futaies àgées de quinze ans et plus, les remplacements sont plus difficiles encore, car les jeunes arbres qu'on y
plante sont complétement privés de lumière par leurs voisins.
Il n'est peut-être qu'une seule espèce qui puisse se développer
dans cette circonstance, et dont nous conseillons l'emploi, surtout si le sol est un peu compacte : c'est le *sapin commun* ou
sapin argenté (*fig.* 95).

Exploitation. — Les arbres de ces plantations, ayant été tous
plantés en même temps et étant soumis aux mêmes influences,
présentent au même moment les signes de leur maturité ; on
peut donc les exploiter tous à la même époque. Ces signes
de décrépitude sont indiqués par le couronnement des arbres,
c'est-à-dire que le sommet des branches les plus élevées com-

mence à se dessécher. Si l'on devance ce moment pour l'exploi-tation, on perd sur la quantité du bois, car les arbres s'accrois-sent encore ; si l'on dépasse cette limite, on s'expose à perdre sur la qualité du bois, car à ce moment le bois parfait peut être at-teint de la pourriture.

L'abatage de ces arbres peut être fait au moyen de la *coupe à blanc* et de la *coupe en pivotant*.

Pour la coupe à blanc on se sert ordinairement de la cognée. On fait d'abord une entaille tout à fait à la base de la tige et du côté où l'arbre doit tomber ; et lorsque cette première entaille est assez profonde, c'est-à-dire lorsqu'elle comprend environ la moitié du diamètre de l'arbre, on en pratique une seconde du côté opposé, en augmentant progressivement sa profondeur jus-qu'à la chute de l'arbre : si l'arbre penche du côté opposé à celui où l'on veut qu'il tombe, on fixe, près du sommet, un câble avec lequel on le tire.

On commence à remplacer, dans cette sorte d'abatage, la co-gnée par la scie. Dans ce cas, on fait d'abord une légère entaille avec la cognée, du côté de la tige où l'arbre doit tomber ; cette entaille doit être placée le plus bas possible, afin de ne pas dimi-nuer la longueur du tronc. Puis on introduit dans cette entaille la scie appelée *passe-partout*, et on la fait manœuvrer par deux ouvriers. Lorsque cette première section est assez profonde, on en pratique une seconde du côté opposé, on y introduit un coin, et, en le chassant lentement, on détermine la chute de l'arbre.

La coupe en pivotant consiste à faire une tranchée autour de l'arbre et à couper ses racines latérales ; l'arbre tombe, et l'on gagne ainsi 0^m,40 ou 0^m,50 sur sa longueur. C'est à ce dernier procédé qu'on devra généralement donner la préférence : on ne perd alors aucune partie de la tige, et la culée de l'arbre, ainsi enlevée sans difficulté, laisse la place libre pour les nouvelles plantations. Quel que soit le mode d'abatage employé pour ces arbres, il est d'un grand intérêt d'employer des ouvriers adroits, afin d'éviter que la chute des arbres ne brise d'autres arbres voisins, ou que l'arbre abattu ne soit lui-même endommagé dans sa chute. Le mieux est d'élaguer sur place les arbres dont les branches ont quelque valeur.

Renouvellement des plantations d'alignement. — Une dernière question nous reste à traiter pour compléter ce qui se rattache aux plantations d'alignement, c'est celle de savoir si, après avoir exploité une plantation d'alignement, on peut, sans inconvénient, replanter le terrain avec des arbres de la même espèce, ou, en d'autres termes, si l'on doit faire à ces plantations l'application de la loi d'*alternance* dont nous avons parlé en nous occupant des pépinières.

Si les arbres étaient cultivés aussi rapprochés les uns des autres que le sont les jeunes plants dans la pépinière, et surtout s'ils étaient, comme ces derniers, renouvelés à des époques très-rapprochées, nul doute qu'il ne fallût adopter aussi pour eux l'alternance des espèces. Mais il est loin d'en être ainsi pour les arbres d'alignement. Placés à une distance d'environ 7 mètres les uns des autres, ils occupent le sol en moyenne pendant 70 ans. Si les extrémités radiculaires, c'est-à-dire les parties essentiellement absorbantes, sont d'abord concentrées à peu de distance du collet de l'arbre, elles ne tardent pas à suivre le progrès du développement de la tige, elles s'allongent donc annuellement jusqu'à ce qu'elles soient arrêtées par les racines des arbres voisins, ou par l'état stationnaire de la tête de l'arbre. Si donc la plantation est faite en quinconce, à 7 mètres d'intervalle, les racines ont à parcourir un espace d'environ 3^m,50 tout autour du collet de chaque arbre. Or elles commenceront à atteindre cette limite vers l'âge de 30 à 50 ans, suivant les espèces. A partir de ce

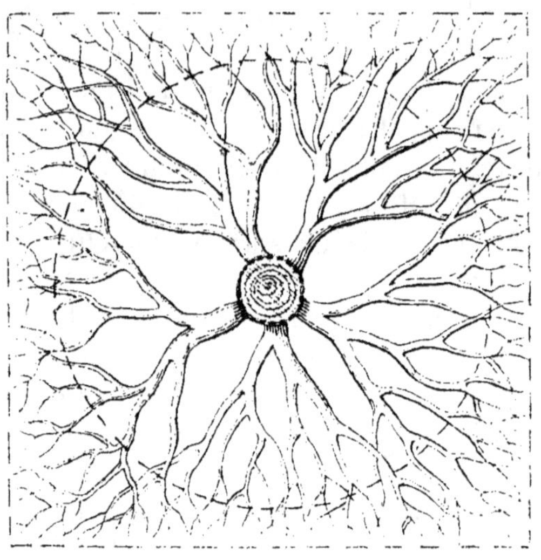

Fig. 135. — Racines d'un arbre arrivées à la limite de leur développement.

moment, l'arbre ne vit plus, en grande partie, qu'aux dépens de la zone de terre comprise entre les deux lignes ponctuées de la figure 135. Quant à la masse de terre circonscrite par la ligne circulaire, elle a progressivement cessé de fournir à l'absorption des racines, à mesure que celles-ci se sont allongées. Cette étendue, qui équivaut au moins à la moitié de toute la surface occupée par l'arbre, est donc soustraite à toute absorption depuis le moment où les extrémités radiculaires se sont allongées au delà, jusqu'au moment d'une nouvelle plantation, c'est-à-dire pendant 35 à 55 ans, suivant les espèces. Or, pendant cette longue période de repos, les principes nutritifs ont le temps de se reformer. Lors donc qu'on viendra à replanter au point occupé précédemment par un arbre dè la même espèce, les racines du nouvel individu trouveront un sol aussi riche qu'il l'était lors de la première plantation; et lorsque les racines atteindront, vers l'âge de 30 ou 50 ans, la zone de terre occupée en dernier lieu par les extrémités radiculaires du premier arbre, cette partie du sol aura eu le temps de reconquérir sa fertilité première.

Ce qui vient démontrer l'exactitude de ces faits, c'est que, d'une part, on n'a pas constaté que, dans les plantations d'alignement les arbres, succédant à d'autres de même espèce, se soient développés moins vigoureusement que les premiers, et que, de l'autre, les forêts qui se perpétuent au moyen des ensemencements naturels ne présentent aucun phénomène d'alternance.

CHAPITRE IV.

PLANTATIONS D'ALIGNEMENT D'ORNEMENT. — PLANTATIONS URBAINES.

Leur utilité. — Depuis bien longtemps déjà, on a consacré l'usage de créer des plantations d'alignement dans le voisinage immédiat ou au milieu des centres de populations. On a eu d'abord pour but de fournir un ombrage salutaire pendant les chaleurs brûlantes de l'été; puis on a bientôt reconnu que ces plantations sont l'ornement le plus réel qu'on puisse imaginer pour les places ou les grandes voies de circulation ouvertes dans nos villes. Enfin le progrès des sciences a bien vite démontré que la présence de ces arbres accumulés dans un centre de population agit puissamment sur la santé de l'homme en enlevant à l'air atmosphérique la surabondance d'acide carbonique et les miasmes nuisibles qui y sont répandus par la respiration des animaux, les nombreux foyers qui y sont allumés, etc., etc. Aussi voit-on ces sortes de plantations se multiplier de plus en plus dans nos grandes cités, là où elles sont en effet les plus nécessaires.

Ces sortes de plantations ont, comme on le voit, une destination autre que celle des précédentes. Aussi les soins qu'elles réclament pour leur création et leur entretien sont-ils souvent différents. Nous devions donc les étudier séparément, en renvoyant toutefois aux plantations précédentes pour ceux des soins qui leur sont communs.

Choix des espèces d'arbres. — Pour ces sortes de plantations, on ne doit pas se préoccuper de la production du bois; il convient donc de tout sacrifier à l'ornement. Aussi devra-t-on choisir les espèces d'arbres les plus remarquables par l'ampleur de leur feuillage, la beauté de leur port ou l'éclat de leurs fleurs. Il est bien entendu que si l'on doit planter ainsi plusieurs avenues ou plusieurs massifs dans la même localité, il sera bon de ne pas les former tous avec la même espèce, afin d'éviter la monotonie.

Parmi les diverses espèces d'arbres de haut jet que nous avons indiquées, page 70, pour les plantations d'alignement, nous conseillons surtout les suivantes pour les plantations d'ornement.

Érable sycomore (*fig.* 61).	Peuplier du Canada (*fig.* 80).
— plane (*fig.* 62).	Platane d'Occident (*fig.* 76).
Marronnier d'Inde (*fig.* 136).	Tilleul de Hollande (*fig.* 84).
Orme tortillard (*fig.* 74).	— argenté (*fig.* 137).
Peuplier argenté (*fig.* 78).	Vernis du Japon (*fig.* 86).

Si les plantations à créer sont exécutées sur une surface close,

Fig. 136. — Marronnier d'Inde.

on pourra joindre à la liste précédente les espèces résineuses suivantes :

Sapin épicea (*fig.* 96).	Pin d'Alep (*fig.* 94).
— commun (*fig.* 95).	— de Weymouth (*fig.* 91).
Pin sylvestre (*fig.* 80).	— pignon (*fig.* 93).
— de Corse (*fig.* 90).	Mélèze d'Europe (*fig.* 88).

Quant au sol et au climat qui conviennent particulièrement à ces espèces, nous l'avons indiqué à la page 70, excepté pour le *marronnier d'Inde* et le *tilleul argenté*. Ces deux espèces s'accommodent de tous les climats de la France. Elles prospèrent dans les sols de consistance moyenne et dans les terres siliceuses un peu humides.

Forme à donner à ces plantations. — Le nombre des lignes d'arbres est déterminé par la place qu'elles peuvent occuper

Fig. 137. — Tilleul argenté.

ou par la fantaisie de celui qui les fait exécuter. Les lignes doivent être parfaitement parallèles les unes aux autres. La distance à réserver entre elles et entre les arbres sur les lignes est déterminée par les indications fournies à la page 80. Toutefois, comme il ne s'agit pas ici d'obtenir du bois de service et que l'on a intérêt à ce que ces arbres donnent le plus tôt possible la plus grande somme d'ombrage, on pourra diminuer ces distances d'un tiers environ. Il conviendra aussi d'augmenter d'autant plus l'intervalle entre les lignes que les avenues seront plus longues, afin que la perspective ne les fasse pas paraître trop étroites.

Si la plantation se compose d'une seule ligne, la place des arbres est indiquée d'une manière invariable par la distance à laquelle ils doivent se trouver les uns des autres. Mais, s'il s'agit de plusieurs lignes réunies, on peut donner à la plantation la forme *carrée* ou celle en *quinconce* (page 81). Nous avons conseillé la disposition en quinconce pour les plantations forestières ; pour celles d'ornement, nous pensons qu'il faudra choisir la plantation carrée ; d'une part l'on n'a pas en vue la production du bois, et de l'autre cela permettra à la vue de traverser perpendiculairement ces sortes de plantations sans rencontrer d'obstacles.

Préparation du sol. — Les indications données à cet égard pour les plantations des routes s'appliquent également aux plantations urbaines. Néanmoins comme ces dernières doivent réussir à tout prix, quoique souvent placées dans des conditions peu favorables, il faudra, pour assurer leur succès, employer des moyens plus minutieux et souvent plus coûteux. Ainsi, si le sol est de médiocre qualité, comme cela arrive fréquemment pour les plantations urbaines, il conviendra d'ouvrir à la place de chaque ligne d'arbres une tranchée continue large de $2^m,50$ au moins, profonde de $1^m,30$, et de remplacer cette terre par un sol d'excellente qualité.

Transplantation des arbres âgés. — Nous avons reconnu, en traitant plus haut des plantations d'alignement, que, pour le succès de ces plantations, les arbres ne doivent pas dépasser certaines limites de développement. Toutefois nous avons admis que dans quelques circonstances exceptionnelles, et seulement pour les plantations destinées à l'ornement, on pourrait transplanter des arbres ayant acquis déjà un grand développement. C'est ici que nous devons examiner cette question.

Conditions générales de succès. — Les arbres âgés que l'on veut transplanter doivent être isolés et non réunis en massif serré, de telle sorte que toutes les parties de leur tige soient habituées au grand air et au soleil, et que leur tête soit également développée tout autour de la tige.

Ils doivent avoir été plantés là où on les prend et non semés à demeure ; car dans ce dernier cas les racines, très-longues, peu ramifiées, feront que l'arbre aura très-mauvais pied et reprendra difficilement.

Ces arbres doivent être situés sur un terrain horizontal. Ceux placés sur une surface inclinée présentent des racines beaucoup plus élevées du côté supérieur que du côté inférieur ; il devient donc difficile de placer convenablement ces racines lors de la transplantation dans un sol à surface horizontale ; cela n'est possible que si le lieu où l'on plante est également incliné. Le sol doit être de meilleure qualité que celui où l'on prend les arbres, afin que cette plus grande fertilité facilite la reprise des arbres.

Enfin, toutes les espèces ne se prêtent pas également à ces transplantations. Les espèces à bois mou, dites aussi à bois blanc, sont celles qui réussissent le mieux, telles que les *peupliers*, les *tilleuls*, l'*aune*, les *marronniers* ; les *ormes*, les *robiniers*, les *érables*, les *frênes*, réussissent moins bien. Pour les *hêtres*, les *chênes*, le *charme* et surtout les *arbres résineux*, on échoue très-souvent.

Deux modes différents peuvent être employés pour la transplantation des arbres âgés : la transplantation avec motte ; la transplantation avec racines nues.

Transplantation avec motte. — Ce système, qui consiste à enlever avec l'arbre la terre dans laquelle les racines sont engagées, paraît être le plus rationnel, puisque les racines ne sont ainsi nullement dérangées. Mais aussi c'est le mode le plus coûteux, à cause des dépenses auxquelles donnent lieu le déplacement et le transport de cette motte de terre, parfois excessivement pesante, puisqu'elle peut mesurer plus de 9 mètres cubes.

On procède ainsi à cette opération. Si l'on suppose, par l'état de développement de l'arbre, que les extrémités radiculaires ne sont éloignées de la tige que de 1^m, 50 au plus, on ouvre autour de l'arbre une tranchée circulaire, naissant au point où l'on suppose que les extrémités radiculaires sont arrivées, large, et profonde d'environ 1 mètre, afin que ce travail puisse se faire facilement. La motte ainsi formée, on l'entoure d'un clayonnage solidement établi. Pour donner plus de solidité à cette motte, on pourra attendre, pour la déplacer, le moment des gelées. Alors on répandra le soir sur cette motte une suffisante quantité d'eau, qui, venant à se congeler pendant la nuit, permet d'enlever la motte le lendemain matin sans craindre de voir la terre se détacher.

Pour déplacer cet arbre avec la motte, on ouvre une tranchée qui, naissant à la surface du sol, se prolonge en pente douce jusqu'au pied de la motte. Cette tranchée est assez large pour permettre à la voiture qui doit recevoir l'arbre d'y pénétrer à reculons. On fixe alors vers la base de la tige des bourrelets épais sur lesquels on attache des câbles solides mus par une ou plusieurs chèvres. L'arbre est ainsi soulevé. On fait reculer au-dessous la voiture, on l'y laisse redescendre et on l'y fixe solidement.

Le trou destiné à recevoir cet arbre a dû être ouvert à l'avance. Il doit avoir en diamètre 1^m,50 de plus que celui de la motte de l'arbre; sa profondeur est égale à la hauteur de celle-ci. En outre, il devra présenter deux plans inclinés, l'un en face de l'autre, et destinés l'un à l'entrée de la voiture, l'autre à sa sortie. La voiture étant arrivée au fond du trou, on soulève l'arbre de nouveau au moyen de câbles et de chèvres; la voiture sort du trou et l'on y dépose l'arbre. On accumule ensuite la terre, la meilleure possible, surtout au pourtour du trou, et l'on achèv de le remplir, ainsi que les plans inclinés. On pourra laisser autour de la motte le clayonnage, qui pourrira bientôt dans le sol. Ces opérations terminées, il sera encore utile d'appliquer à toute la surface du trou un copieux arrosement, puis de maintenir la tige pendant la première année dans une position fixe à l'aide de quatre cordages disposés en croix et solidement fixés sur les arbres voisins ou sur des pieux solides.

Si les radicelles de l'arbre à transplanter s'étendent sur un rayon de plus de 1^m,30, de 2 mètres par exemple, il ne sera pas possible de les conserver; car il deviendrait extrèmement difficile de déplacer une motte de terre, de 16 mètres cubes. Dans ce cas, on modifiera l'opération précédente de la manière suivante : deux ans avant la transplantation, on cernera les arbres au moyen d'une tranchée large de 0^m,60, profonde de 1^m,30 et naissant à 1 mètre du pied de l'arbre. Toutes les racines que l'on rencontrera en ouvrant cette tranchée seront coupées bien net au niveau de la paroi la plus rapprochée de l'arbre. On replacera ensuite la terre dans la tranchée, puis on complétera l'opération en raccourcissant sur la tige un certain nombre de branches pour rétablir l'équilibre entre la tête de l'arbre et les racines. Par suite de ce travail, de nouvelles radicelles se formeront plus près de la tige, et deux ans après on pourra enlever l'arbre en motte avec ces nouvelles radicelles en donnant à cette motte un diamètre d'environ 3 mètres au lieu de 4 mètres qu'on aurait été obligé de lui donner sans ce mode d'opérer. On procède d'ailleurs pour cette transplantation comme pour le premier cas.

Si les arbres sur lesquels on a à opérer sont plus développés encore que ceux dont nous venons de parler, que leurs radicelles soient situées à 3 mètres par exemple de la tige, on procédera comme nous venons de l'expliquer en dernier lieu ; mais on sera obligé d'ouvrir encore la tranchée circulaire à 1 mètre du pied de l'arbre, car il ne sera pas possible, comme nous l'avons expliqué plus haut, de réserver, lors de la transplantation, une motte ayant plus de 1^m,50 de rayon. Dans ce cas, il faudra donc retrancher les deux tiers de la longueur des racines. Ce sera là une nécessité fâcheuse et qui pourra influer défavorablement sur le succès de cette transplantation.

En 1855, un Anglais, M. Stewart Mac-Glashen, fit connaître et essayer à Paris, une machine de son invention, destinée à la transplantation des arbres déjà âgés. Cette machine se compose d'un cadre carré, en fer, placé à la surface du sol autour de l'arbre à déplanter. On enfonce verticalement avec une masse, contre les parois intérieurs de ce châssis, huit fortes bêches, deux contre chaque face du châssis. Lorsque ces bêches, dont le manche en fer dépasse le sol, sont complétement entrées dans la terre, la motte de l'arbre se trouve ainsi découpée latéralement. Alors on repousse au dehors, à l'aide d'un mécanisme spécial, le sommet des manches de chacune de ces bêches ; il en résulte que la partie inférieure de la lame, venant presser fortement la base de la motte de l'arbre, tente à la soulever de terre. On applique ensuite à ce châssis en fer un mécanisme supporté par des roues et qui, à l'aide de vis d'appel, élève au-dessus de la surface du sol ce châssis, qui entraine avec lui la motte de l'arbre découpée et fortement pressée sur ses quatre faces par la lame des bêches. Cette machine montée sur des roues transporte l'arbre dans le trou destiné à le recevoir.

Cette machine, assez ingénieuse, offre cependant les inconvénients suivants : 1° elle ne peut laisser à la motte des arbres qu'un diamètre de 1^m,50 au plus : dimensions très-insuffisantes pour les arbres d'un certain âge ; 2° comme on ne peut faire varier à volonté les dimensions du châssis, il faudrait avoir une machine spéciale proportionnée à l'étendue de la motte qu'on veut laisser à chaque arbre ; 3° si le sol où la déplantation a lieu renferme des cailloux un peu volumineux, il deviendra impossible d'y enfoncer la lame des bêches ; 4° enfin, si le sol est complétement siliceux et manque de consistance, les lames des bêches seront inefficaces pour retenir autour des racines la terre qui s'échappera par la base. Nous croyons donc qu'il y aura avantage à préférer à cette machine le clayonnage que nous avons indiqué plus haut.

Toutefois, lorsque l'on sera décidé à faire les dépenses nécessaires pour le succès d'une semblable opération, nous conseillons d'avoir recours au mode d'opérer employé depuis peu par la ville de Paris pour la plantation de quelques-unes de ses promenades publiques.

Nous empruntons au *Portefeuille économique des machines,* publié par M. Oppermann, la description de cette opération ainsi que du chariot imaginé par M. Barillet-Deschamps.

« Pour transplanter un arbre, on commence par tracer sur le sol une circonférence ayant 1^m,10 de rayon à partir du centre du tronc. On trace une circonférence parallèle à cette dernière, à 2 mètre du centre, et l'on enlève la terre entre ces deux lignes. sur 0^m,90 de largeur et 1^m,20 de profondeur. La motte que l'on découpe ainsi doit avoir la forme d'un cône renversé avec 2^m,20 de diamètre à la surface du sol et 2 mètres seulement à la partie inférieure. On coupe verticalement avec un instrument bien tranchant les racines qui dépassent.

Cette première opération terminée, on attache l'arbre avec quatre haubans, afin de le maintenir solidement dans une position verticale. On excave horizontalement le dessous de la motte, et on ne laisse au centre que le point d'appui nécessaire ponr maintenir l'équilibre. Cela fait, on entoure la motte d'une enveloppe en tôle composée de deux pièces cylindro-coniques, qui se réunissent au moyen de quatre boulons d'appel (*fig.* 138). Cette enveloppe porte en dessous un rebord horizontal de 0^m,40 de largeur qui sert à retenir le dessous de la motte. On passe au-dessous de celle-ci dans une feuillure en fer cornière pratiquée à cet effet, deux fortes barres de fer terminées à chaque bout par un crochet destiné à recevoir les extrémités des chaînes.

On place ensuite sur le trou deux forts madriers bordés de fer cornière sur les côtés, afin d'empêcher la déviation des roues du chariot (*fig.* 138). On enlève les barres d'écartement et le treuil à l'arrière du chariot (*fig.* 139) et l'on recule le chariot jusqu'à ce que l'arbre se trouve au centre. Cela fait, on replace la barre et le treuil sur le chariot, on attache les chaînes sur les crochets des barres passées sous la motte, et l'on n'a plus qu'à élever l'arbre qui, par le moyen d'un triple engrenage, n'exige que trois hommes à chaque manivelle pour enlever un poids de 8,000 à 10,000 kilog.; si, après son enlèvement, l'arbre penche d'un côté, on lui rend sa position verticale au moyen de vis à écrous qui terminent les chaînes.

Enfin on ferme le trou inférieure de l'enveloppe en tôle au moyen d'un couvercle spécial destiné à arrêter la chute des terres. On attache les haubans à des anneaux placés aux quatre coins du chariot, et ainsi chargé (*fig.* 138 et 139), l'arbre peut être transporté à de très-grandes distances.

Pour le replanter, on reprend les mêmes opérations dans un ordre inverse. Le trou ouvert pour recevoir cet arbre présente les mêmes dimensions que celui d'où il sort, et le vide laissé entre les parois du trou et celles de la motte mise en place est rempli avec de la terre d'excellente qualité que l'on mouille ensuite copieusement pour en opérer le tassement.

Le prix total du chariot construit en fonte et en bois est de 6,500 francs. Le prix de transport d'un arbre de la barrière du Trône à la Bourse (à Paris) a été de 100 à 110 francs, compris les frais de déplantation et de plantation. Il faut de 6 à 12 chevaux pour traîner le chariot, suivant la grosseur des arbres et l'on peut en planter deux par jour. »

Ce procédé est certes très-ingénieux et doit donner de bons

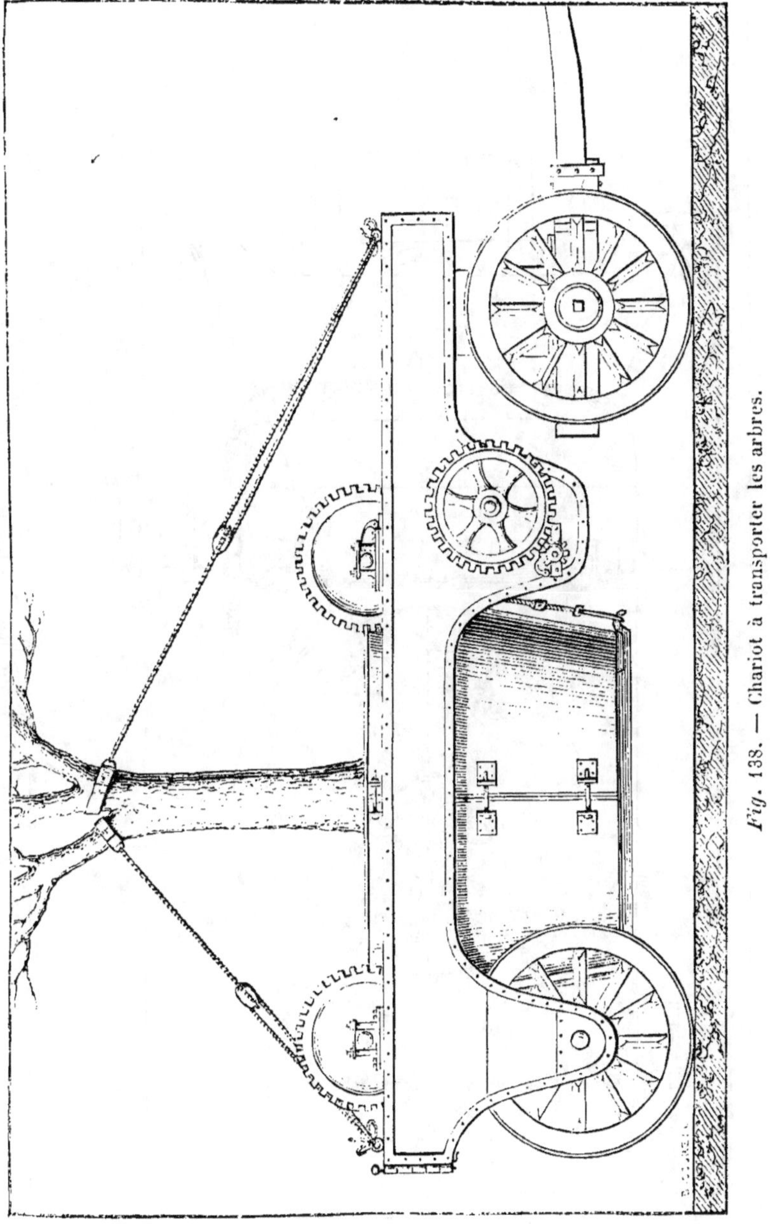

Fig. 138. — Chariot à transporter les arbres.

résultats *lorsqu'on l'applique aux arbres placés dans les condi-*

tions que nous avons signalées plus haut. Toutefois, nous devons

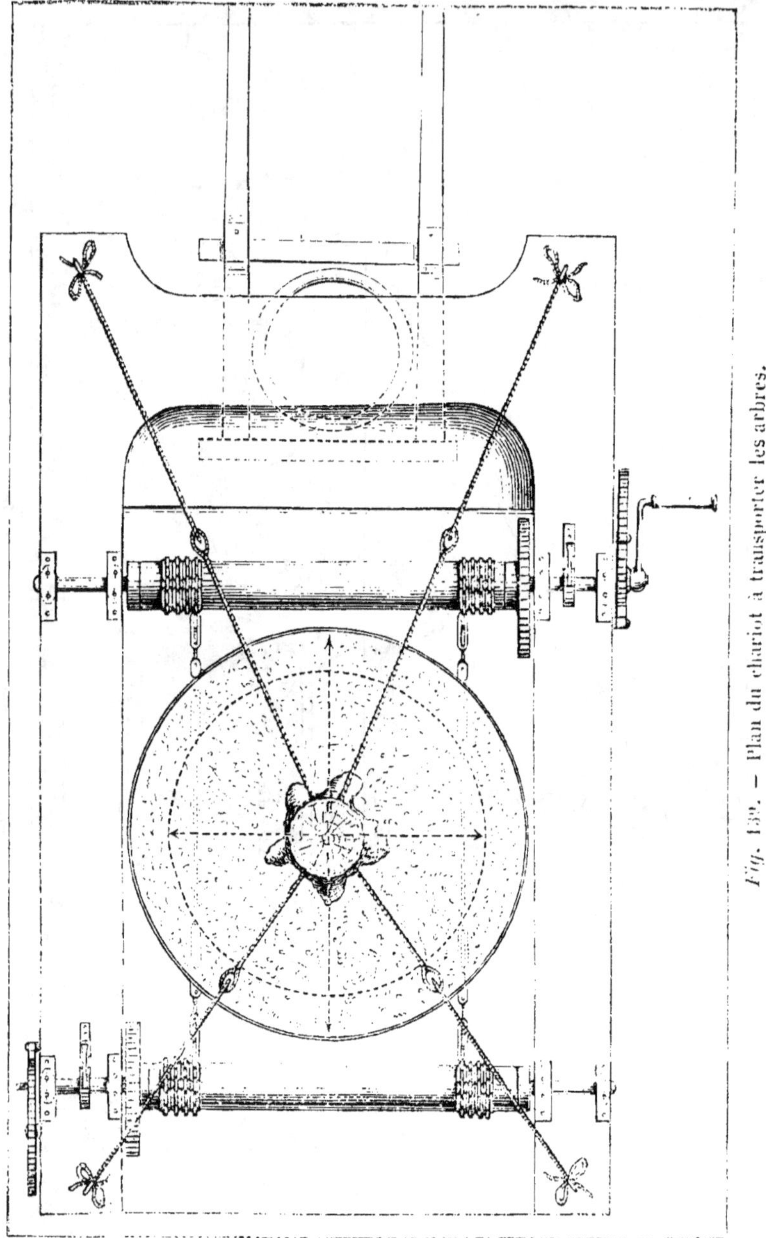

Fig. 132. — Plan du chariot à transporter les arbres.

faire remarquer que la largeur du chariot est telle qu'on ne peut donner plus de 2 mètres de diamètre à la motte de l'arbre. Ce sera très-bien tant que les extrémités radiculaires n'auront pas sensiblement dépassé cette limite; mais, s'il en est autrement, on sera obligé de supprimer ces parties importantes de la racine, et si cette suppression est considérable et que les arbres soient déjà très-âgés, ils supporteront difficilement cette mutilation. — Il faudrait donc pouvoir augmenter le diamètre de la motte en raison de l'âge des arbres, ou bien préparer la déplantation de ces arbres deux ans à l'avance comme nous l'avons expliqué plus haut, page 136.

Transplantation avec racines nues. — Cet autre système consiste à ouvrir autour du pied de l'arbre une tranchée circulaire large de 1 mètre et naissant au point où l'on suppose que les extrémités radiculaires sont arrivées. Ce premier travail terminé, on enlève peu à peu la terre qui couvre les racines en ayant bien soin de conserver celles-ci tout à fait intactes. On a dû à l'avance fixer la tige de l'arbre à l'aide de cordes attachées aux arbres voisins, afin qu'elle reste dans une position verticale, après que les racines auront été complétement mises à nu et détachées du sol. Lorsque la terre a été ainsi complétement enlevée, on fait descendre, au pied de l'arbre, au moyen d'une tranchée ou d'un plan incliné ouvert sur l'un des côtés du trou, une machine de transport composée seulement de deux très-grandes roues, d'un essieu et d'un long timon unique fixé au milieu de l'essieu. Ce timon est dressé dans une position verticale contre la tige de l'arbre. On y attache solidement celle-ci du sommet à la base, en la garantissant des contusions à l'aide de coussins. Puis on abaisse lentement ce timon, qui entraîne avec lui la tige, tandis que des ouvriers détachent les racines restées encore engagées dans la terre au-dessous de l'arbre. Les racines se trouvent ainsi soulevées, puis placées sur le côté, à une certaine hauteur au-dessus du sol. On les réunit par faisceaux, ainsi que les branches, pour les empêcher de traîner, puis on attelle un ou plusieurs chevaux du côté des racines, et l'arbre est ainsi porté au lieu de sa plantation. Il est bien entendu que le véhicule qui le transporte ne peut sortir du trou d'extraction qu'à l'aide d'un plan incliné semblable à celui par où il a été descendu et opposé à ce dernier.

La figure 140 montre un de ces arbres placé sur ce chariot et prêt à être transporté.

Le trou destiné à recevoir cet arbre devra offrir un rayon de 0^m,50 de plus que la longueur des racines; puis on aura dû ouvrir deux tranchées en plan incliné pour permettre à la machine d'arriver au centre du trou et d'en sortir par le côté opposé. Enfin, ce trou devra avoir une profondeur telle que les racines de l'arbre s'y trouvent placées aussi profondément qu'elles l'étaient avant. La machine de transport étant arrivée au centre du trou, on place de nouveau le timon dans une position verticale; on attache solidement la tige à l'aide de quatre cordes en croix fixées aux arbres voisins ou sur des pieux assez forts. On détache alors la tige du timon et l'on fait sortir la machine du trou. On étend convenablement les racines et on les recouvre de terre parfaitement amendée, en ayant soin de les diviser par étage dans l'épaisseur du sol. Lorsque le trou est

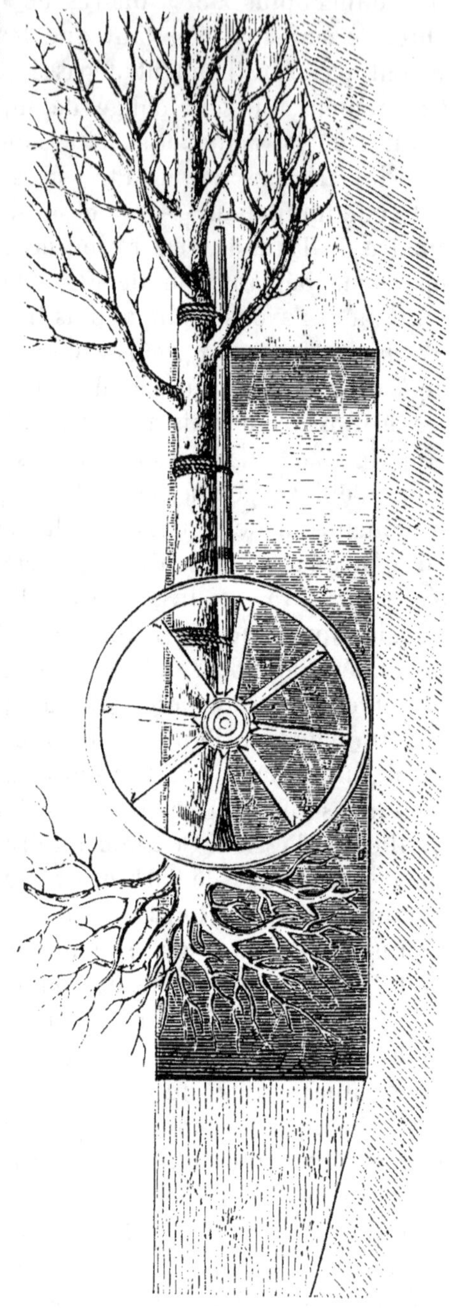

Fig. 140. — Transplantation des arbres avec racines nues.

complétement comblé, on pratique un arrosement très-co-
pieux, afin que la terre se tasse et qu'elle adhère aux racines.
On aura dû, avant de dresser la tige dans une position verticale, raccourcir un certain nombre de branches pour rétablir
l'équilibre entre l'étendue de celles-ci et les racines, dont quelques-unes, quoi qu'on fasse, sont toujours brisées.

Le choix à faire entre la transplantation avec motte et celle
avec racines nues sera déterminé par l'état de développement
des arbres.

Le premier mode est en effet le plus convenable tant que les
extrémités radiculaires ne s'éloignent pas de la tige de plus de
2 mètres. Mais, si les radicelles ont dépassé cette limite, la déplantation avec motte nécessite la suppression d'une si grande proportion de racines, qu'il vaudra mieux avoir recours à la transplantation avec racines nues. Là, il est vrai, les racines seront
déplacées, mais au moins on pourra les avoir presque entières.

Tels sont les soins que réclame la transplantation des arbres
déjà âgés. Cette opération doit donner lieu, comme on a pu en
juger, à une dépense très-élevée. Toutefois il ne faudra pas songer à faire des économies à cet égard, car on s'exposera presque
toujours à ce qu'il en résulte des frais inutiles, par suite d'un
insuccès complet.

Mais, en terminant, nous répétons de nouveau que ces sortes
de transplantations ne devront être employées que tout exceptionnellement et pour quelques arbres seulement, parce que les
avantages qu'on en obtient compensent rarement les dépenses
énormes qu'elles nécessitent, et que les arbres ainsi déplacés
ne deviennent jamais aussi beaux que ceux qui ont été plantés
jeunes.

Remplacements. — Cette opération doit être exécutée avec
les soins prescrits pour les plantations des routes, page 126.

Élagage des plantations d'alignement d'ornement. —
Pour ces sortes de plantations, l'élagage n'est pas destiné à faire
acquérir au tronc les qualités nécessaires pour faire du bois de
service. Il a seulement pour but de donner à l'ensemble de ces
arbres une forme agréable et surtout de leur faire couvrir de
leur ombrage la plus grande surface possible. Il a encore pour
résultat d'empêcher ces arbres de nuire aux habitations voi-

sines, comme cela pourrait avoir lieu dans l'intérieur des villes. On imposera donc à ces arbres les formes suivantes, dont le choix sera déterminé par les circonstances locales.

Si la plantation se compose d'une seule ligne isolée et que l'on ne soit pas gêné par l'espace, on donnera à chacun de ces

Fig. 141. — Arbre élagué en rideau, vu parallèlement à la ligne de plantation.

Fig. 142. — Arbre élagué en rideau, vu perpendiculairement à la ligne de plantation.

arbres une forme telle qu'ils offriront, sur leurs deux faces parallèles à la ligne de plantation, un rideau de verdure naissant à 2^m,50 au-dessus du sol et terminé au sommet par une tête qui s'évase en forme de champignon. La *fig.* 141 montre l'un de ces arbres vu parallèlement à la ligne de plantation, et la *fig.* 142 montre le même arbre vu perpendiculairement à cette même ligne de plantation.

Fig. 143. — Coupe transversale d'une avenue d'arbres élaguée en rideau.

Si la plantation se compose de deux lignes parallèles et rapprochées, on donnera à chacun des arbres la même forme que ci-dessus. Il en résultera alors que la tête de chacun d'eux venant à se joindre au sommet, au milieu de l'espace qui sépare les deux lignes, cette double rangée d'arbres formera au-dessous d'elle une sorte d'ogive de verdure, continue dans toute la longueur de l'avenue, et la surface du sol se trouvera ainsi complétement ombragée. La *fig.* 143 montre la coupe transversale de l'une de ces avenues.

Au lieu d'adopter ces dispositions, on donne souvent à la tête de ces arbres, particulièrement dans le Midi, la forme d'une sorte de vase ou gobelet, comme le montre la *fig.* 144 ; cette disposition est vicieuse, car le but principal que l'on se propose d'atteindre, un ombrage aussi complet que possible, n'est qu'imparfaitement obtenu. La *fig.* 145, qui représente l'une de ces avenues vue en plan, montre, en effet, que les têtes de ces arbres, devenant tangentes l'une à l'autre, laissent entre elles un vide par lequel les rayons solaires pénètrent

Fig. 144. — Arbre élagué en vase ou gobelet.

jusqu'au sol. La *fig.* 146, qui indique le plan d'une avenue formée comme nous le recommandons, fait voir au contraire que la tête de tous les arbres forme une surface continue impénétrable au soleil.

Il est souvent utile de créer, dans l'intérieur des villes, des boulevards ou avenues. Mais il importe que les arbres soient disposés de façon à ne pas nuire par leur ombrage aux habitations voisines. Autrement ces arbres seront constamment exposés à

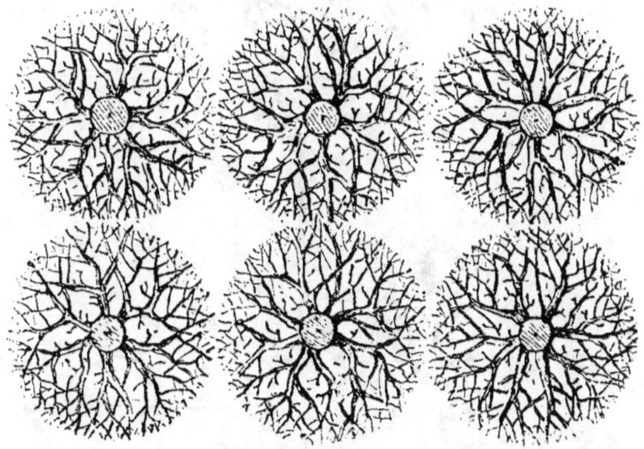

Fig. 145. — Plan d'une avenue d'arbres élagués en vase ou gobelet.

des mutilations clandestines qui compromettront leur existence. Il conviendra donc d'adopter les dispositions suivantes pour ces

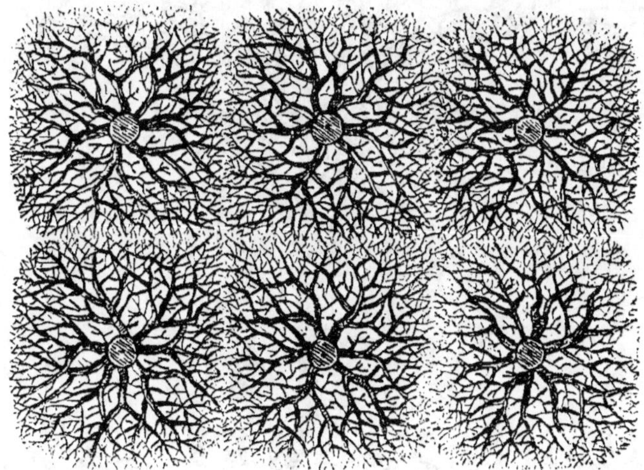

Fig. 146. — Plan d'une avenue d'arbres élagués en rideau.

arbres. S'il n'y a de place que pour une seule ligne d'arbres, on tâchera de l'éloigner le plus possible des habitations, au moins à 6 mètres, puis on leur donnera la forme indiquée par les *fig.*

147 et 148. Ces arbres sont arrêtés à environ 6 mètres d'élévation.

Fig. 147.— Arbre élagué en rideau, vu perpendiculairement à la ligne de plantation.

Lorsqu'on pourra placer deux lignes d'arbres, on les élaguera comme le montre la *fig.* 149, en laissant un espace d'au moins

Fig. 148. — Arbre élagué en rideau, vu parallèlement à la ligne de plantation.

4 mètres entre le pied de ces arbres et les habitations voisines. Quant aux moyens à l'aide desquels on peut imposer ces di-

verses formes aux arbres, c'est à l'aide d'un élagage pratiqué chaque année au printemps avec le croissant sur les côtés de la tête dont on veut restreindre le développement. Les parties laissées intactes profitent d'autant et s'allongent rapidement dans l'espace qu'on veut leur faire occuper. On doit aussi empêcher le développement trop vigoureux de certaines branches latérales qui pourraient déformer la tige. Il suffit pour cela de les raccourcir en temps utile.

Soins d'entretien. — Les soins d'entretien que nous avons conseillés pour les plantations d'alignement forestières s'appli-

Fig. 149. — Coupe transversale d'une avenue d'arbres élagués en rideau.

quent également à celles d'ornement. Nous devons cependant ajouter que ces dernières, devant réussir quand même, quoique placées souvent dans des conditions peu favorables, comme cela a lieu fréquemment dans les villes, il faudra, pour assurer leur succès et hâter le plus possible le moment où l'on en jouira, leur donner des soins plus minutieux que pour les plantations des routes. Si le sol est exposé à la sécheresse, il faudra le tenir suffisamment humide, pendant l'été, à l'aide d'un système d'irrigation souterrain, comme on l'a fait pour les plantations urbaines de Marseille, et comme on commence à la pratiquer pour celles de Paris; on tâchera d'employer pour cela des eaux chargées de principes fertilisants.

Si les jeunes arbres sont exposés à la poussière qui couvre
leurs feuilles et nuit à leurs fonctions, comme on le remarque
sur les boulevards intérieurs et les places des villes, il conviendra, pendant les huit ou dix premières années, de laver ces
feuilles deux fois par semaine, à l'aide de conduits flexibles vissés
sur les prises d'eau voisines.

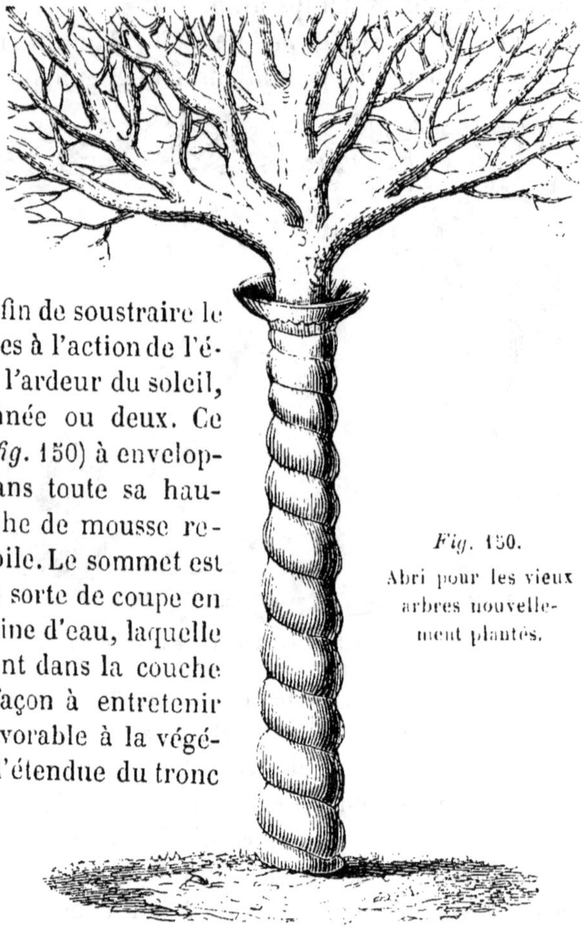

S'il s'agit d'aider à la reprise d'arbres âgés, il sera bon d'avoir recours au moyen ingénieux employé en pareil cas pour les plantations de la ville de Paris afin de soustraire le tronc de ces arbres à l'action de l'évaporation et de l'ardeur du soleil, pendant une année ou deux. Ce moyen consiste (*fig.* 150) à envelopper le tronc, dans toute sa hauteur, d'une couche de mousse recouverte d'une toile. Le sommet est terminé par une sorte de coupe en zinc toujours pleine d'eau, laquelle s'écoule lentement dans la couche de mousse, de façon à entretenir une humidité favorable à la végétation sur toute l'étendue du tronc (*fig.* 150). Mais il serait utile, pour compléter ce procédé, de couvrir toutes les ramifications d'une bouillie épaisse composée de chaux éteinte et d'un peu de terre argileuse, de façon à soustraire aussi ces branches à l'action desséchante du soleil et de l'air.

Fig. 150.

Abri pour les vieux arbres nouvellement plantés.

Enfin, nous avons indiqué le mode d'armure qu'on peut adopter pour éloigner des arbres plantés sur les routes, les accidents auxquels ils sont exposés. On pourra remplacer ces procédés, pour les plantations urbaines, par l'armure indiquée par la *fig.* 151. Cette armure se compose, comme on le voit, de dix lattes en bois rond, peintes en vert et maintenues au moyen de cerceaux et de fil de fer.

Renouvellement des plantations d'alignement d'ornement. — On ne doit pas songer à l'exploitation de ces arbres comme on le fait pour les plantations d'alignement forestières, afin d'avoir du bois de bonne qualité. Ici, en effet, il ne faudra renouveler ces arbres qu'alors qu'ils seront complétement décrépits et qu'ils ne fourniront plus qu'une très-faible partie de l'ombrage qu'ils donnaient avant. Il serait déraisonnable de devancer ce moment, car il se passera bien du temps avant que la nouvelle plantation rende, par son ombrage, les services qu'on obtenait encore de l'ancienne. Il conviendra aussi de renoncer, pour ces renouvellements, à la méthode encore trop souvent employée et qui consiste à remplacer çà et là les arbres morts dans les plantations arrivées à la décrépitude. Ces nouveaux arbres ne réussissent presque jamais, parce que l'espace qui les environne est envahi par les arbres voisins, et s'ils ne meurent pas, la plantation, composée d'arbres de tous les âges, est toujours irrégulière. Il sera toujours préférable de renouveler entièrement toute la plantation, ou au moins une certaine étendue de sa longueur en commençant par sa partie la plus décrépite.

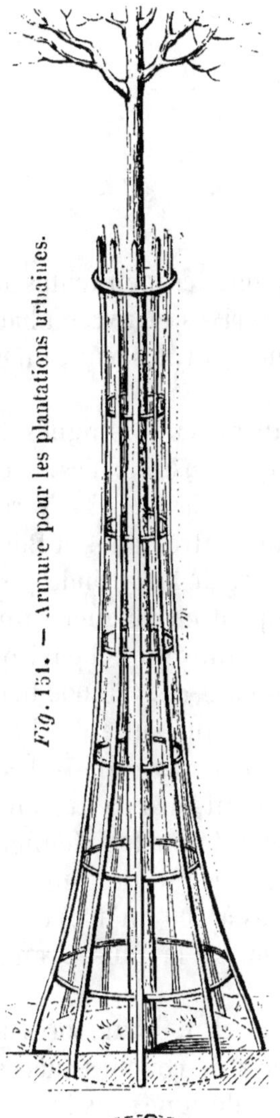

Fig. 151. — Armure pour les plantations urbaines.

CHAPITRE V

BOISEMENT DES DUNES.

Description des dunes. — Les dunes sont des monticules ou collines de sables déposés par la mer sur ses rives et livrés à l'action des vents, qui les agitent, les tourmentent, les poussent et les repoussent sans cesse.

Toutes les côtes sablonneuses de l'Océan offrent des lignes de dunes plus ou moins étendues, plus ou moins élevées. Les plus remarquables en France sont celles de la mer du Nord, entre Dunkerque et Nieuport, de la Manche, entre Calais et Boulogne ; de l'Atlantique depuis l'embouchure de la Gironde jusqu'à celle de l'Adour. Ces dernières occupent en longueur une étendue de 240 kilomètres, sur une largeur moyenne d'environ 5 kilomètres, ce qui donne une surface totale de 120,000 hectares. L'ensemble de ces dunes se compose d'une suite de chaînes parallèles au littoral et séparées par d'étroits vallons désignés sous le nom de *lettes*. Souvent, cependant, des contre-forts détachés des dunes au vent par l'effet des tempêtes viennent recouvrir ces lettes et se rattacher aux dunes sous le vent. La hauteur de ces dunes varie de 10 mètres à 100 mètres et les points les plus élevés correspondent toujours à la plus grande largeur de la zone des dunes.

On trouve fréquemment dans les *lettes* et toujours près du versant oriental des amas d'eau recouverts de couches successives de sable extrêmement fin et que l'on désigne sous le nom de *blouses ;* leur étendue varie de 50 à 100 mètres carrés. On les reconnaît à leur surface lisse, dépourvue de végétation et présentant des signes d'humidité. Ces *blouses* inspirent une certaine crainte à ceux qui parcourent ces localités... Mais elles n'offrent réellement aucun danger sérieux ainsi que nous avons pu nous en assurer lors de l'excursion que nous avons faite dans cette région en 1857. — L'une de ces *blouses* s'est crevée sous les pas du cheval que nous montions et nous en avons été quitte pour un bain assez désagréable.

Effets désastreux des dunes. — La mobilité des dunes est un de leurs caractères essentiels ; et cette mobilité menace sans cesse d'envahir et de détruire les cantons cultivés et les villages que les dunes dominent. — C'est ainsi que, dans la Gironde, les bourgs de Bias et de Lacanau ont été envahis, le premier par les dunes, le second par les eaux d'un étang refoulées par ces mêmes dunes, et qu'on a été obligé de les reporter à plusieurs kilomètres en arrière. D'après l'ingénieur Brémontier, la marche annuelle des dunes de l'ouest à l'est serait de 20 mètres. — D'après M. Laval, ingénieur des ponts et chaussées, cette marche ne serait que de 5 mètres seulement.

L'envahissement des terres cultivées et des habitations n'est pas le seul désastre qui résulte de la présence et de la marche des dunes. Ces monticules de sable arrêtent complétement l'écoulement des eaux qui se rendent du revers occidental du plateau des grandes landes vers la mer. Ces eaux s'amassent alors au pied de la chaîne orientale des dunes et forment là d'immenses étangs qui débordent bientôt faute d'écoulement et transforment en vastes marais les propriétés voisines.

Enfin ces marécages infects développent dans toute la contrée des fièvres endémiques qui déciment une population chétive et clair-semée.

Fixation des dunes. — Les habitants exposés à ces divers fléaux durent chercher dès le principe qui se perd dans la nuit des temps à arrêter le progrès de ces dunes, ainsi que semblent le démontrer les forêts de la Teste et de Biscaros qui sont établies de temps immémorial sur d'anciennes dunes. — Mais ces procédés de fixation paraissent avoir été oubliés ou négligés, sans doute vers le cinquième siècle de notre ère, à la suite de l'invasion des barbares. — Ce n'est qu'en 1780, et après les plaintes réitérées des communes menacées, que le célèbre Brémontier publia sur cette question un mémoire qui attira vivement l'attention publique ; et ce fut seulement en 1787 qu'on mit ce savant ingénieur à même d'appliquer ses procédés pour la fixation de dunes placées dans le voisinage de la Teste. — Depuis cette époque, les moyens de boisement proposés par Brémontier n'ont cessé d'être appliqués avec le plus grand succès sur une grande partie de nos dunes françaises, et notamment sur celles de Gascogne. Ce procédé consiste en résumé à transformer toutes ces surfaces, au moyen de l'ensemencement, en forêts de *pin maritime* (*fig.* 92) ou *pignadas*. Mais la mobilité des sables, sans cesse soulevés par les vents, rendait impossible le succès de ces semis si l'on ne trouvait pas le moyen de fixer en même temps la surface des dunes jusqu'au moment où les jeunes pins auraient acquis un développement suffisant pour fournir au sol un abri naturel. C'est surtout dans l'emploi de ces moyens que consiste le mode de boisement imaginé par Brémontier, et que nous allons décrire avec les améliorations qu'une longue expérience a permis d'y apporter et que nous avons étudiées sur place en 1857.

Orientation de la base d'opération. — Les sables rejetés par la mer et déposés sur le littoral sont sans cesse soulevés par les

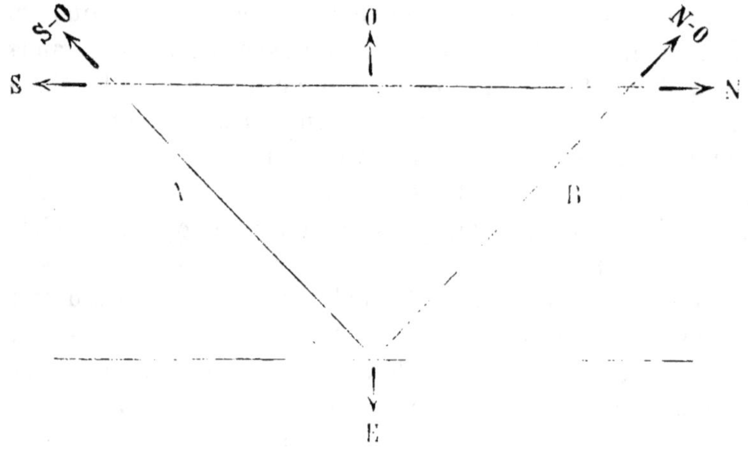

Fig. 152. Orientation de la base d'opération.

vents dominants et entraînés dans la direction même de ces vents. D'où il résulte que, pour empêcher les jeunes semis destinés à fixer ces sables d'être entièrement couverts, il convient de commencer les opérations de fixation sur la limite des dunes les plus rapprochées des vents dominants. En procédant ainsi, cette première zone étant fixée, elle servira d'abri pour la nouvelle zone que l'on ensemencera, et ainsi de suite jusqu'à la limite opposée des dunes. Prenons comme exemple les dunes du golfe de Gascogne. La direction générale du littoral est du nord au sud (*fig.* 152). Les vents dominants soufflent du sud-ouest, de l'ouest et du nord-ouest. Les opérations de fixation doivent donc s'appuyer sur une première ligne de défense S. N. parallèle au littoral; on procède ensuite par zones successives de l'ouest à l'est. Quant à la direction à donner aux flancs des surfaces ensemencées, il est utile de les arrêter suivant les lignes A et B parallèles aux vents du sud-ouest et du nord-ouest; une palissade en clayonnage établie sur ces deux lignes suffit alors parfaitement pour défendre les semis contre l'envahissement latéral des sables. Pour les dunes de Gascogne, la fixation des sables devra donc commencer par un premier ensemencement compris dans un triangle isocèle (*fig.* 152), dont la base s'appuiera à l'ouest sur le littoral et dont le sommet s'arrêtera à la limite orientale des dunes. Cette première surface étant fixée, on entreprend une nouvelle zone de chaque côté parallèle aux lignes A et B en prolongeant de chaque côté la ligne de défense S. N. et en établissant sur le flanc de chaque nouvelle zone ensemencée une ligne de clayonnage parallèle aux premières lignes A et B.

Toutefois, si ce mode d'opérer oppose assez rapidement un

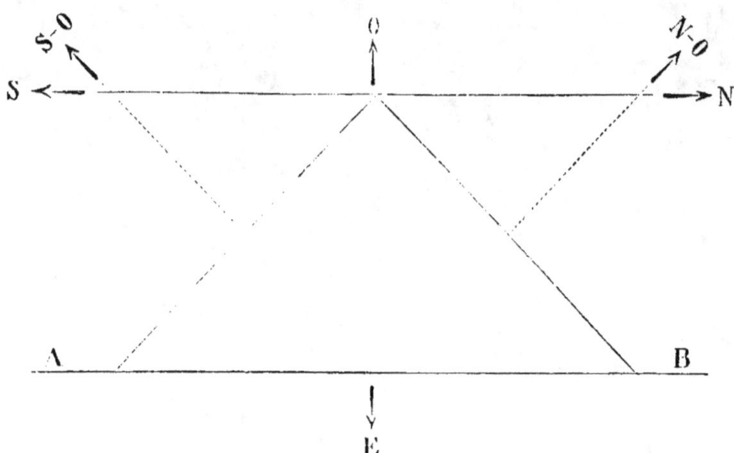

Fig. 153. — Autre orientation de la base d'opération.

obstacle au passage des sables du littoral vers les dunes les plus éloignées de la mer, cela retarde le moment où la marche de ces dunes vers les terres cultivées et les habitations sera arrêtée,

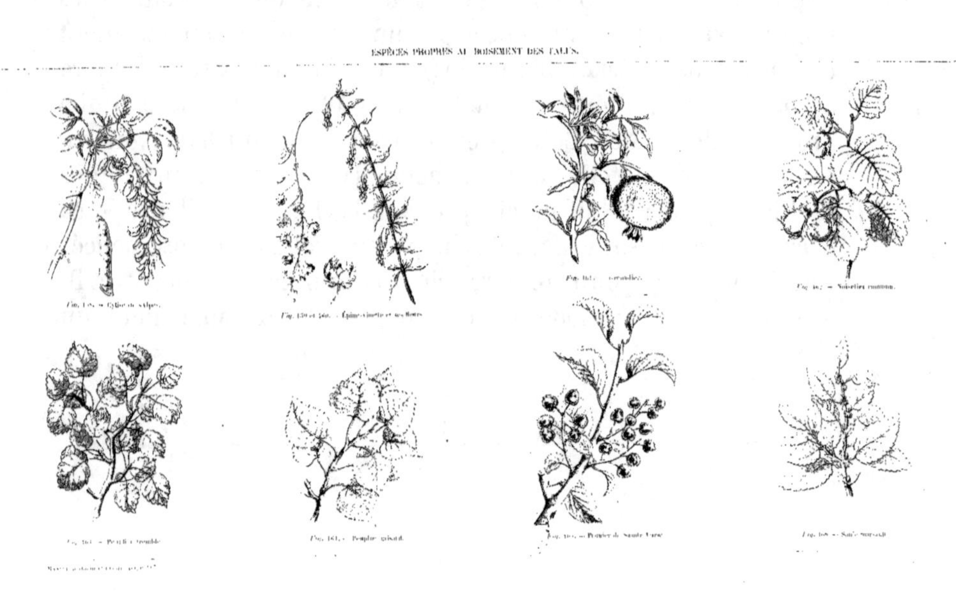

Fig. 158. — Cytise des Alpes.

Fig. 159 et 160. — Épine-vinette et ses fleurs.

Fig. 161. — Grenadier.

Fig. 162. — Noisetier commun.

Fig. 163. — Peuplier tremble.

Fig. 164. — Peuplier grisard.

Fig. 165. — Pommier de Sainte-Lucie.

Fig. 166. — Saule marsault.

puisque d'après ce système elles sont fixées en dernier lieu. Aussi, dans quelques circonstances, on a été obligé de courir au plus pressé et de suivre un ordre inverse, afin de garantir immédiatement, du côté de l'est la plus grande étendue possible des terres en culture. Ainsi la base d'opération s'appuie sur la la ligne A B (*fig.* 153), située sur la limite orientale des dunes, et la surface ensemencée comprend ainsi un triangle isocèle dont le sommet s'arrête sur le littoral. Malheureusement ce second système est beaucoup plus coûteux et moins efficace que le premier. Dans ce cas, en effet, le flanc des semis est frappé perpendiculairement par les vents les plus intenses, ceux du sud-ouest et du nord-ouest ; on est alors obligé, pour les garantir, d'établir sur ces deux côtés une ligne de palissades en planches qui demandent de très-fréquentes réparations, et qui, néanmoins, ne garantissent pas toujours suffisamment les semis au moment des tempêtes. Il conviendra donc de n'avoir recours à ce mode d'opérer que dans les cas d'urgence.

Procédé de fixation. — Les procédés de fixation varient suivant la position des surfaces sur lesquelles on doit opérer. On doit les partager en trois classes : 1° la première zone comprise entre la laisse des hautes marées et le pied des dunes, et qui, presque plane comprend une largeur d'environ 300 mètres ; 2° les dunes proprement dites ; 3° les *lettes* ou surfaces horizontales existant au fond des vallons formés par les dunes ; ces lettes, dont la surface est solide, sont couvertes d'une végétation herbacée plus ou moins abondante.

1° *Première zone, au bord de la mer.* — C'est sur cette première zone que les sables sont sans cesse poussés par la mer ; ils y glissent sans s'y arrêter et sont poussés par les vents sur les dunes situées en arrière. C'est donc cette première zone qu'il convient de fixer d'abord, comme nous l'avons dit plus haut, afin d'empêcher les sables d'abandonner la plage et de prévenir ainsi les dégâts qu'ils pourraient faire au delà, dans les semis trop jeunes pour résister à leur envahissement.

Cette première zone est donc fixée au moyen d'un semis ; mais celui-ci ne réussira jamais si l'on n'empêche l'arrivée continuelle des sables rejetés par la mer. On procède donc ainsi : à 15 ou 20 mètres en arrière de la laisse des plus hautes marées, on établit une palissade continue parallèle à la ligne S, N (*fig.* 152). Cette palissade se compose de planches de pins de 1^m,60 de longueur, de 0^m,03 d'épaisseur et de 0^m,15 à 0^m,25 de largeur. On laisse entre chaque planche un vide de 0^m,02. Pour fixer ces planches on ouvre une tranchée de 0^m,40 de profondeur dans le fond de laquelle on enfonce encore de 0^m,20 les planches préalablement affutées ; ainsi enterrées de 0^m,60, on les chausse avec le sable provenant de la tranchée et l'on régularise leur surface.

Le sable chassé par le vent s'arrête bientôt contre cet obstacle ; il forme une petite dune artificielle qui défend les travaux de fixation employés pour cette première zone. On a tenté de fixer les sables de cette zone à l'aide d'un semis de pin maritime. La germination se fait bien, mais bientôt les jeunes plants sont brûlés par le vent salin. Ils ne commencent à résister à cette influence qu'à 300 mètres environ du bord de la mer. On n'a donc trouvé d'autre moyen

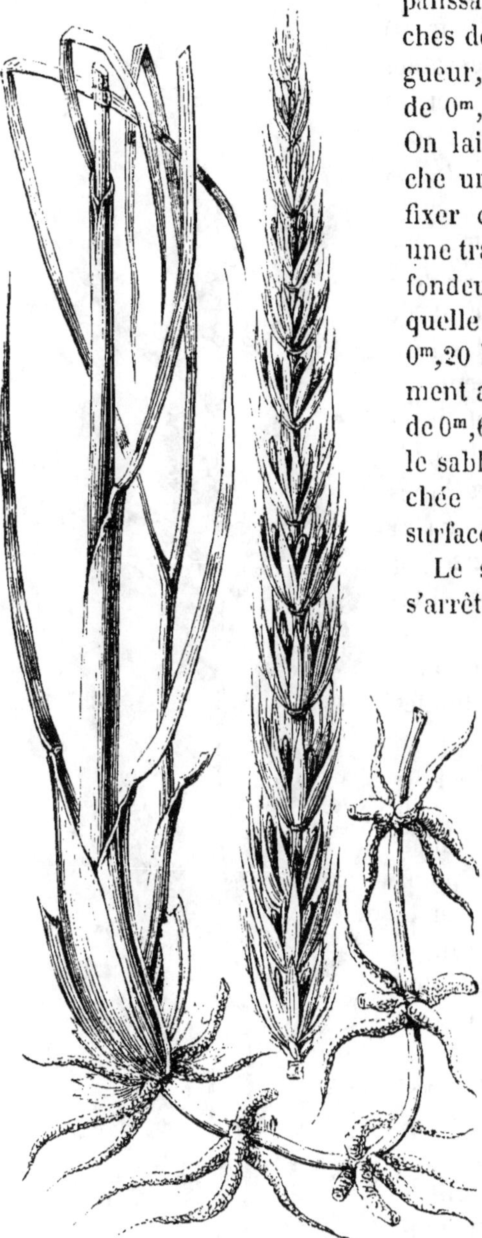

Fig. 154. — Elymus arenarius *ou* Gourbet.

pour fixer cette surface qu'en y plantant et en y semant une espèce de graminée à racine très-traçante qui croît d'ailleurs à l'état spontané sur tous ces sables dès qu'ils acquièrent un peu de fixité. Cette plante, connue sous le nom de *Gourbet*, est l'*Elymus arenarius* (fig. 154).

On procède ainsi au semis et à la plantation du gourbet : — Pendant les mois de février et de mars on sème à la volée les graines de cette plante recueillie dans le voisinage, et cet ensemencement est fait dans la proportion de 6 kilog. de graines par hectare. Elle se recouvrira naturellement par le piétinement des ouvriers occupés à la plantation des touffes.

Immédiatement après, on procède à la plantation.—Les touffes de gourbet sont prises dans les *lettes* voisines ; on choisit les plus belles touffes composées d'au moins cinq à six brins. On n'en extrait chaque jour que la quantité que l'on pourra employer le jour même ou le lendemain. — Ces touffes sont réunies en bottes que l'on pose debout et que l'on chausse de sable sur 0^m,25 à 0^m,30 de hauteur, afin d'entretenir la fraîcheur des racines. On procède de même en les déposant sur le lieu où la plantation doit être faite, jusqu'au moment de leur emploi.

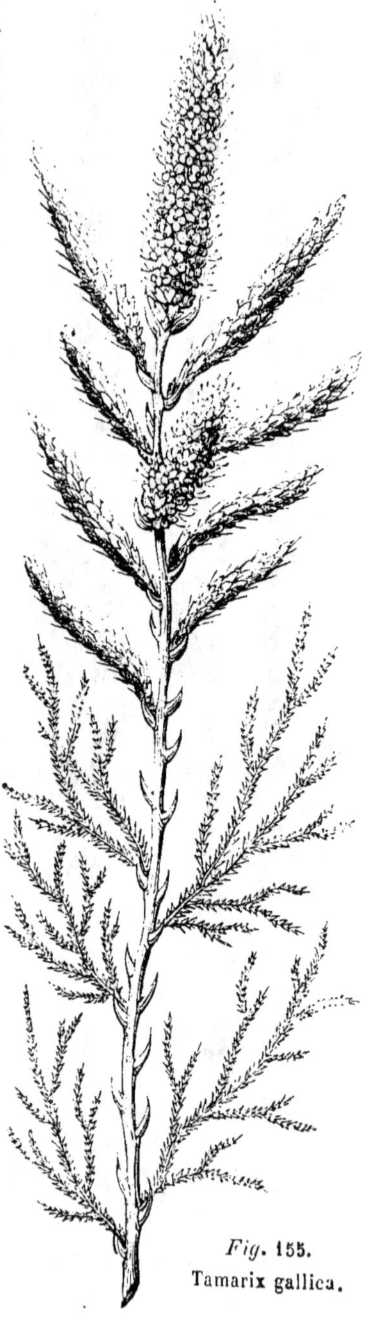

Fig. 155.
Tamarix gallica.

Pour planter ces touffes, on les introduit dans des trous de 0^m,25 à 0^m,30 de profondeur, distants de 0^m,50, disposés en quinconce ; ces touffes sont ensuite garnies de sable fortement comprimé. — On emploiera ainsi par hectare 300 bottes de gourbet de 10 kilog. chacune.

Le procédé de fixation que nous venons de décrire et qui a été imaginé par M. Goury, inspecteur divisionnaire des ponts et chaussées, est le seul qui, jusqu'à présent, ait donné des résultats satisfaisants pour la première zone dont nous nous occupons. Toutefois ce mode d'opérer ne donne pas aux sables l'immobilité complète qu'on pourrait obtenir par le semis d'une plante ligneuse. Or nous pensons que tous les essais à cet égard n'ont pas été tentés. Deux espèces ligneuses pourraient être employées dans cette circonstance avec de grandes chances de succès. Ce sont le tamarix (*tamarix gallica*) (*fig.* 155) et l'*argou-*

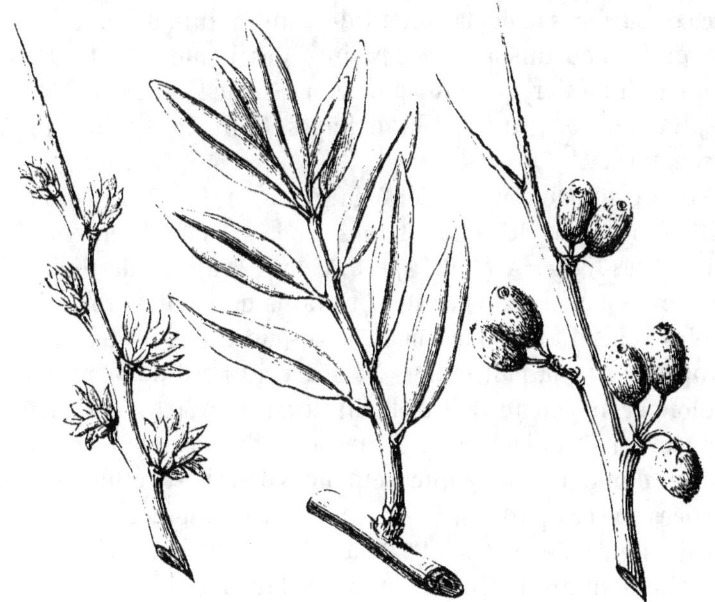

Fig. 156. — Argousier (*hippophae rhamnoïdes*).

sier (*hippophae rhamnoïdes*) (*fig.* 156) qui tous deux croissent à l'état sauvage dans les sables maritimes et jusque dans l'eau de mer.

Le *tamarix*, qui se multiplie très-facilement de bouture, pour-

rait être planté entre les touffes de gourbet, à 1ᵐ d'intervalle,
sous forme de fragments de jeunes rameaux longs de 0ᵐ,50 et
enfoncés dans le sable à la profondeur de 0ᵐ,35.

L'*argousier* développe de longues racines traçantes sur lesquelles apparaissent des rejets nombreux. Il produit aussi une
grande quantité de graines qu'on pourrait semer en pépinière
pour planter les jeunes plants, à l'âge de deux ans, entre les
touffes de gourbet. On pourrait également répandre les graines
sur place avant la plantation du gourbet. — Nous avons rencontré cet arbrisseau à l'état sauvage sur les petites dunes
placées dans le voisinage de l'embouchure de la Dive sur les
côtes du Calvados. Là il couvrait entièrement ces sables et portait alors, en août, une très-grande quantité de fruits.

2° *Dunes proprement dites.* — Le meilleur mode de fixation
pour les dunes proprement dites est, à coup sûr, le semis de
graines de pin maritime. Mais il fallait en même temps arrêter
sur ces surfaces le déplacement des sables qui auraient enseveli
les graines ou mis à nu les racines des jeunes plants. L'ingénieur Brémontier, qui a imaginé ce mode de fixation, a obtenu ce
résultat en couvrant de branchages toute la surface du sol
ensemencé.

Voici comment on procède à ce mode de fixation : — on établit d'abord sur les deux flancs de la surface à ensemencer,
suivant les lignes A et B (*fig.* 152) deux cordons destinés à défendre les jeunes semis contre l'envahissement des sables chassés
par les vents du sud-ouest et du nord-ouest. Ces cordons doivent
s'appuyer sur la palissade S N, située au bord de la mer, et se
prolonger un peu au delà de la limite de la surface à ensemencer;
ces cordons de défense se composent d'un clayonnage fait au
moyen d'une série de piquets enfoncés dans le sol et de branches
tressées sur ces piquets. Ces piquets ont une longueur de 2ᵐ,50,
un diamètre de 0ᵐ,05 à 1ᵐ,50 au-dessus de leur base; ils sont
parfaitement droits. On les enfonce dans le sol à 0ᵐ,50 de profondeur en laissant entre eux un intervalle de 0ᵐ,50. On tresse sur
ces piquets des branches de pin ou de genêt. — On emploie ainsi
75 bourrées du poids de 20 kilog. pour 100 mètres de longueur.
On ne clayonne d'abord que sur un mètre de hauteur à partir
du sol. Le surplus est destiné à être tressé quand la partie in-

férieure sera ensablée. — Les matériaux employés pour ce travail sont pris dans les parties voisines déjà fixées, dont les semis sont âgés de six à sept ans.

Ce travail terminé, on procède alors au semis. — Cette opération est faite autant que possible du 1er octobre au 30 avril. — L'ensemencement se compose du mélange de graines suivant : pour un hectare :

18 kil. de graine de pin maritime.
 6 kil.   —   de genêt à balais (*Genista scoparia*) (*fig.* 157).
 4 kil.   —   de gourbet.

Ces graines doivent être de très-bonne qualité. — Les graines de pin ne doivent pas peser moins de 56 kilog. par hectol., et, immergées dans l'eau, elles seront réputées mauvaises s'il en surnage un quart.

Ces graines sont répandues à la volée. Aussitôt qu'une certaine étendue est ensemencée, on procède immédiatement à la fixation du sable en couvrant toute la surface d'une couche continue de branchages. Ces branchages sont fournis par les anciens semis. Les branches ont à leur base un diamètre de 0^m,03 au plus. Elles doivent être bien droites ; on redresse celles qui sont difformes à l'aide d'une entaille à mi-bois faite avec un instrument tranchant. En outre, ces branches

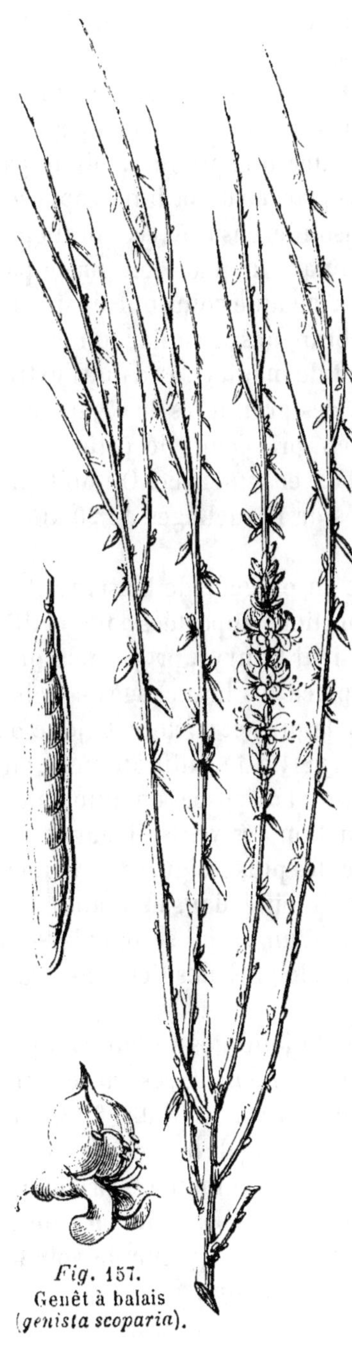

Fig. 157.
Genêt à balais
(*genista scoparia*).

devront être plates, afin qu'on puisse les bien appliquer sur le sol ; pour cela on coupe avec un instrument tranchant les ramilles placées en dessus ou en dessous.

Ces branches sont successivement posées sur le sol les unes à côté des autres, de façon à ce qu'elles se joignent et en dirigeant la base vers la mer. On en forme ainsi une première ligne parallèle à la ligne S N (*fig.* 152), mais placée sur la limite opposée de la surface ensemencée. On consolide ensuite ces branches contre l'action du vent en les couvrant de place en place par du sable jeté à la pelle et formant à chaque point une épaisseur de $0^m,06$. — Ce premier rang de branches ainsi fixé, on en applique un autre de la même façon et de manière à ce que l'extrémité de celles-ci recouvre la base des premières de $0^m,40$ environ, puis on les fixe de même, en procédant de cette façon jusqu'à la limite opposée de la surface ensemencée. On doit employer pour ce procédé 750 bourrées de branchages de 20 kilog. chacune par hectare.

Ce mode de couverture fait partie du procédé de boisement de Brémontier, sauf quelques améliorations apportées dans la disposition des branchages. M. l'ingénieur Goury a proposé de protéger autrement les semis. Il remplace les branchages couchés à plat sur le sol par des branches de pin, et surtout d'ajonc ou de genêt, placées dans une position verticale, suffisamment enfoncées dans le sol à $0^m,60$ d'intervalle et disposées en quinconce. Cet abri rompt parfaitement aussi l'action des vents. Il réussit surtout très-bien pour les dunes élevées les plus éloignées de la mer. Il offre d'ailleurs une économie de moitié dans la quantité de branchages à employer. Il sera donc d'un grand secours lorsque les ateliers de boisement seront très-éloignés des lieux d'extraction de ces bourrées.

3° *Lettes.*—Ces surfaces, occupant le fond des vallons compris entre les diverses dunes, sont naturellement fixées par le gourbet qui y croît en abondance. Toutefois il est utile d'y faire des semis de pins, afin d'augmenter la quantité de branchages destinés aux couvertures, et aussi pour mettre ces matières premières plus à la portée des ateliers de boisement. — Mais il conviendra de défendre le pâturage sur ces points, sous peine de voir les jeunes plants dévastés par la dent des bestiaux.

On procède ainsi au semis des lettes : on ouvre à 0^m,25 les unes des autres, et en quinconce des fossettes ayant au moins 0^m,10 de profondeur. On introduit au moins deux graines de pin dans chaque fossette, puis on remplit à mesure celle-ci en y ramenant le sable qui en a été extrait et on tasse avec le pied. — On emploie ainsi 6 kilog. de graines par hectare. Les couvertures ne sont pas nécessaires pour ces sortes de semis.

Travaux d'entretien. — Dans les semis bien protégés par les procédés indiqués plus haut, les jeunes pins n'atteignent guère qu'une hauteur de 0^m,05 à la fin de la première pousse, de 0^m,10 à 0^m,15 à la fin de la deuxième et de 0^m,30 à 0^m,45 à la fin de la troisième. C'est le moment où les branchages desséchés, surtout ceux du pin, tombent en poussière ; mais alors la racine a atteint la profondeur où l'humidité est constante en été, et tout est sauvé. Les jeunes pins prennent alors un accroissement rapide et trois ou quatre ans après ils ont atteint une hauteur de 5 mètres et plus. C'est vers cette époque qu'on peut les utiliser avec le plus d'avantage, au moyen d'éclaircies, pour la couverture des nouveaux semis.

Toutefois, les travaux de défense que l'on a exécutés exigent des soins d'entretien pendant cette première période. La ligne de palissades en planches établie de S en N (*fig.* 152) est parfois renversée par la violence des tempêtes ; il convient alors de la relever et de la rétablir. — Le plus souvent aussi, le sable accumulé par le vent au pied de cette palissade, s'élève rapidement en formant une petite dune et dépasse bientôt le sommet de la palissade ; il devient alors nécessaire de rétablir celle-ci au sommet de cette ligne et de répéter ce travail, jusqu'au moment où il en résulte une dune assez élevée pour protéger les semis faits en arrière.

Les cordons de défense établis sur les flancs des semis, en A et en B (*fig.* 152), et que l'on n'a tressés d'abord que jusqu'à la hauteur d'un mètre, arrêtent aussi les sables qui, s'y accumulant sans cesse, finissent par les couvrir. Il faut alors tresser de nouveau jusqu'au sommet des piquets.

Enfin on regarnit de gourbet les espaces où la plantation n'a pas réussi, et l'on fait de nouveaux semis là où le premier ensemencement a manqué.

Le mode de fixation des dunes que nous venons de décrire est celui que nous avons vu employer pour celles du golfe de Gascogne. Mais il peut être étendu à toutes les dunes de notre littoral. Toutefois, comme le pin maritime ne réussirait pas dans le nord, il sera bon de le remplacer par le *Pin sylvestre* (*fig.* 89), en y ajoutant le gourbet et le genêt comme on l'a fait pour les dunes de Gascogne.

CHAPITRE VI

BOISEMENT DES TALUS, DES DIGUES, DES PARCELLES
EXCÉDANTES DES CHEMINS DE FER.

BOISEMENT DES TALUS.

Utilité de cette opération. — Toutes les fois que les talus se composent d'une terre friable, ils sont exposés à être dégradés par l'action des eaux pluviales, par les éboulements, par l'action des gelées et des dégels, ou enfin par le glissement des terres sur elles-mêmes, lorsqu'elles sont rendues imperméables par une certaine proportion d'argile. Il est donc utile d'avoir recours à certains moyens pour fixer leur surface.

Les terres glissantes ne peuvent être fixées qu'à l'aide de travaux d'art, tels que drainage, empierrement, etc., et qui ne sont pas de notre compétence. Les autres sortes de terre peuvent être consolidées à l'aide d'un gazonnement. — Mais dans les sols très-friables, comme les sables siliceux, ce moyen est insuffisant pour arrêter les dégradations; d'ailleurs dans les terrains siliceux ou très-calcaires, ces gazons sont exposés à périr par suite de la sécheresse. Le boisement donne en général de meilleurs résultats. Les racines peuvent s'enfoncer assez profondément pour résister à la sécheresse et ces racines fixent convenablement le sol en y formant un réseau continu. Toutefois ce résultat n'est obtenu qu'aux conditions suivantes : faire en sorte que les plantes ligneuses soient très-rapprochées les unes des autres; en second lieu, que ce boisement soit disposé en taillis exploité à un âge peu avancé (tous les 10 ou 12 ans). C'est seulement à ces conditions qu'on obtiendra un réseau de racines suffisamment serrées pour bien fixer le sol. Les arbres de haut jet, placés à plus grande distance, ne produisent que quelques grosses racines, très-longues, mais peu ramifiées. Il en serait de même pour les taillis exploités à l'âge de 20 ou 25 ans.

Choix des espèces convenables. — La première condition à remplir dans cette opération est de choisir les espèces ligneuses les plus convenables pour cette destination :

Elles doivent être rustiques, afin de surmonter facilement les circonstances peu favorables à leur végétation. — Leur développement doit être rapide et vigoureux pour qu'elles donnent le plus tôt possible les résultats qu'on en attend. — Elles doivent aussi se prêter à la culture sous forme de taillis ; leurs racines doivent être nombreuses et traçantes ; enfin elles doivent être appropriées à la nature du sol et au climat.

La liste suivante donne ces diverses indications.

SOLS ARGILEUX.

Orme champêtre (*fig*. 73).
Peuplier tremble (*fig*. 163).
— grisard (*fig*. 164).
Saule Marsault (*fig*. 166).
Érable sycomore (*fig*. 61).
Noisetier commun (*fig*. 162).
Frêne commun (*fig*. 63).
Tilleul de Hollande (*fig*. 84).

SOLS SILICEUX.

Érable sycomore.
Orme champêtre.
Peuplier blanc (*fig*. 77).
— grisard.

Prunier de Sainte-Lucie (*fig*. 165).
Robinier faux acacia (*fig*. 83).
Saule Marsault.
Tilleul de Hollande.
Cytise des Alpes (*fig*. 158).
Épine-vinette (*fig*. 159 et 160).
Hippophaé rhamnoïde (*fig*. 156).

SOLS CALCAIRES.

Cytise des Alpes.
Érable sycomore.
Orme champêtre.
Prunier de Sainte-Lucie.
Robinier faux acacia.
Épine-vinette.

Ces diverses espèces se développeront presque également bien sous les divers climats. — Nous devons cependant ajouter pour le climat du Midi le *micocoulier de Provence* (*fig*. 69) qui ne redoute que les argiles compactes et le *grenadier commun* (*fig*. 161) qu'on devra éviter de placer dans les sols imperméables ou les calcaires presque purs.

Exécution du boisement. — Le boisement des talus peut être exécuté soit au moyen du semis, soit à l'aide de plantations. Le choix à faire entre ces deux procédés est déterminé par l'état du sol et aussi par les espèces ligneuses employées.

Semis. — Lorsque les semis réussissent, ils se développent toujours plus vigoureusement que les plantations ; mais leur succès exige un sol de meilleure qualité pour les premiers temps de leur végétation. — Dans les terrains secs, siliceux ou calcaires, ils sont détruits par la sécheresse ou le déchaussement. Sur les talus en tranchée, le sol mis à nu, et qui n'a pas encore reçu l'influence de l'air atmosphérique, est complétement impropre à fournir à leur premier développement. Enfin, parmi les espèces indiquées dans les listes précédentes, il en est qui, même dans les meilleurs terrains, se développent toujours plus rapidement par la plantation que par le semis à demeure, ou dont on se procure difficilement les graines : tels sont les peupliers, les saules, les tilleuls ; d'où il suit que les semis ne pourront être utilement employés que pour les talus en remblai dont le sol ne sera ni complétement siliceux, ni complétement calcaire, et en exceptant les peupliers, les saules et les tilleuls.

L'époque la plus favorable pour pratiquer cette opération est le commencement de mars, excepté dans le Midi, où les sécheresses intenses du printemps obligent à faire cette opération en janvier. — Toutefois la graine d'orme fait exception ; il convient de semer ces graines aussitôt après leur maturité, à la fin de mai, sous peine de leur voir perdre leur faculté germinative.

Les terres des talus en remblai étant suffisamment ameublies par le déplacement qu'on leur a fait subir, il n'est pas nécessaire de leur appliquer une préparation spéciale.

Les graines peuvent être répandues à la volée sur toute la surface du sol. Ce procédé nécessite l'ameublissement de toute la surface jusqu'à 0^m,06 de profondeur environ pour pouvoir enterrer les graines. Il en résulte que cette surface ameublie peut être facilement entraînée par les eaux pluviales.

On peut encore répandre les semences dans des rayons ouverts dans une direction perpendiculaire à la pente du sol et placés, tous les 0^m,50 ; mais il arrive souvent que les surfaces comprises entre ces rayons glissent de haut en bas et que ce mode d'opérer hâte la dégradation du sol.

Il sera préférable d'avoir recours au semis en *pochet*. — Ce procédé consiste à ouvrir dans le sol, tous les 0^m, 50, et en les disposant en quinconce, une série de petits trous de 0^m,20 de diamètre et de 0^m,15 de profondeur. Si le sol sur lequel on opère n'est pas de bonne qualité, on devra remplir ces trous avec de très-bonne terre ; dans le cas contraire, ils sont immédiatement remplis avec la terre qu'on en a extraite. On enlève ensuite 0^m,02 à 0^m,03 de terre à la surface de ces trous, on y répand cinq ou six graines que l'on recouvre avec la terre enlevée, et l'on tasse légèrement avec la main.

Pour abriter les jeunes plants contre l'ardeur du soleil, lors de leur premier développement, il sera bon, immédiatement après le semis des graines, de faire sur toute la surface un ensemencement d'avoine que l'on enterrera à l'aide d'un râteau à dents de fer.

Si ces ensemencements doivent être pratiqués sur des sols siliceux bien divisés et susceptibles d'être déplacés par l'action des vents, il serait utile de procéder comme nous l'avons indiqué plus haut pour les dunes. — Après l'ensemencement, on recouvrirait le sol de branches de pins, de genêts, ou même de paille longue ; puis on maintiendrait cette couverture au moyen de lignes transversales de fil de fer enroulé de place en place sur des piquets enfoncés dans le sol.

Les seuls soins d'entretien à appliquer à ces semis pendant les deux premières années qui suivront celle de leur ensemencement consistent à *biner*, c'est-à-dire à ameublir la surface du sol à la profondeur de 0^m,05 et sur un rayon 0^m,15 autour de chaque jeune plant pour la première année, et de 0^m,20 pour la seconde année. Ces binages destinés à empêcher l'action de la sécheresse seront pratiqués vers le milieu du mois de mai. — Si l'on craignait que ces binages ne déterminassent la dégradation du sol, on pourrait les remplacer par une ouverture, de 0^m,05 d'épaisseur, occupant la même surface, placée vers le commencement de mai et composée de tonture de haie, de mauvaise litière, d'herbes de marais ou de matières analogues.

Après quatre ou cinq ans de végétation les jeunes semis auront acquis assez de développement pour pouvoir être soumis au recepage. On les coupera donc en février, à 0^m,03 ou 0^m,04 au-dessus du sol. Cette opération a pour but de transformer chacun d'eux en une cépée et de favoriser l'augmentation du nombre des racines. Il en résultera bientôt un taillis qui sera ensuite exploité tous les huit ans ou tous les dix ans au plus tard.

Plantation. — D'après ce que nous avons dit plus haut, le boisement des talus au moyen de la plantation est réservé pour les talus en déblai ou pour les talus composés de sols complètement calcaires ou siliceux, ou enfin pour le cas où l'on voudrait faire le boisement au moyen des peupliers, des saules ou des tilleuls. Dans ces diverses circonstances les semis ne réussiraient pas ou réussiraient mal.

L'époque la plus favorable pour faire ces sortes de plantations est l'automne, à moins que l'on n'opère sur un sol argileux compacte ; dans ce dernier cas il vaudra mieux planter en mars.

Il conviendra de choisir pour ces plantations de jeunes plants de deux ans de semis dont un an de repiquage en pépinière. Ce repiquage est rigoureusement nécessaire ; autrement la reprise de ces jeunes arbres sera très-incomplète par les motifs indiqués plus haut à l'article des Pépinières, p. 50.

Le sol sur lequel on exécute ces plantations est, en général, d'assez médiocre qualité. Il faut donc avoir recours à des soins exceptionnels pour assurer la reprise et le prompt développement de ces jeunes arbres. Le meilleur moyen à employer consiste à ouvrir une série de trous de $0^m,40$ de diamètre et de $0^m,30$ de profondeur. Ces trous seront placés à $0^m,80$ les uns des autres et seront disposés en quinconce.

Lors de la plantation, on coupera le tiers environ de la longueur des jeunes tiges et des rameaux, puis on placera deux jeunes plants dans chaque trou en laissant entre eux un intervalle, d'environ $0^m,10$. Les trous seront remplis jusqu'au niveau du sol avec de la terre de très-bonne qualité transportée exprès pour cet usage. Cette terre sera bien tassée avec le pied.

Pour défendre ces jeunes plants contre l'influence de la sécheresse et favoriser leur développement, il conviendra d'appliquer au pied de chacun d'eux et sur un rayon de $0^m,25$, une couverture d'environ $0^m,06$ d'épaisseur et composée des matières indiquées plus haut pour les semis. Cette couverture sera placée vers le milieu du mois de mai. La même opération sera répétée l'année suivante.

Vers la fin de février de la troisième année, tous ces jeunes plants seront coupés à $0^m,02$ ou $0^m,03$ au-dessus du sol, afin de les transformer en cépée et de favoriser la division des racines. Il en résultera bientôt un taillis qui sera exploité tous les 8 ans ou tous les 10 ans au plus tard.

BOISEMENT DES DIGUES.

Les digues, qui se composent presque toujours de terres rapportées, ne sont pas moins exposées que les talus aux dégradations résultant de l'action des eaux pluviales ou des gelées : mais elles ont à résister à une cause de destruction bien autrement puissante ; ce sont les eaux qu'elles sont destinées à maintenir.

Les érosions produites sur ces digues par les courants sont parfois si violentes qu'on ne peut les en défendre efficacement qu'à l'aide de revêtements en pierre. Là où ce moyen coûteux n'est pas indispensable, on pourra avoir recours au boisement, pratiqué comme nous venons de l'indiquer pour les talus. Les semis pouvant être compromis par les eaux, on aura recours seulement à la plantation, en appropriant les espèces à la nature du sol, ainsi que nous l'expliquons plus haut.

On pourra compléter cette opération et donner encore à ces digues une plus grande force de résistance en établissant sur leur sommet une plantation d'arbres de haut jet composée d'une ou deux lignes suivant la largeur de leur couronnement.

Il conviendra de les placer à 6 mètres d'intervalle en les disposant en quinconce si l'on en place deux lignes. On choisira pour cela les espèces dont les racines sont les plus traçantes afin qu'elles contribuent à couvrir toutes les faces de ces digues d'un réseau de racines impénétrables.

Les espèces qui remplissent le mieux cette condition sont surtout les suivantes :

Ormes.	Peupliers.
Erables.	Tilleuls.
Frêne.	Micocoulier de Provence (*fig.* 69).

On appropriera ces arbres à la nature du sol et au climat, en suivant pour cela les indications données au chapitre des Plantations d'alignement forestières. On leur appliquera d'ailleurs les mêmes soins d'entretien.

BOISEMENT DES PARCELLES EXCÉDANTES
DES CHEMINS DE FER.

Utilité de cette opération. — Lors de l'exécution de nos chemins de fer, les acquisitions de terrains ont souvent porté sur des surfaces plus considérables que cela n'était nécessaire pour le passage et le service de la voie. Ces parcelles excédantes étaient destinées à fournir les matériaux nécessaires pour les remblais. Aussi sont-elles creusées parfois jusqu'à 4 et 5 mètres de profondeur. Celles qui, après avoir subi ces emprunts, étaient encore susceptibles d'être cultivées, ont été revendues aux propriétaires voisins.

Mais ce fait peut être considéré comme exceptionnel. Les terres ainsi enlevées ont presque toujours eu pour résultat de mettre à nu un sous-sol d'une nature telle qu'il était peu susceptible d'être mis en culture. Dès lors ces parcelles sont restées incultes et à la charge de l'État.

Ces surfaces, assez considérables, offrent un aspect désagréable; elles ne donnent aucun produit; enfin, beaucoup d'entre elles se trouvent à un niveau tel par rapport au sol environnant, que les eaux, s'y accumulant, produisent des marais qui répandent des miasmes délétères. Il y aurait donc utilité à changer cet état de chose, et l'on y arriverait assez facilement au moyen du boisement.

Exécution. — Le mode d'opérer doit nécessairement varier suivant la nature du sol. Nous avons dit plus haut que ceux de ces terrains qui étaient encore susceptibles de culture avaient été vendus. Il ne reste donc que des sols de très-mauvaise qualité que nous partageons d'abord en deux classes : les terrains secs et les sols très-humides ou inondés.

Terrains secs. — Ces surfaces se composent en général de graviers siliceux, de sable presque pur et très-mobile, ou enfin de calcaires assez friables.

1° *Graviers siliceux.* Les espèces ligneuses qui peuvent se développer dans ces terrains sont les suivantes :

Bouleau blanc (*fig.* 167).
Merisier (*fig.* 169).
Peupliers (moins le peuplier d'Italie).

Robinier faux acacia (*fig.* 83).
Vernis du Japon (*fig.* 86).
Pin sylvestre (*fig.* 89).

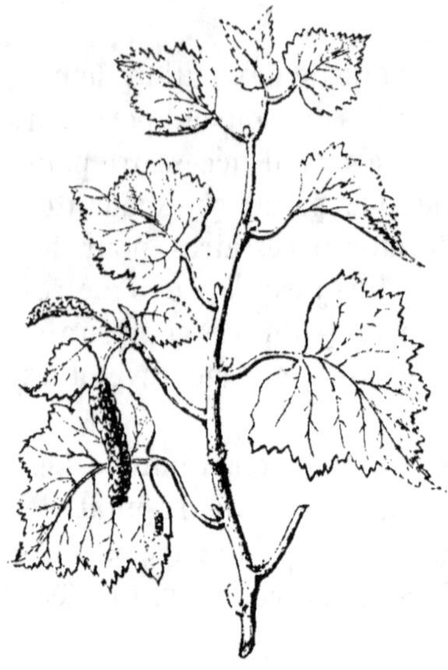

Fig. 167. — Bouleau blanc.

Fig. 168. — Chêne vert.

POUR LE CLIMAT DU MIDI :

Les mêmes espèces.

Moins :

Bouleau blanc.
Pin sylvestre.

Plus :

Chêne vert (*fig.* 168).
Micocoulier de Provence (*fig.* 69).
Pin maritime (*fig.* 92).
Pin d'Alep (*fig.* 94).

Cette sorte de terrain est de si médiocre qualité que les semis y auront peu de succès, excepté pour les espèces résineuses, et le

10.

Fig. 169. — Merisier.

chêne vert. Il conviendra donc de procéder au boisement au moyen de la plantation. — Le sol sera ainsi préparé :

On défoncera le terrain par bandes larges de 1 mètre, profondes de $0^m,60$ et laissant entre elles une bande d'égale largeur non défoncée.

La plantation sera exécutée avant l'hiver. On choisira pour cela des plants de deux ans dont une année de repiquage dans la pépinière. On les plantera sur la bande défoncée en une double ligne, placées chacune à $0^m,25$ du bord, et ils seront disposés en quinconce.

A la fin du mois d'avril suivant, on pratique un binage sur toute la surface des bandes plantées, puis on y applique une couverture composée de matières analogues à celles indiquées plus haut pour le semis sur les talus. L'année suivante, à la même époque, on applique un nouveau binage. Au mois de février qui suit la seconde pousse, on recèpe tous les jeunes plants à $0^m,02$ ou $0^m,03$ au-dessus du sol; enfin, on exécute, à la fin d'avril, un troisième binage sur les bandes plantées. La végétation est alors abandonnée à elle-même, et il en résulte bientôt un taillis qui est exploité à l'âge de dix ou douze ans, même pour les peupliers qui se prêtent très-bien à ce mode d'exploitation.

Si, au lieu de planter, on préfère semer des arbres résineux, ou du chêne vert, le sol sera préparé de la même manière; puis on répandra à la volée la graine de pins ou de chêne dans la proportion suivante pour un hectare :

Pin maritime	18 kil.
— sylvestre...............	12
— d'Alep...............	12
Chêne vert	100

On répand ensuite pour la même surface 6 kilog. de graines d'ajonc avec un demi-ensemencement de seigle. Le tout est suffisamment enterré au moyen d'un râteau en fer à longues dents ou d'une herse.

Le seigle abrite les jeunes plants contre l'ardeur du soleil, pendant le premier été, et l'ajonc ombrage le sol pendant les années suivantes.

Ces arbres résineux, qui ne sont pas soumis au recepage, ne

sont exploités que dans un âge très-avancé, et lorsqu'ils produisent des graines qui peuvent déterminer un repeuplement naturel. Il conviendra alors de ne procéder à cette exploitation qu'au moyen d'éclaircies successives.

2° *Sables siliceux profonds et mobiles.* — Les espèces ligneuses qui conviennent pour le boisement de ces surfaces sont les mêmes que celles indiquées pour les graviers siliceux.

Le sol étant naturellement ameubli, il n'exigera aucune préparation. On procédera également au moyen de la plantation. — Les plants seront placés de mètre en mètre et disposés en quinconce.

Immédiatement après la plantation on répandra à la volée un mélange de graines d'ajonc et de genêt dans la proportion de 8 kilog. à l'hectare; ces graines sont enterrées à l'aide du râteau. A la fin d'avril, on applique au pied de chaque jeune plant une couverture semblable à celle indiquée pour les sols graveleux et occupant une surface de $0^m,20$ de rayon.

Les genêts et les ajoncs couvrant bientôt le sol, les binages sont inutiles. On applique ensuite à ces jeunes plantations les soins indiqués pour les sols graveleux.

Si l'on préfère boiser ces surfaces au moyen du semis des pins ou du chêne vert, on procédera comme nous l'avons indiqué plus haut pour les sols graveleux, avec cette différence que l'ensemencement s'appliquera à toute la surface au lieu d'être restreint aux bandes préparées sur le terrain.

3° *Sols calcaires friables.* — Les espèces ligneuses qui peuvent réussir dans ces terrains sont les suivantes :

Érable sycomore.	Vernis du Japon (*fig.* 86).
Bouleau blanc.	Aune (*fig.* 49).
Merisier.	Pin sylvestre.
Prunier de Sainte-Lucie.	

POUR LE CLIMAT DU MIDI :

Les mêmes espèces.

Moins :

Bouleau blanc. | Pin sylvestre.

Plus :

Chêne vert. | Micocoulier de Provence. | Pin d'Alep.

Dans ces sortes de terrains les semis ne réussissent pas par suite du déchaussement résultant du gel et du dégel. On est donc obligé d'avoir recours exclusivement à la plantation.

Cette opération est pratiquée avec tous les soins indiqués plus haut pour les terrains graveleux. Toutefois, les arbres résineux qui, dans ces terrains, doivent être plantés et non semés, seront confiés au sol vers le commencement du mois de mai, alors que les jeunes pousses ont déjà atteint 0^m,02 à 0^m,03 de longueur. La plantation faite pendant le repos de la végétation réussit beaucoup moins bien. On choisira pour ces espèces des plants de quatre ans seulement, dont deux ans de repiquage en pépinière. Plus âgés, leur reprise sera beaucoup plus difficile.

L'exploitation de ces diverses plantations sera faite comme nous l'avons indiqué pour les terrains graveleux.

Sols très-humides ou inondés. — Ces terrains, au moins aussi fréquents que les terrains secs sur les surfaces excédantes dont nous nous occupons, peuvent être partagés en trois groupes : les sols de très-médiocre qualité, argileux, siliceux ou calcaires ; les terrains fertiles silico-argileux ou argilo-calcaires ; les terrains salants. — Chacun de ces groupes exige des soins différents pour être convenablement boisé.

1° *Terrains très-médiocres, argileux, siliceux ou calcaires.* — Les espèces ligneuses qui s'accommodent le mieux de ces sortes de terre sont les suivantes :

Aune.
Bouleau.
Platane.
Peupliers (excepté celui d'Italie).
Saule Marsault.
Saule blanc (*fig.* 170).
Tilleul de Hollande.

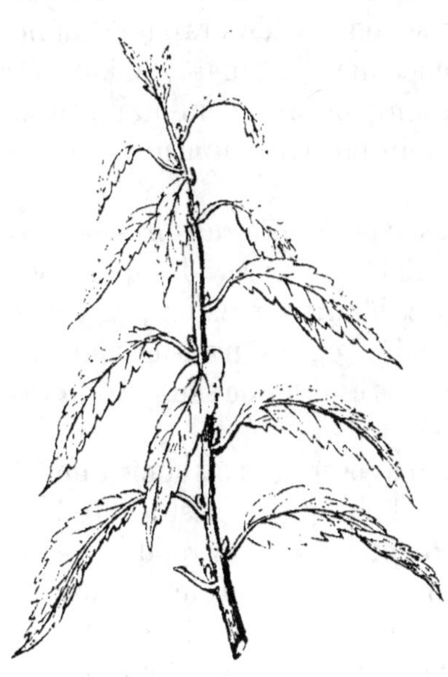

Fig. 170. — Saule blanc.

On évitera toutefois de placer les peupliers, le saule blanc et le tilleul dans les argiles compactes.

L'humidité stagnante qui imprègne ces terrains et qui souvent les baigne complétement, est un obstacle au développement convenable des plantes ligneuses. Il convient donc de les soustraire en partie à cette mauvaise influence. Il suffit pour cela de surélever le sol où l'on plante de $0^m,40$ à $0^m,60$ au-dessus du niveau habituel des eaux. Pour obtenir ce résultat sans une forte dépense, il suffit d'établir une série de plates-bandes larges de 1 mètre et surélevées au moyen de la terre prise entre chacune d'elles sur une surface de largeur égale et que l'on creuse assez pour en tirer toute la terre nécessaire pour l'exhaussement que l'on veut obtenir.

Ce travail doit être fait autant que possible en été, au moment où les eaux sont peu abondantes. Les terres extraites ont ainsi le temps de s'égoutter ; elles s'aèrent et deviennent propres à la végétation.

A l'automne suivant, on procède à la plantation de ces plates-bandes avec les soins indiqués pour les terrains graveleux.

Les couvertures ne seront pas nécessaires dans ces terrains peu exposés à la sécheresse. Il suffira seulement de pratiquer un binage chaque année au commencement de mai pendant les deux étés qui suivront la plantation. On procédera au recepage des jeunes plants et à l'exploitation du taillis comme nous l'avons prescrit plus haut.

2° *Terrains fertiles silico-argileux ou argilo-calcaires.* — Ces surfaces pourront être boisées à l'aide des procédés que nous venons de décrire pour les sols précédents ; mais on pourra les utiliser d'une manière plus lucrative en les transformant en *oseraies,* c'est-à-dire en y cultivant les espèces de saules qui produisent l'osier.

On procède ainsi à la création de ces oseraies : on choisit un sol analogue à celui que nous venons d'indiquer, c'est-à-dire humide, et d'une composition élémentaire qui le rend riche et substantiel. On le dispose par plates-bandes en le surélevant à l'aide du procédé indiqué pour le terrain précédent. Le sol ainsi préparé pendant l'été, on procède à la plantation vers la fin de février.

On choisit pour cela les espèces de saules suivantes, les plus convenables pour cette destination :

Saule osier ou *osier jaune* (*salix vitellina*, Lin.) (*fig.* 171). Espèce remarquable par la couleur jaune de ses rameaux.

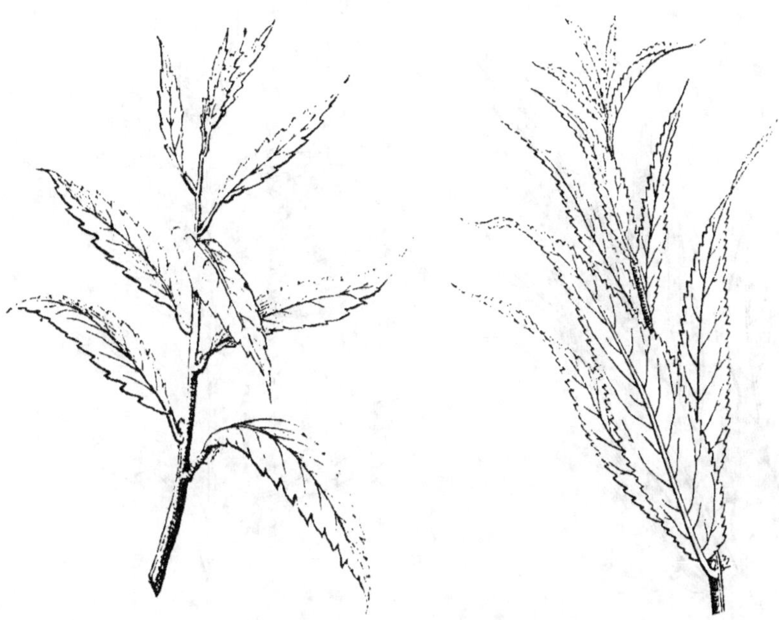

Fig. 171. — Saule osier.   *Fig.* 172. — Saule viminal.

Saule viminal ou *osier blanc* (*S. viminalis*, L.) (*fig.* 172). Remarquable par la longueur et la flexibilité de ses rameaux.

Saule hélice (*S. helix*, L.) (*fig.* 173).

Saule pourpre ou *osier rouge* (*S. purpurea*, L.) (*fig.* 174). Espèce peu différente de la précédente.

On choisit sur ces diverses espèces des boutures longues d'environ $0^m,66$ et de la grosseur du doigt. On les place sur les deux côtés des plates-bandes, à $0^m,25$ du bord et à 1 mètre d'intervalle entre elles en les disposant en quinconce.

Ces boutures sont mises en terre à l'aide d'un plantoir, et on les enfonce aux deux tiers de leur longueur. La coupe de la première année ne produit que des brindilles à peu près inutiles, mais qu'il faut cependant enlever avec soin, sans quoi la pousse de l'année suivante ne se composerait que d'un grand nombre de petites ramifications qui ne seraient bonnes qu'à brûler. Lorsque, au contraire, on a coupé au niveau du tronc toutes les

petites brindilles de la première pousse, la seconde donne déjà un
certain nombre de jets de 1ᵐ,33 à 2 mètres de haut et qui peu-

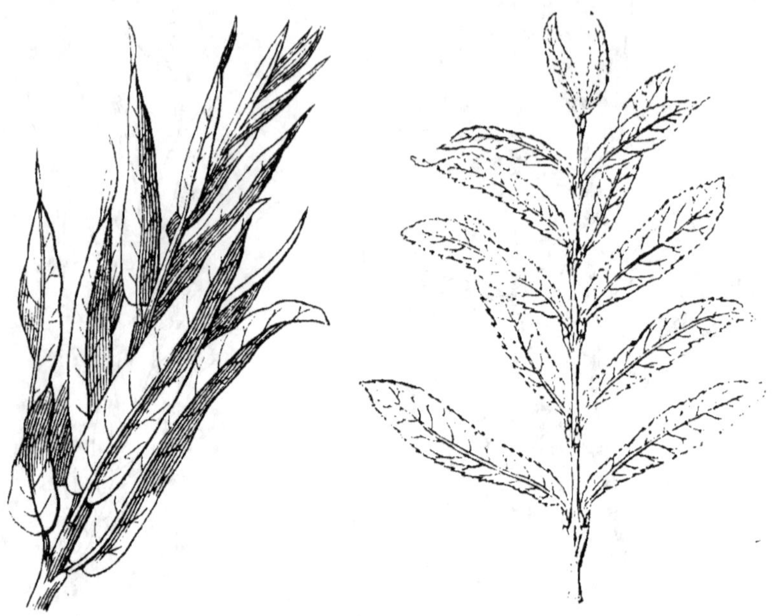

Fig. 173. — Saule hélix.   Fig. 174. — Saule pourpre.

vent être utilisés. La coupe de la troisième est plus productive,
et, d'année en année, elle le devient davantage. Il n'y a d'autre
soin à prendre des oseraies qu'à en écarter les bestiaux, à donner
quelques binages pendant les premières années, et à enlever
avec soin les tiges volubiles des liserons, qui, en s'enroulant sur
les jeunes brins, les rendraient cassants, et, par conséquent,
impropres à l'usage auquel on les destine.

C'est en février, ou au plus tard en mars, qu'il faut faire la
coupe des osiers. Les belles pousses ont communément 2ᵐ,50 à
3 mètres de longueur. On les coupe à 0ᵐ,01 ou 0ᵐ,02 du tronc,
lequel devient ainsi une sorte de têtard.

La plus grande partie de l'osier jaune et de l'osier rouge
s'emploie avec son écorce, ce qui lui donne plus de force. Ces
deux osiers sont d'un usage général dans l'économie domesti-
que et dans l'agriculture ; on en fait des liens pour toutes sortes
de choses, des corbeilles, des paniers légers, des claies et autres

objets de vannerie commune. L'osier jaune, refendu en deux ou trois brins, est employé par les tonneliers. Les jardiniers et les vignerons font aussi un grand usage d'osier pour attacher les arbres en espalier et la vigne aux échalas.

Les ouvrages de vannerie plus soignée se font en osier blanc ou osier sans écorce, pour lequel on emploie le saule viminal, parce que ses jets sont beaucoup plus unis.

3° *Terrains salants.* — La préparation à appliquer à ces sortes de terrains pour les boiser est la même que pour les sols humides précédents. Mais une seule espèce ligneuse peut se développer convenablement dans ces terres : c'est le *tamarix gallica* (*fig.* 155). On le plante sous forme de boutures comme si on voulait en former une oseraie, et on l'exploite tous les 6 ou 8 ans comme un taillis.

CHAPITRE VII

CRÉATION ET ENTRETIEN DES HAIES VIVES.

Les haies vives sont un mode de clôture d'autant plus important qu'il coûte peu à établir lorsque ces haies sont créées dans de bonnes conditions, qu'il est très-solide, d'une longue durée et qu'il exige peu de frais d'entretien. Malheureusement, il s'en faut de beaucoup que ces haies soient toujours établies avec tous les soins qu'elles réclament. Nous allons donc tâcher de préciser ici les règles à suivre à cet égard.

Forme des haies. — On donne le plus souvent aux haies une hauteur de 1ᵐ,33 à 2 mètres sur 0ᵐ,40 environ d'épaisseur (*fig.* 175) ; quelquefois elles sont inclinées à droite ou à gauche

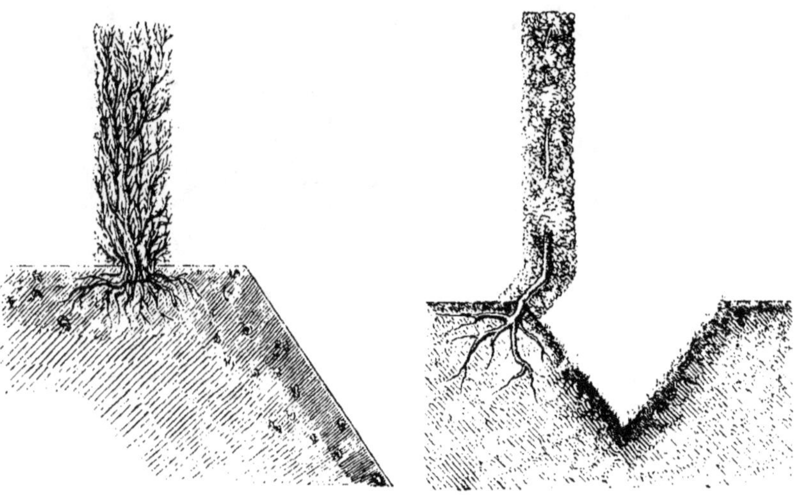

Fig. 175. — Haie plantée à 0ᵐ,50 du bord d'un talus.

Fig. 176. — Haie plantée sur le bord d'un fossé.

vers leur base, pour s'élever ensuite verticalement (*fig.* 176) ; ou bien on double leur épaisseur ordinaire, et l'on plante au centre

une ligne d'arbres de haut jet (*fig.* 177). Cette dernière forme
est des plus vicieuses, attendu que ces arbres, en se dévelop-

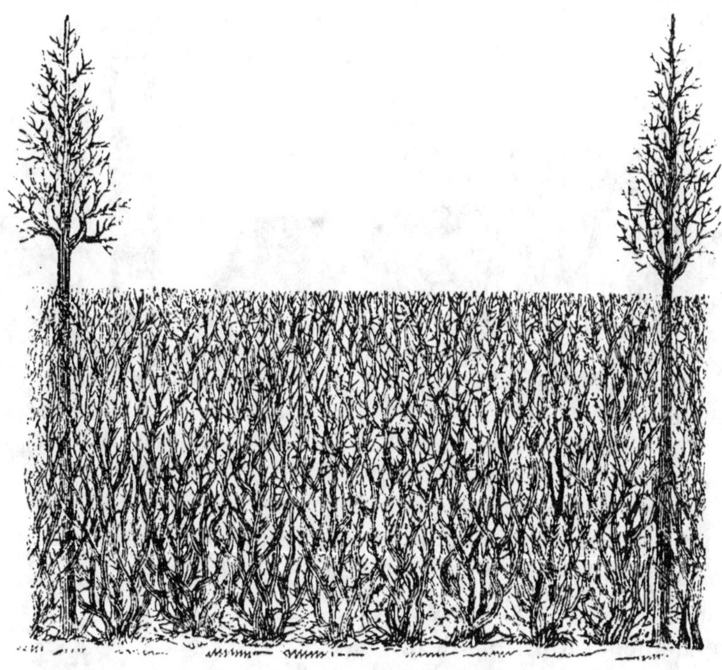

Fig. 177. — Haie accompagnée d'arbres de haut jet.

pant, épuisent le sol environnant au détriment de la haie, dont
les jeunes plants, ombragés d'ailleurs par la tête de ces arbres,
périssent bientôt et laissent des lacunes dans la haie. D'autres
fois, enfin, on donne à la haie la disposition indiquée par la
figure 105. Pour cela, on ouvre un fossé de 2 mètres de largeur au sommet, profond de 1^m,40, et dont les côtés présentent
une inclinaison de 40 degrés. On plante le fond et les côtés avec
des arbrisseaux convenables, et on les tond comme l'indique
notre figure. Nous considérons cette dernière sorte de haie comme
l'un des meilleurs modes de clôture. On peut encore, pour ne
pas gêner la vue au delà de la haie, placer celle-ci au fond d'un
fossé ou d'un saut-de-loup ayant une profondeur d'au moins
1^m,50 (*fig.* 179).

Leur position. — La configuration de la surface du sol où

les haies sont établies a une certaine influence sur leur bonne
venue. En général, elles réussissent mieux lorsqu'elles sont

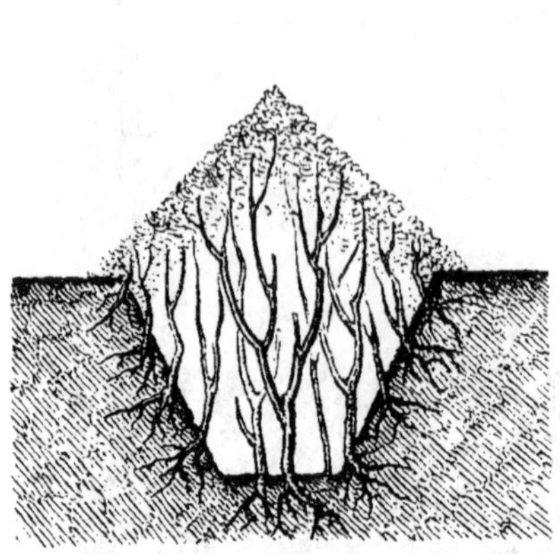

Fig. 178. — Haie plantée sur les bords et
au fond d'un fossé.

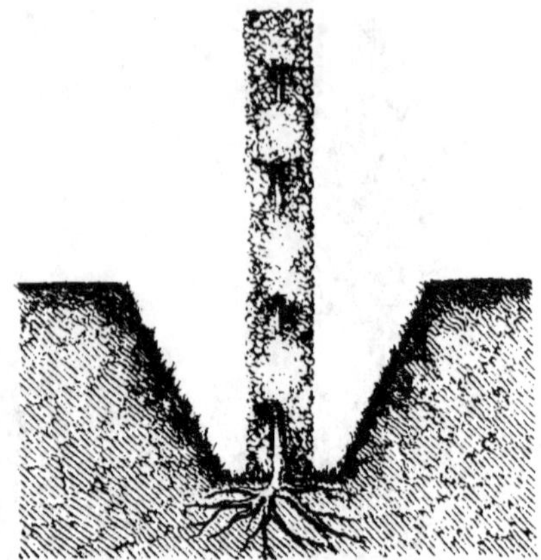

Fig. 179. — Haie plantée au fond d'un
saut-de-loup.

placées sur un terrain dont la surface s'étend au moins à 1 mètre
de chaque côté dans les terrains argileux, et à 2 mètres dans les
plus secs, avant de s'abaisser
rapidement. Ainsi plantés,
les arbrisseaux qui forment
la haie, et dont les racines
s'enfoncent peu par suite
des tontes fréquentes auxquelles on les soumet, sont
moins exposés à souffrir de
la sécheresse. Ainsi celles
qui sont placées au sommet
d'une pente rapide (*fig.* 175
et 176), ou à 0^m,50 seulement du bord de cette
tranchée, sont très-exposées
à cette influence perni-
cieuse. Il en est de même,
à plus forte raison, pour

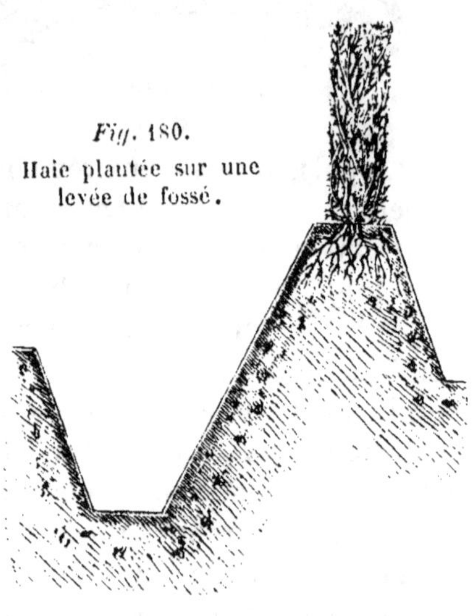

Fig. 180.
Haie plantée sur une
levée de fossé.

celles placées au sommet d'une levée de fossé, comme le montre
la figure 180, à moins que cette levée n'offre une largeur de

2 mètres pour les terrains argileux, et de 4 mètres dans les sols exposés à la sécheresse. Les haies placées comme l'indiquent les figures 4 et 5 sont plus favorablement situées, puisqu'elles échappent à l'action de la sécheresse : elles n'offriraient d'inconvénient que dans le cas où le sol serait trop humide.

Choix des espèces et leur appropriation au climat et à la nature du sol. — On doit choisir de préférence, pour la formation des haies vives, les espèces qui croissent le mieux en lignes serrées, qui présentent constamment une tige bien garnie de rameaux, et dont les racines peu traçantes n'exercent aucune influence fâcheuse sur les terrains environnants. Ces espèces doivent, en outre, supporter des tontes fréquentes ; et, quoique contrariées constamment dans leur direction naturelle, se maintenir dans un bon état de végétation pendant un grand nombre d'années.

Voici la liste des espèces qui remplissent le mieux ces conditions. Le choix en sera déterminé par la nature du sol et du climat. Nous les rangeons, pour chaque sorte de terrain, dans l'ordre de préférence qu'on devra leur donner :

POUR LE NORD, L'EST ET L'OUEST DE LA FRANCE.

SOLS ARGILEUX.

Aubépine (*fig.* 184).
Prunellier sauvage (*fig.* 194).
Poirier sauvage (*fig.* 193).
Nerprun cathartique (*fig.* 188).
Érable champêtre (*fig.* 185).
Houx commun (*fig.* 186).
Pommier sauvage (*fig.* 195).
Hêtre (*fig.* 68).
Charme (*fig.* 50).
Orme (*fig.* 73).

TERRAINS SALANTS.

Tamarix Gallica (*fig.* 155).
Hippophaé rhamnoïde (*fig.* 156).

SOLS SILICEUX.

Aubépine.

Prunellier sauvage.
Poirier sauvage.
Nerprun cathartique.
Prunier de Sainte-Lucie (*fig.* 165).
Charme.
Épine-vinette (*fig.* 159 et 160).
Orme.
Oranger des Osages, *Maclura aurantiaca* (*fig.* 191).
Olivier de Bohème (*fig.* 190).

SOLS CALCAIRES.

Aubépine.
Prunellier sauvage.
Nerprun cathartique.
Prunier de Sainte-Lucie.
Épine-vinette.
Orme.

POUR LE MIDI DE LA FRANCE.

SOLS ARGILEUX.

Aubépine.
Prunellier sauvage.

Poirier sauvage.
Paliure (*fig.* 192).
Grenadier (*fig.* 161).
Chêne kermès (*fig.* 182).

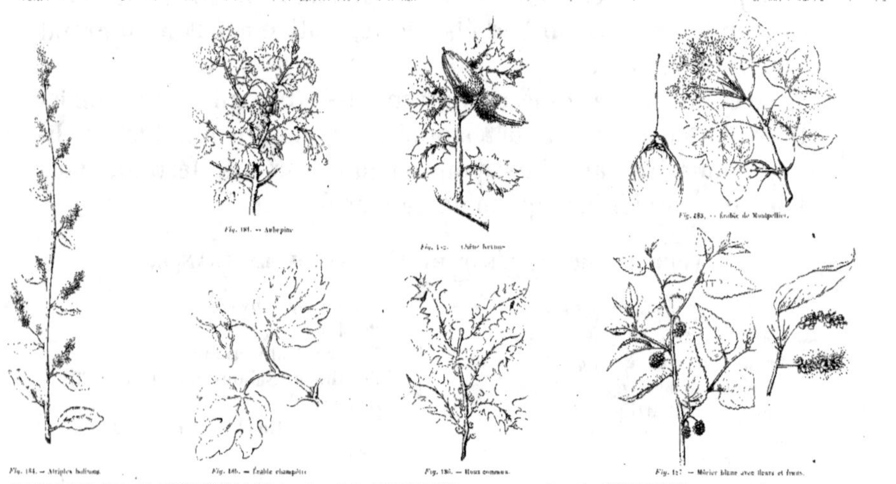

Fig. 184. — Atriplex halimus.

Fig. 185. — Aubépine.

Fig. 186. — Chêne kermès.

Fig. 185. — Érable de Montpellier.

Fig. 186. — Érable champêtre.

Fig. 186. — Houx commun.

Fig. 187. — Mûrier blanc avec fleurs et fruits.

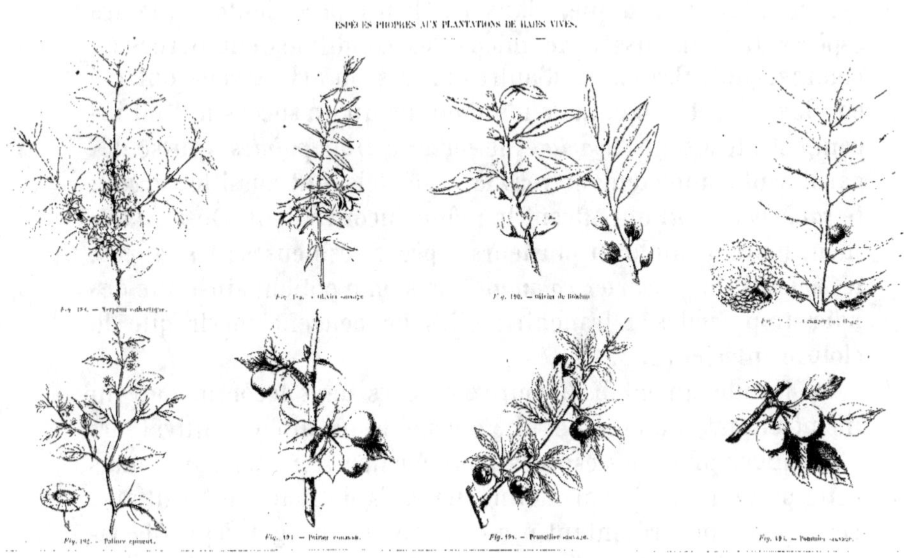

Fig. 186. — Nerprun cathartique.

Fig. 187. — Olivier sauvage.

Fig. 188. — Olivier de Bohême.

Fig. 189. — Cornouiller des haies.

Fig. 190. — Paliure épineux.

Fig. 191. — Poirier commun.

Fig. 192. — Prunellier sauvage.

Fig. 193. — Pommier sauvage.

Érable de Montpellier (*fig.* 183).
Mûrier blanc (*fig.* 187).
Olivier sauvage (*fig.* 189).

TERRAINS SALANTS.

Tamarix Gallica.
Atriplex halimus (*fig* 184).
Hippophaé rhamnoïde.

SOLS SILICEUX.

Aubépine.
Prunellier sauvage.
Poirier sauvage.
Prunier de Sainte-Lucie.
Paliure.
Grenadier.

Chêne kermès.
Érable de Montpellier.
Mûrier blanc.
Olivier sauvage.
Hippophaé rhamnoïde.
Olivier de Bohême.

SOLS CALCAIRES.

Aubépine.
Prunellier sauvage.
Prunier de Sainte-Lucie.
Paliure.
Érable de Montpellier.
Chêne kermès.
Olivier sauvage.

Nous n'avons indiqué, dans les listes précédentes, que les espèces qui remplissent le mieux les conditions énumérées en commençant. Beaucoup d'autres arbres ou arbrisseaux ont été employés à cet usage, mais n'ont donné qu'un succès nul ou incomplet : tels sont l'*acacia* et le *févier à trois pointes*, qui se dégarnissent complétement vers la base ; tels sont aussi le *sureau*, le *saule marceau*, qui offrent le même inconvénient. On a également ment tenté d'employer plusieurs espèces résineuses : les *thuyas*, les *épicéas*, le *genévrier commun*. Mais on n'obtient ainsi que des haies trop faciles à franchir : elles ne peuvent servir que de clôture intérieure.

La faculté qu'ont beaucoup d'espèces de s'accommoder du même climat et du même sol a engagé beaucoup de cultivateurs à mélanger plusieurs espèces pour former la même haie ; mais cette pratique n'a jamais donné lieu qu'à de mauvais résultats : ces espèces ne présentant presque jamais un égal degré de vigueur, la plus forte anéantit la plus faible, et il se produit ainsi des vides dans la haie. Il faudra donc toujours former la haie avec une seule espèce, à moins qu'on ne les divise en plusieurs sections distinctes.

Préparation du sol. — Le sol destiné à recevoir la plantation d'une haie doit être préparé de la manière suivante : Dans le courant de l'été, on ouvre une tranchée dont la largeur varie entre 0^m,60 et 1 mètre, selon que le sol est de plus ou moins bonne qualité, et dont la profondeur devra être de 0^m,60 à 0^m,80, selon que le terrain aura une tendance à retenir plus ou moins d'humidité.

Les terres extraites de la tranchée resteront déposées sur les bords jusqu'au moment de la plantation. Là elles s'amélioreront ainsi que les parois de la tranchée, sous l'influence des agents atmosphériques. Si l'on peut disposer de terre de meilleure qualité que celle du sol environnant, on en réunira une quantité suffisante sur le bord des tranchées pour la placer en contact immédiat avec les racines des jeunes plants, afin de faciliter leur reprise. Ce soin est surtout nécessaire pour les mauvais terrains.

Plantation. — La plantation doit être faite à l'automne, comme celle de la plupart des autres arbres, et, autant que possible, en novembre. Il n'y a d'exception à cette règle que pour les sols argileux humides dans lesquels on plantera au commencement de mars.

Les jeunes plants destinés à la formation des haies devront être âgés de deux ans, dont un an de repiquage. Les plants d'un an sont moins bien enracinés et reprennent plus difficilement. Les jeunes plants de prunier de Sainte-Lucie devront seuls être âgés d'un an. Ils sont trop développés à deux ans, et leur reprise est moins assurée.

Le moment de planter étant arrivé, on remplit les tranchées, et l'on procède à l'habillage des jeunes plants. Cette opération consiste à couper l'extrémité seulement des racines pour remplacer par une plaie nette les plaies contuses et déchirées résultant de la déplantation. Il faut aussi, pour rétablir l'équilibre entre l'étendue des racines qui ont pu être conservées et l'étendue de la tige, raccourcir un peu cette dernière. Il suffira de supprimer le tiers de sa longueur totale.

Les jeunes plants sont ensuite disposés sur une ou deux lignes au milieu de la tranchée. La plantation sur deux lignes donne lieu à une haie plus épaisse et mieux garnie que la plantation sur une seule ligne. On a quelquefois tenté de faire une plantation sur trois lignes, mais les plants de la ligne intermédiaire, étant gênés dans leur développement par ceux des deux lignes voisines, dépérissent bientôt et disparaissent pour la plupart. Si l'on ne plante qu'une seule ligne, il faudra laisser entre les plants un intervalle de $0^m,10$. Si l'on préfère deux lignes, il conviendra de laisser un espace de $0^m,16$ entre les lignes et entre les plants sur la ligne. Il sera en outre utile de disposer les plants de ces deux lignes en échiquier, afin que la haie soit mieux garnie vers sa base. ↕

Formation des haies. — Dès le premier été qui suit la plantation d'une haie, il est indispensable de la défendre contre l'influence de la sécheresse du sol. Des binages ou des couvertures sont donc effectués pendant l'été, sur une largeur de 0ᵐ,50, et de chaque côté de la haie. Si le sol est léger ou de consistance moyenne, on préférera les couvertures qui se composeront de litières, de feuilles sèches, de tontures de haies ou autres matières analogues. Pour les sols compactes, il vaudra mieux avoir recours aux binages, qui devront pénétrer à une profondeur de 0ᵐ,06, et qu'on exécutera avec la fourche à dents plates, la houe fourchue ou la binette (*fig.* 196, 197, 198). On répétera ces binages deux fois dans le courant de l'été. Enfin un labour sera aussi exécuté avec les mêmes instruments, de chaque côté de la haie, à l'automne dans les sols compactes, et au printemps dans les terrains légers, afin d'ouvrir le sol aux influences atmosphériques et de détruire les racines traçantes des plantes vivaces.

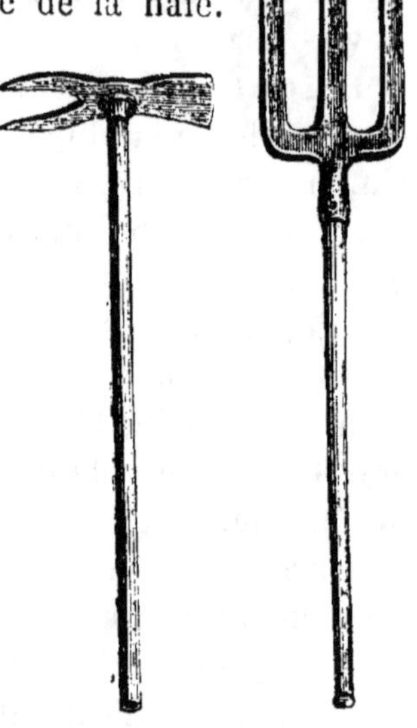

Fig. 196.   *Fig.* 197.

Binette serfouette.   Bêche trident.

Fig. 198. — Houe bident.

Ces opérations seront répétées l'année suivante ; et, lorsque les jeunes plants seront parfaitement repris, ce qui aura lieu, au plus tôt, à la fin de la seconde année, on procédera au recepage de la haie. Pour cela, on coupe toutes les jeunes tiges à 0ᵐ,06 environ au-dessus de la surface du sol. Il y aurait un grave inconvénient à faire ce recepage immédiatement après la plantation ; car alors les jeunes plants n'étant pas repris, on n'obtiendrait pendant l'été suivant qu'une végétation languissante, et ce ne serait que vers la troisième ou la quatrième année que la haie commencerait à prendre son essor. En retardant ce recepage jusqu'à la fin de la seconde année, chaque plant développe pendant l'été des jets nombreux et vigoureux. Après la chute des feuilles, on enfonce dans le sol, au milieu de la haie, une série de pieux placés à 3 mètres d'intervalle, et ayant une hauteur égale à celle que l'on veut donner à la haie. Ceci fait, on incline les unes sur les autres les jeunes tiges développées à la suite du recepage, en les couchant sur un angle d'environ 45°. On les enlace ainsi les unes dans les autres, de telle sorte qu'il y ait un nombre égal de brins inclinés à droite et à gauche de la haie. Pour maintenir cette sorte de treillage vivant dans une position verticale, il ne reste plus qu'à fixer contre les pieux et vers la moitié de la hauteur de la jeune haie une perche transversale, qu'on attache aussi de place en place contre la haie (*fig.* 108). Pendant l'été

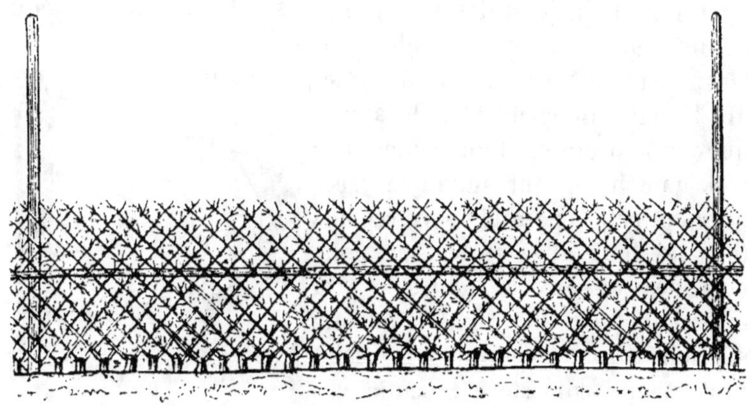

Fig. 109. — Haie croisée, vers sa quatrième année de plantation

suivant, chacun des jeunes brins s'allonge, et pendant l'hiver on les croise de nouveau, en maintenant l'ensemble de cette nouvelle production dans une position verticale à l'aide d'une seconde perche transversale fixée contre les pieux, mais du côté opposé à la précédente. On continue d'élever ainsi chaque année cette haie, jusqu'au moment où elle a atteint une hauteur suffisante (*fig.* 109). On la fixe alors contre une dernière perche transversale, puis on l'arrête en coupant son sommet tous les deux ans pendant l'hiver. Outre les opérations que nous venons d'indiquer, il faudra pratiquer des tontes sur les deux faces ver-

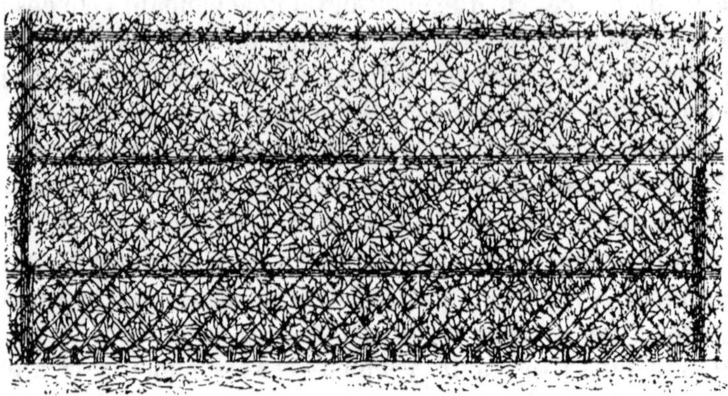

Fig. 200. — Haie croisée, vers sa sixième année de plantation.

ticales de la haie. Elles sont destinées à l'empêcher d'acquérir une épaisseur trop grande et aussi à forcer les rameaux de se ramifier davantage et de rendre la haie impénétrable. On appliquera une première tonte pendant le troisième hiver qui suivra le recepage, et cette opération sera répétée tous les deux ans. On se sert pour cela des ciseaux à tondre et du croissant (*fig.* 201, 202). Nous ne saurions trop nous élever contre cette pratique qui consiste à exécuter ces tontes pendant la végétation. On trouble ainsi la formation des organes destinés à entretenir la vie dans les jeunes arbres, et on les épuise notablement. La haie formée à l'aide des soins que nous venons de décrire, présente alors l'aspect de la figure 109.

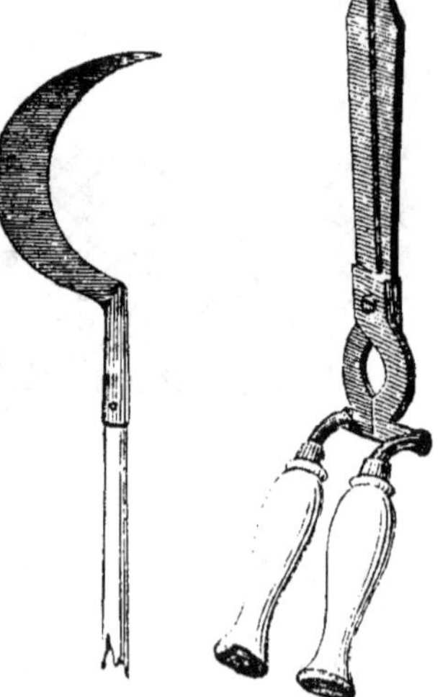

Fig. 201.   Fig. 202.

Croissant.   Ciseaux à tondre.

On conçoit qu'une haie ainsi disposée présente une très-grande solidité, en même temps qu'elle est impénétrable. Elle

11.

offre d'ailleurs sur l'ancien mode de formation les avantages suivants : elle s'élève plus rapidement, parce que, par suite de l'inclinaison des brins sur l'angle de 45°, ceux-ci se garnissent complétement de petits rameaux pour remplir les intervalles, sans qu'il soit nécessaire d'en raccourcir le sommet tous les deux ans, comme on est obligé de le faire dans l'ancien mode pour obtenir le même résultat. Elle devient aussi une clôture plus solide, parce qu'il devient impossible de la traverser ; tandis que, si les brins sont élevés verticalement, il suffit d'écarter ces brins aux points où quelques-uns d'entre eux sont un peu moins vigoureux pour passer facilement, et que, malgré les tontes réitérées auxquelles on les soumet, elles se dégarnissent vers la base par suite de la verticalité des tiges.

Entretien des haies. — Les soins d'entretien annuel que réclament les haies après leur formation complète se composent d'abord d'un binage et d'un labour, effectués l'un pendant l'été, l'autre avant ou après l'hiver ; puis d'une tonte pratiquée au sommet et sur les deux faces latérales.

Malgré ces tontes ainsi répétées, les haies finissent par acquérir trop d'épaisseur, il devient alors nécessaire de pratiquer un élagage qui porte sur le vieux bois. Cette opération est répétée à des époques plus ou moins éloignées, selon la vigueur de la haie. Cet élagage est sans inconvénient pour les haies croisées, parce qu'elles sont toujours assez serrées, mais il détermine presque toujours des vides dans les tiges verticales, vides souvent difficiles à remplir.

Quel que soit le soin que l'on aura apporté à la plantation d'une haie, il pourra se faire que quelques-uns des brins deviennent languissants et finissent par périr. Les remplacements devront toujours être faits le plus tôt possible. Plus on tardera, moins ils auront de succès, parce que les racines des plants voisins du vide auront envahi l'espace. Toutes les fois qu'on aura à faire de ces remplacements, il faudra opérer sur une longueur d'au moins 0^m,80. On préparera le sol comme pour une plantation nouvelle, puis la tranchée étant ouverte, on placera à chaque extrémité une petite planche aussi profonde et aussi large que la tranchée, et qui sera destinée à empêcher les racines voisines d'envahir l'espace nécessaire aux nouveaux plants.

On donne d'ailleurs à ceux-ci des soins analogues à ceux qu'on a appliqués aux premiers.

Rajeunissement des haies. — Il arrive un moment où la haie, fatiguée par les tontes et les élagages successifs, finit par dépérir. Ce résultat se produit à un âge plus ou moins avancé, selon l'espèce d'arbre qui a formé la plantation, selon les soins plus ou moins intelligents qu'on a employés, selon enfin la richesse du sol. Il convient alors, pour rendre à cette haie sa vigueur première, de la receper à quelques centimètres du sol, et cela à la fin de l'hiver. Si le sol n'est pas calcaire, il sera bon, pour activer la végétation, de pratiquer un marnage abondant avant l'hiver, sur une largeur de $0^m,70$ de chaque côté de la haie. Cette marne, suffisamment délitée par les gelées, est enterrée au printemps par un labour profond avec la bêche trident (*fig.* 197) ou la houe bident (*fig.* 198). Ce labour est également pratiqué dans le cas où l'on ne marnerait pas.

Les souches donnent lieu pendant l'été suivant à de nombreux et vigoureux bourgeons, auxquels on applique les soins précédents pour en former une nouvelle haie. Ce rajeunissement pourra être répété plusieurs fois de suite.

Restauration des haies. — Une dernière question nous reste à examiner, c'est la possibilité de restaurer les haies commencées suivant l'ancien mode, c'est-à-dire dont chacun des brins s'est allongé verticalement. Cette opération est des plus faciles, mais c'est à une condition, c'est que cette haie sera complétement recepée. On lui appliquera alors le mode de recepage que nous venons de décrire, et à la fin de la seconde année la haie sera complétement rétablie.

CHAPITRE VIII

PRINCIPALES MALADIES DES ARBRES ET ARBRISSEAUX

INDIQUÉS DANS LES CHAPITRES PRÉCÉDENTS.

Les maladies qui attaquent les espèces ligneuses dont nous avons parlé dans les chapitres précédents sont assez nombreuses ; nous ne parlerons que des principales. Ces altérations sont surtout déterminées soit par la malveillance ou l'ignorance des hommes, soit par les intempéries, soit enfin par la présence de certains insectes nuisibles.

Malveillance ou ignorance. — Les altérations résultant de la malveillance ou de l'ignorance de l'homme sont surtout les *ulcères*, la *carie*, les *empoisonnements*, l'*asphyxie*.

Ulcères. — Lorsqu'une plaie faite à un arbre pénètre jusqu'au corps ligneux et le laisse exposé à l'influence de l'air, l'humidité atmosphérique et l'eau des pluies altèrent les couches extérieures de l'aubier et déterminent l'écoulement d'un liquide de couleur brune et d'une grande âcreté. Cet écoulement empêche même la formation des bourrelets sur les bords de la plaie ; de sorte qu'au lieu de diminuer, l'étendue de la plaie s'étend sans cesse en altérant progressivement l'écorce environnante et le corps ligneux. Cette plaie peut déterminer la mort de l'arbre si l'on n'y porte remède. C'est à cette maladie qu'on donne le nom d'*ulcère* ou de *gouttière*. Les ulcères se manifestent d'autant plus facilement, que les plaies présentent une surface moins unie, et que cette surface, en s'éloignant davantage de la ligne verticale, permet à l'eau des puits d'y séjourner plus facilement.

Le remède le plus efficace à employer dans cette circonstance est le suivant. On enlève d'abord, et alors jusqu'au vif, toute la partie de l'écorce qui est altérée, ainsi que le bois décomposé ou déchiré, afin qu'il en résulte une plaie bien nette ; puis, après avoir laissé cette plaie exposée à l'air pendant un jour ou deux, pour qu'elle se dessèche, on la recouvre complétement avec un *englument*.

On a successivement proposé à cet effet diverses substances: d'abord l'*onguent de saint Fiacre*, composé de terre argileuse, de bouse de vache et de bourre ; puis l'*onguent de Forsyth* dont nous donnons la composition plus bas; enfin le *mastic à greffer*, qui doit être composé de telle sorte qu'il ne coule pas sous l'influence du soleil et qu'il ne soit pas fendillé par la gelée.

Voici la composition de l'un des meilleurs :

Poix noire	28
— de Bourgogne.......	28
Cire jaune	16
Suif	14
Cendres tamisées ou ocre.	14
	100

Pour 100 parties en poids.

Ce mélange doit être employé assez chaud pour être liquide, mais pas assez pour altérer les tissus de l'arbre. On l'étend sur les plaies à l'aide d'une petite brosse.

Le mastic à greffer devra être préféré aux onguents : ces derniers se fendillent sous l'action de la chaleur ou sont entraînés par les pluies. Toutefois le mastic à greffer offre l'inconvénient de donner lieu à une dépense élevée lorsqu'on doit l'employer en grande quantité. Dans ce cas, on pourra le remplacer par de la *poix noire* en prenant le soin de renouveler cet englument de temps en temps jusqu'à ce que la plaie soit cicatrisée.

Nous ne saurions trop blâmer l'emploi du goudron de gaz ou *coaltar* essayé parfois pour couvrir les plaies des arbres. Cette matière contient des substances corrosives qui détruisent souvent les tissus vivants avec lesquels on la met en contact. Telle est du moins l'observation que nous avons faite plusieurs fois.

Carie. — Lorsque les ulcères restent longtemps abandonnés à eux-mêmes, ils donnent lieu à une autre maladie. Le corps ligneux mis à nu, restant exposé à l'influence de l'air qui le décarbonise et à celle de l'humidité des pluies, finit par se décomposer, et se corrompt. Cet autre accident se nomme *carie*. Si cette maladie fait des progrès, tout le corps ligneux du tronc ou de la branche où elle se manifeste se décompose de proche en proche ;

de telle sorte, qu'au bout d'un certain nombre d'années l'arbre devient entièrement creux, et que sa durée est sensiblement diminuée. Lorsque la carie est arrivée à ce point, il n'est plus possible de réparer les dégâts qu'elle a occasionnés. On peut cependant, si l'on tient à conserver l'arbre attaqué, prolonger son existence en empêchant l'action de l'air et de l'humidité sur les parois de la cavité qui s'est produite.

A cet effet, on comble cette cavité jusqu'à l'orifice avec des pierres et du mortier ordinaire composé de chaux et de sable. Arrivé à ce point, on ferme complétement l'ouverture, de manière que l'eau des pluies ne puisse pas y séjourner. On emploie, dans ce but, l'onguent de Forsyth, dont voici la composition :

Bouse de vache	500 gr.
Plâtre	250
Cendres de bois	350
Sable siliceux	30

Ces trois dernières substances étant parfaitement criblées, on y ajoute la bouse de vache, de manière à en former une sorte de pâte. Avant d'appliquer cet onguent, on aura dû enlever avec soin toutes les parties d'écorce et de bois desséchées, de manière que les bords de la plaie, mis au vif, puissent développer des bourrelets qui devront fermer l'ouverture. Nous pensons qu'une couche épaisse de poix noire renouvelée de temps en temps donnera le même résultat. Nous donnons (*fig.* 203) la coupe verticale du tronc d'un arbre ainsi opéré.

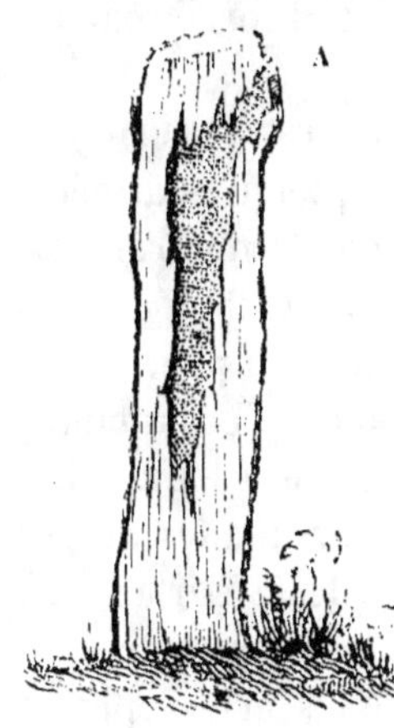

Fig. 203.

Coupe verticale du tronc d'un arbre opéré après la carie. A, couche d'onguent de Forsyth.

Quoique le procédé que nous venons d'indiquer puisse paraître bizarre, nous affirmons qu'il est employé avec beaucoup de succès pour des arbres fruitiers dans les vergers. Nous croyons donc qu'on peut l'étendre avec avantage aux arbres forestiers et d'ornement dont on voudrait, par un motif quelconque, prolonger la durée.

Empoisonnements. — D'autres maladies, déterminées par l'incurie des hommes, attaquent encore les arbres : tels sont les empoisonnements causés par certaines substances, liquides ou gazeuses, mises en contact avec les racines ou les feuilles.

Dans le voisinage des fabriques de produits chimiques et de tous les établissements d'où s'échappent d'abondantes vapeurs acides ou ammoniacales, on voit souvent les feuilles des arbres entièrement desséchées, ceux-ci rester languissants et périr après une lutte de quelques années. Ce résultat est dû, à n'en pas douter, à l'action des vapeurs, qui corrodent les parties vertes. Il n'est pas de remède contre ces influences fâcheuses ; on devra donc s'abstenir de planter dans ces localités, ou, du moins ne le faire que du côté le moins exposé à ces émanations pernicieuses.

Depuis que l'éclairage au gaz a pris dans nos villes une grande extension, un accident de même nature se manifeste souvent parmi les arbres des promenades publiques qui avoisinent les conduits destinés à la circulation de ce gaz. On voit un certain nombre de ces arbres perdre leurs feuilles et mourir tout à coup. C'est encore là un véritable empoisonnement produit par une fuite de gaz. Ce fluide, répandu dans le sol, est absorbé par les racines et détermine la mort de l'arbre.

Asphyxie. — Quelquefois aussi, on voit les arbres de certaines plantations qui, après avoir prospéré pendant quelques années, cessent tout à coup de se développer, languissent et meurent. Ce résultat se remarque toujours lorsque le sol a été tout à coup exhaussé à $0^m,50$ au moins au-dessus de son niveau primitif. Il se produit alors pour l'arbre une véritable asphyxie. Les racines, ne pouvant plus recevoir l'influence de l'air, cessent leurs fonctions et pourrissent. Quelquefois cependant, lorsque les arbres sont jeunes, ils développent dans le voisinage de la surface du sol de nouvelles racines qui remplacent bientôt les premières, et l'arbre finit par reprendre sa vigueur. Dès que les arbres placés dans de semblables circonstances présenteront cet état languissant, on devra se hâter d'enlever la terre qui surcharge le sol.

Intempéries. — Les intempéries déterminent souvent, dans les arbres de haut jet, des maladies d'autant plus redoutables, qu'il est impossible de les prévoir et qu'il est très-difficile d'y remédier.

Roulure. — Cet accident résulte de l'action des gelées tardives. Ainsi, il arrive parfois que les arbres sont en pleine végétation,

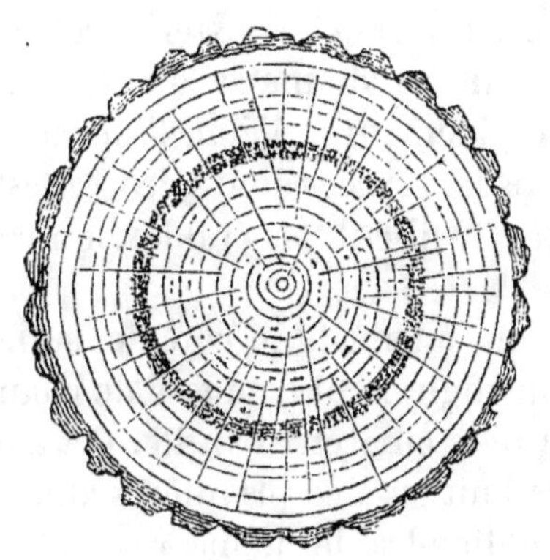

Fig. 204. — Coupe d'un tronc d'arbre atteint de la roulure.

que la couche ligneuse de l'année a commencé à s'organiser et qu'il survient alors vers la fin de mai une forte gelée. Cet abaissement de température peut désorganiser, non-seulement les bourgeons et les feuilles des arbres, mais encore la couche ligneuse en état de formation. Celle-ci apparaît alors sur la coupe transversale du tronc sous forme d'une zone de couleur brune (*fig.* 204). Cet accident, qu'on ne peut prévenir et auquel on ne peut remédier, enlève aux arbres de haut jet une grande partie de leur prix comme bois d'œuvre.

Gelivure ou *cadranure*. — Lorsque les troncs renferment beaucoup d'humidité et qu'un grand abaissement de température se produit subitement, il se manifeste dans toute l'épaisseur du corps ligneux des *fentes* longitudinales qui, partant du centre, rayonnent vers la circonférence et déchirent même l'écorce (*fig.* 205). C'est la maladie connue sous le nom de *cadranure*. On voit souvent apparaître, à la suite de cet accident, et par ces fentes, des écoulements, qui se transforment en ulcères particulièrement connus sous le nom de *gouttières*, et qui enlè-

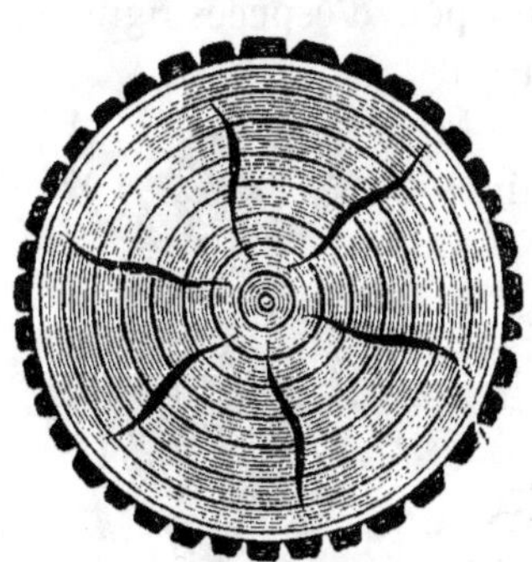

Fig. 205. — Tronc d'arbre atteint de la cadranure.

vent au tronc presque toute sa valeur. Aussitôt que ces fentes apparaissent sur l'écorce, il faut enlever avec un instrument bien tranchant les deux côtés de la plaie longitudinale, sur une largeur de 2 centimètres environ, et la recouvrir avec du mastic à greffer. La cicatrisation s'opère et l'écoulement n'a pas lieu.

Coups de soleil. — Les jeunes arbres à haute tige présentent souvent cette particularité, que l'écorce du tronc, frappée par les rayons du soleil couchant, se dessèche, se crevasse et tombe, en laissant à nu le corps ligneux. On observe rarement cet accident sur l'orme et sur les espèces dont les couches extérieures, cédant promptement à l'accroissement en diamètre du corps ligneux, se déchirent et passent rapidement à l'état d'inertie. Il est au contraire très-fréquent dans les espèces dont l'écorce reste longtemps lisse : tels sont le hêtre, le tilleul, les érables, le marronnier d'Inde, etc.

Pour prévenir cette décortication, on abrite le côté de la tige exposé au soleil couchant avec un englument composé de chaux éteinte, à laquelle on ajoute un tiers environ d'argile. Cet abri devra être maintenu pendant les huit ou dix premières années qui suivent la plantation. On obtiendra le même résultat en fixant sur ce côté de la tige un demi-cylindre d'écorce d'arbre.

Quant aux arbres déjà décortiqués, il faut, pour arrêter la carie et faciliter la cicatrisation des plaies, enlever jusqu'au vif les parties malades, et recouvrir toute la plaie de mastic à greffer, recouvert lui-même de l'englument de chaux et d'argile dont nous venons de parler.

Insectes nuisibles. — Il y a bien peu d'espèces ligneuses qui n'aient à nourrir un nombre plus ou moins considérable d'insectes. Lorsque le nombre de ceux-ci ne dépasse pas certaines limites, les dommages qu'ils causent sont peu importants. Mais sous l'influence de certaines circonstances favorables à leur multiplication ils deviennent un véritable fléau, et l'on doit alors songer à les détruire. Nous ne citerons ici que les espèces les plus redoutables, en commençant par les coléoptères.

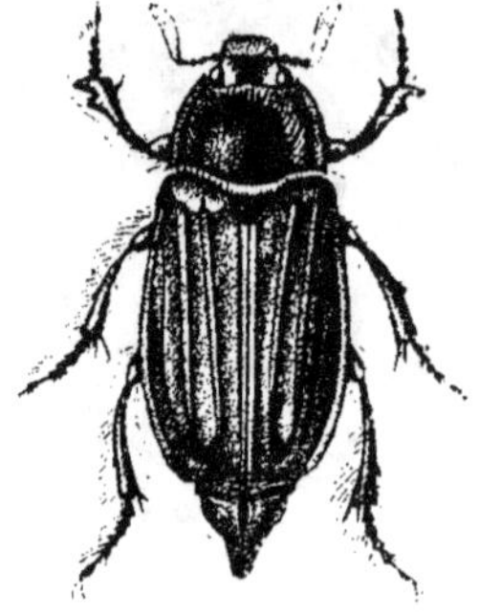
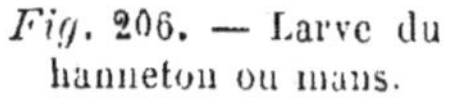

Fig. 206. — Larve du hanneton ou mans.   Fig. 207. — Hanneton commun.

Le *hanneton commun* (*Scarabœus melolontha*, L.) (*fig.* 206), dévore entièrement, dans certaines années, les feuilles et les jeunes bourgeons. Sa larve (*fig*. 207), connue sous les noms de *mans* ou *ver blanc*, de *turc*, ronge les racines et fait souvent périr les arbres. Il n'y a d'autre moyen de combattre la multiplication de cet insecte vraiment désastreux que de le détruire, soit à l'état parfait, soit à l'état de larve; encore n'arrivera-t-on à le faire utilement qu'alors que chaque propriétaire sera contraint de l'appliquer sur toute l'étendue des terres qu'il exploite.

Toutefois nous engageons à ne pas renoncer à sa destruction, même partielle, car l'expérience semble démontrer que ces insectes s'éloignent peu de l'endroit où ils sont nés. Une plantation qui en aura été purgée sera donc moins exposée que les autres à en être ravagée ensuite. Ainsi, au printemps de l'année de l'apparition des hannetons, ce qui a lieu abondamment tous les trois ans pour la même localité, on devra les faire recueillir avec soin en ébranlant fortement, surtout le matin, les arbres sur lesquels ils se sont posés. Ces insectes seront ensuite détruits par le feu, l'eau bouillante ou la chaux-vive. Quant aux larves, elles seront ramassées toutes les fois que le sol sera remué, du printemps à l'automne. Comme elles exercent particulièrement de grands ravages dans les pépinières et dans les jeunes plantations, il sera utile de faire fouiller avec précaution au pied des jeunes arbres qui paraîtront languissants, afin de détruire les mans qui rongent les racines.

Enfin, dans les localités habituellement exposées aux dégâts de cet insecte, il sera bon de ne pas détruire certains animaux qui lui font une guerre acharnée. Tels sont le renard, la martre, la fouine, le blaireau, le hérisson, la chauve-souris et la taupe, qui détruit les larves. Parmi les oiseaux, nous citerons la corneille, le hibou, la chouette, les busards, les buses, la crécelle, l'émouchet, et un grand nombre d'autres petits oiseaux. Certains animaux de basse-cour, tels que les poules, les canards, les oies, les cochons, se nourrissent aussi volontiers de cet insecte.

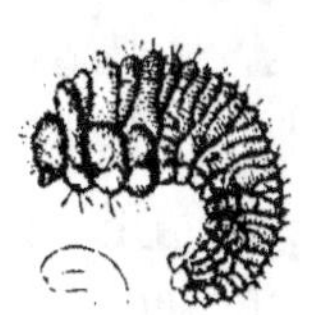

Fig. 209.
Bostriche typographe.

Fig. 210. — Larve du bostriche typographe.

Le *bostriche typographe* (*Bostrichus typographus*, Fab.) (*fig*. 209), attaque particulièrement les sapins. Sa larve (*fig*. 210) ronge pendant tout l'été les couches du liber de ces arbres, qui, bientôt, jaunissent, se dessèchent partiellement et périssent. Pour se garantir du typographe, on favorise la multiplication des oiseaux de nuit, des campagnols, des pics, des mésanges, des pinsons et de plusieurs autres espèces de passereaux. Il faut aussi sacrifier immédiatement les arbres atteints par cet insecte, et les brûler. Néanmoins, comme le bostriche choisit les arbres malades pour y déposer ses œufs, il sera bon de laisser gisants sur le sol quelques arbres encore verts, et de ne les brûler qu'après la pousse.

Le *bostriche du pin sylvestre* (*Bostrichus pinastri*, Bechst.) (*fig.* 211). — Cette espèce vit particulièrement sur le pin sylvestre, et sa larve attaque, comme le précédent, les arbres morts

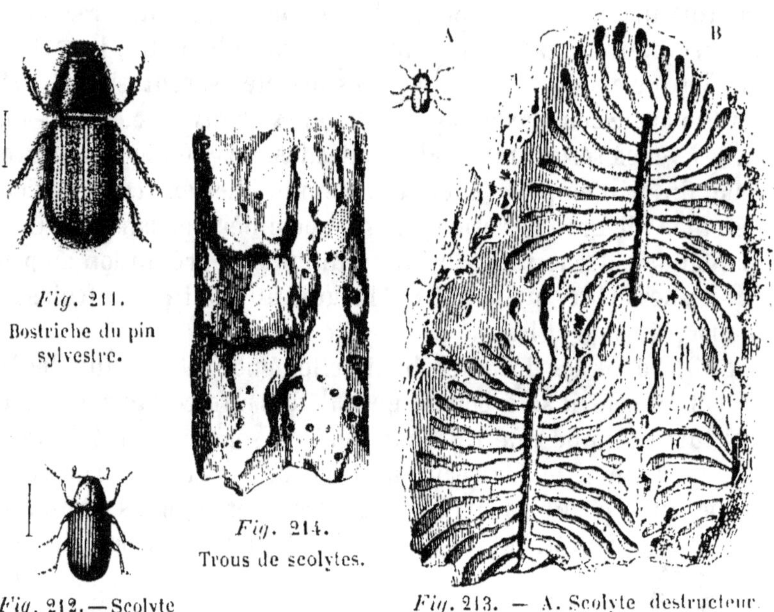

Fig. 211.
Bostriche du pin
sylvestre.

Fig. 214.
Trous de scolytes.

Fig. 212.—Scolyte
piniperde.

Fig. 213. — A. Scolyte destructeur.
B. Écorce attaquée par ce scolyte.

ou vivants, gisants sur le sol ou sur pied. On se garantit de ses ravages et on le détruit par les mêmes moyens que le typographe.

Le *scolyte piniperde* (*Scolytus piniperda*, Oliv.) (*fig.* 212). — On le trouve sous l'écorce des bois résineux de 40 à 70 ans, auxquels il cause souvent de très-grands dommages. Il perce aussi un trou dans les jeunes pousses des pins sylvestres et dé-

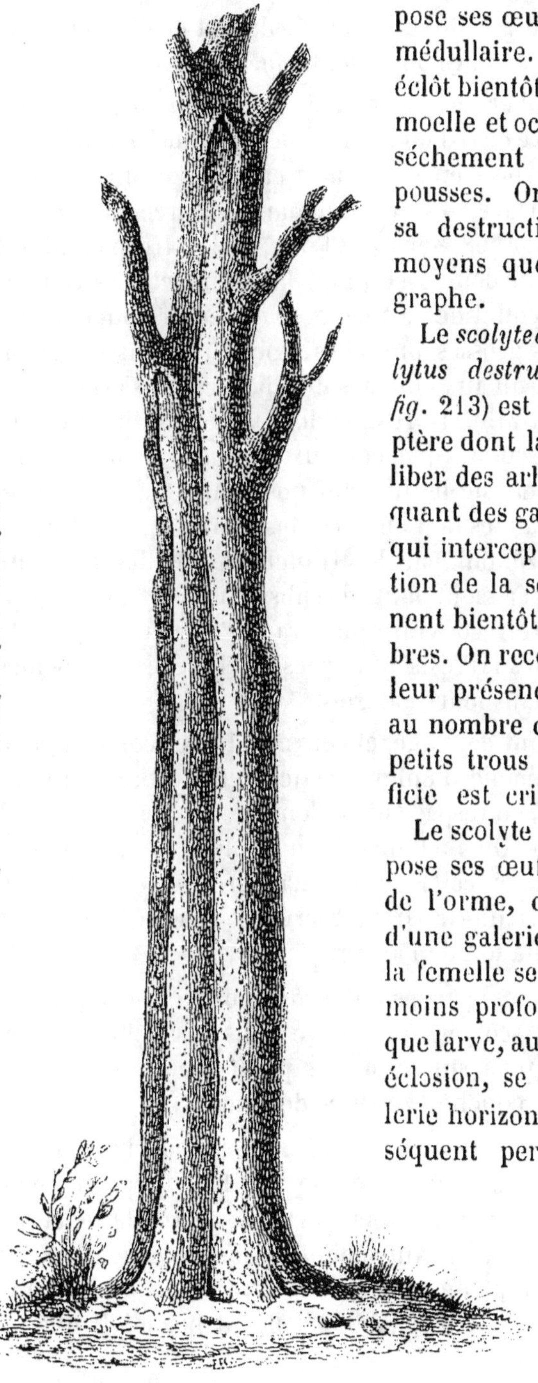

Fig. 215. — Arbre opéré pour le scolyte.

pose ses œufs dans le canal médullaire. Sa larve, qui éclôt bientôt après, ronge la moelle et occasionne le desséchement et la chute des pousses. On emploie pour sa destruction les mêmes moyens que pour le typographe.

Le *scolyte destructeur* (*Scolytus destructor*, Lat.) (A, *fig*. 213) est un autre coléoptère dont la larve ronge le liber des arbres en y pratiquant des galeries (*fig*. 213) qui interceptent la circulation de la séve et déterminent bientôt la mort des arbres. On reconnaît d'ailleurs leur présence sous l'écorce au nombre considérable de petits trous dont sa superficie est criblée (*fig*. 214).

Le scolyte destructeur dépose ses œufs dans l'écorce de l'orme, de chaque côté d'une galerie verticale que la femelle se creuse plus ou moins profondément. Chaque larve, aussitôt après son éclosion, se creuse une galerie horizontale et par conséquent perpendiculaire à celle de la mère et dont le diamètre augmente d'autant plus que la larve s'éloigne de son point de départ et approche davantage de son entier développement (*fig.* 213, A).

M. Eugène Robert a pensé avec raison qu'on peut détruire un grand nombre de ces larves en opérant ainsi les arbres attaqués : Pour les arbres encore jeunes et dont l'écorce est à peine rugueuse à sa surface, on pratique dans l'écorce des tranchées larges de 0ᵐ,06 à 0ᵐ,08, séparées l'une de l'autre par un intervalle d'une largeur double et qu'on laisse intact. Ces tranchées, qui naissent du collet de la racine et qui se prolongent jusqu'à la naissance des grosses branches, doivent être assez profondes pour pénétrer jusqu'aux couches du liber les plus vivantes, sans les attaquer (*fig.* 215). Il résulte de cette opération que toutes les galeries des scolytes placées sur le parcours des tranchées sont mises à nu et que les insectes meurent. Quant aux galeries placées sur les bandes non opérées, les larves sont arrêtées dans leur trajet horizontal par les tranchées qu'elles rencontrent bientôt et elles périssent faute de subsistance. Si quelques-unes échappent, l'arbre recouvrant une grande vigueur, par suite de cette opération, les larves sont noyées par la séve plus abondante qui s'extravase dans leurs galeries.

Si les arbres sont déjà âgés et couverts d'une écorce rugueuse, il est plus convenable d'enlever cette vieille écorce sur toute la surface du tronc, en respectant seulement les couches du liber les plus vivantes. On met ainsi à nu le plus grand nombre des larves du scolyte, et celles qui échapperont à cette opération seront bientôt détruites par la recrudescence qui se manifestera dans la végétation de l'arbre.

Si enfin certaines parties de l'écorce ont été complétement détruites par le scolyte, on enlève tous les débris desséchés jusqu'à l'aubier, puis sur les autres points on détache la vieille écorce jusqu'aux couches vivantes du liber.

Pour compléter cette opération, il faut recouvrir les surfaces où le liber a été mis à nu, avec une bouillie composée de deux parties de chaux éteinte, d'une partie de terre glaise, et d'une suffisante quantité d'eau. Autrement ces jeunes couches du liber seraient trop promptement desséchées par l'action de l'air ou l'ardeur du soleil. Si les plaies pénètrent jusqu'à l'aubier, on remplace l'englument précédent par du mastic à greffer ou de la poix noire, afin d'empêcher la carie du bois.

Ces diverses opérations doivent être pratiquées pendant le repos de la végétation.

Une observation qui s'applique à tous les insectes dont les larves se nourrissent des parties vivantes de l'aubier ou de l'écorce, c'est que ces insectes attaquent de préférence les individus languissants dont ils ne font que hâter la fin. Il semblerait que ces larves sont gênées dans les arbres vigoureux, par l'abondance de la séve et par l'accroissement rapide et continu des tissus où elles vivent. Aussi, le moyen le plus efficace de diminuer les ravages de ces insectes consiste à placer les arbres dans des conditions telles qu'ils présentent constamment une végétation prompte et vigoureuse.

La *cantharide des boutiques* (*Meloe vesicatorius*) (*fig. 216*). — Cet insecte, bien connu par ses propriétés vésicantes, attaque plusieurs arbres à feuilles caduques, et surtout les frênes, dont

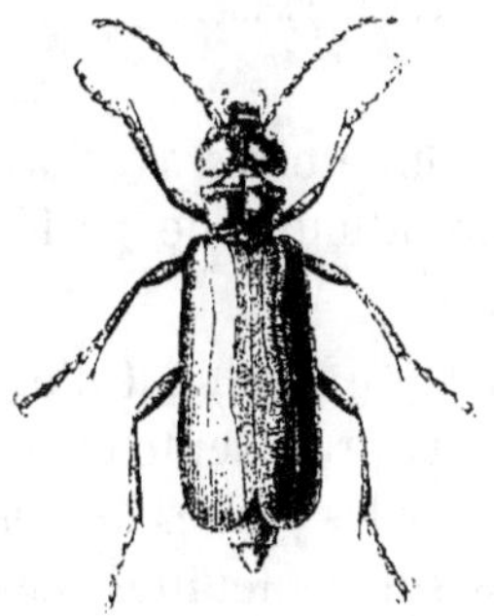

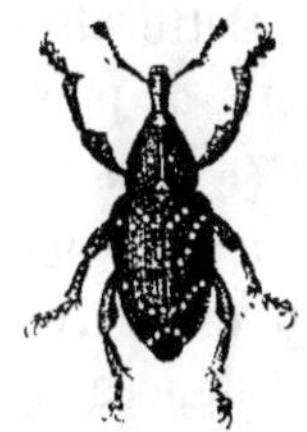

Fig. 216. — Cantharide des boutiques.   Fig. 217. — Rhynchène des pins.   Fig. 218. — Larve du rhynchène des pins.

il dévore toutes les feuilles. En secouant le matin les jeunes arbres, les cantharides tombent; on les ramasse et on les jette dans du vinaigre pour les vendre aux pharmaciens.

Le *rhynchène des pins* (*Rhynchœnus pineti*, Fab.) (*fig. 217*). — Comme celle du scolyte piniperde, sa larve (*fig. 218*) s'introduit dans la moelle des bourgeons du pin sylvestre et fait périr les jeunes arbres. Elle ronge aussi le liber du pin et du sapin et produit les mêmes accidents que les bostriches. On emploie le même mode de destruction.

La *chrysomèle du peuplier* (*Chrysomela populi*) (*fig.* 219). —
Cet insecte, à l'état parfait, a des élytres d'un beau rouge avec

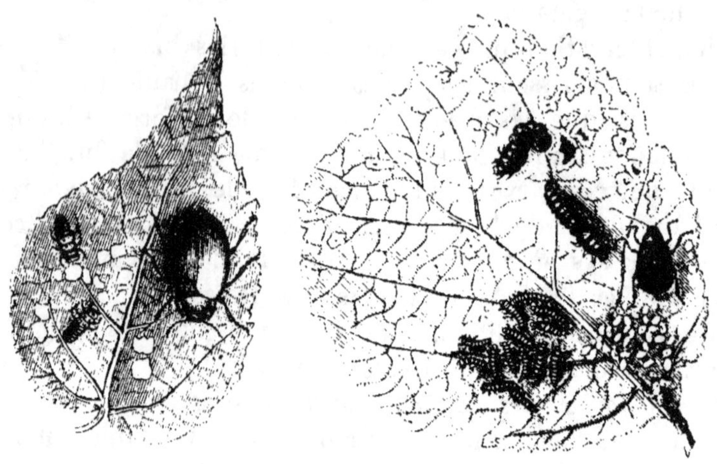

Fig. 219. — Larve et insecte
parfait de la chrysomèle du   Fig. 220. — Œufs, larves et insecte parfait de
peuplier.   la chrysomèle de l'aune.

un corselet d'un bleu d'acier. Ses larves sont noires avec des
verrues dorsales blanches. Cette chrysomèle attaque de préférence les jeunes plantations de peupliers.

La *chrysomèle de l'aune* (*Chrysomela alni*) (*fig.* 220) est d'un
bleu d'acier, elle est un peu plus petite que la précédente et ses
larves sont noires. Elle vit exclusivement sur les jeunes arbres
dont elle porte le nom, et dépose ses œufs sur les feuilles. Les
larves de ces deux chrysomèles, ainsi que celles de quelques
autres espèces de la même famille, font parfois un tort considérable aux pépinières ou aux jeunes plantations dont elles mangent les feuilles.

On en détruit le plus grand nombre en faisant passer dans
la pépinière ou dans les jeunes coupes des ouvriers armés d'un
bâton dont ils frappent doucement les rameaux au-dessous desquels ils tendent en même temps une large poche qui reçoit les
insectes.

Parmi les orthoptères, nous ne connaissons guère que la
courtillière commune, taupe-grillon, ou *taupette* (*Gryllus gryl-*

lotalpa) (*fig.* 221), qui soit redoutable pour les cultures d'arbres.

Fig. 221. — Taupe-grillon femelle.

L'insecte, à l'état parfait, est pourvu d'ailes entièrement développées. Les larves plus ou moins âgées (*fig.* 222) se distinguent seule-

Fig. 222. — Œufs du taupe-grillon et larves.

ment par l'absence des ailes et par leurs moindres dimen-sions. Les femelles déposent, en juin et en juillet, dans des mottes de terre, jusqu'à deux cents œufs d'un blanc jaunâtre et de la grosseur d'un grain de chènevis (*fig.* 222). Cet insecte cause aussi de grands ravages dans les pépinières et dans les jeunes plantations, en coupant les racines
pour établir ses nombreuses galeries souterraines. Le procédé
le moins dispendieux qu'on puisse employer pour leur destruction consiste à fouiller la terre, vers le mois de juin, dans le
voisinage des jeunes plants que leur état souffrant signale
comme attaqués par la courtillière. On détruit ainsi les nids qui
renferment les œufs.

On compte aussi parmi les hyménoptères quelques insectes nuisibles aux forêts. De ce nombre sont surtout les deux suivants :

La *tenthrède du pin* (*Tenthredo pini*, Geof.) (*fig.* 223). — Les larves de cette mouche (*fig.* 224) vivent sur le pin sylvestre, dont elles dévorent les feuilles. Pour les détruire, on conduit dans la plantation un troupeau de cochons, au moment où l'on remarque que ces larves tombent sur le sol pour y filer leurs cocons (*fig.* 225); les cochons les mangent avidement.

La *tenthrède des champs* (*Tenthredo campestris*) (*fig.* 226) est plus grande que la précédente. Ses larves (*fig.* 227) se nourrissent également des feuilles du pin sylvestre. Fixées d'abord vers le sommet des jeunes rameaux, elles s'enveloppent de leurs crottes retenues par la toile qu'elles filent, et cheminent ainsi en descendant et en dévorant toutes les feuilles qu'elles trouvent sur leur passage.

On les détruit comme l'espèce précédente.

Les *lépidoptères* ou papillons sont les insectes qui causent le plus de ravages dans nos plantations, tant par leur prodigieuse multiplication que par la consommation considérable que font leurs larves ou chenilles des bourgeons, des feuilles, de l'écorce, et même du corps ligneux de nos arbres. Les plus dangereux appartiennent à la famille des papillons nocturnes. Ce sont surtout les suivants :

Le *cossus ronge-bois* (*Cossus ligniperda*, Fab.) (*fig.* 228) est une des grandes espèces les plus nuisibles. Il est d'un gris cendré, avec de petites lignes noires, nombreuses, sur les ailes supé-

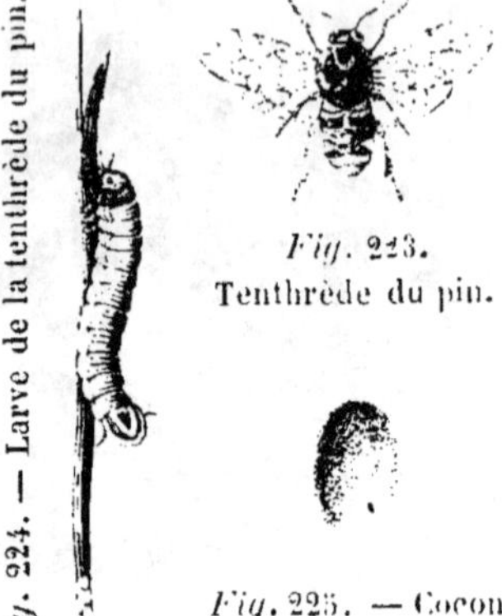

Fig. 223.
Tenthrède du pin.

Fig. 224. — Larve de la tenthrède du pin.

Fig. 225. — Cocon de la tenthrède du pin.

Fig. 226.
Tenthrède des champs.

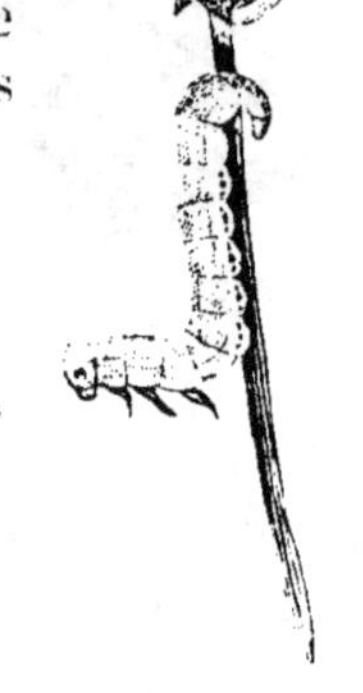

Fig. 227.
Larve et cocon de la tenthrède des champs.

rieures. La chenille attaque les saules, les peupliers, le chêne et

Fig. 228. — Cossus ronge-bois ; papillon femelle.

particulièrement les plantations d'ormes, dans lesquelles elle cause des ravages considérables. Cette chenille (*fig.* 229), de la

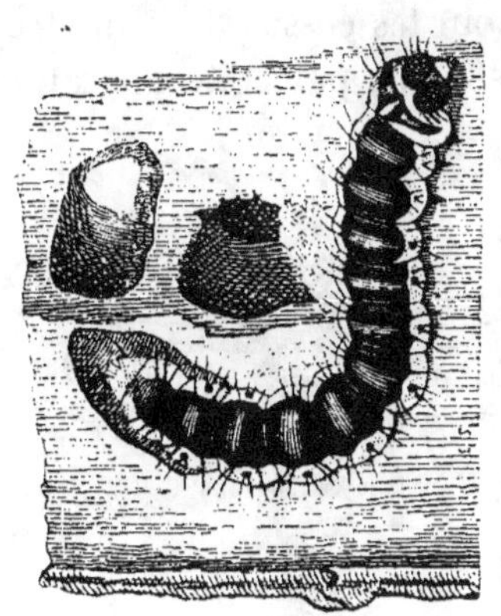

Fig. 229.
Larve de cossus ronge-bois.

grosseur du petit doigt, est de couleur rougeâtre, avec des bandes transversales d'un rouge de sang. Elle pénètre, jeune encore, au-dessous de l'écorce, où elle pratique, aux dépens des couches d'aubier les plus jeunes et des couches du liber, de nombreuses galeries qui interrompent la circulation de la séve, rendent l'arbre languissant, et souvent même le font périr.

La présence de ces larves est indiquée par un suintement rougeâtre accompagné d'un peu de détritus semblables à de la sciure de bois qui s'échappe par des ouvertures irrégulières.

Il est malheureusement très-difficile de détruire cet insecte ;

le seul moyen de diminuer son abondance consiste à faire la chasse aux papillons de cette espèce, qu'on rencontre fréquemment, vers le milieu de l'été, appliqués contre le tronc des ormes, et aux cocons (*fig.* 230) ou aux chrysalides (*fig.* 231) que

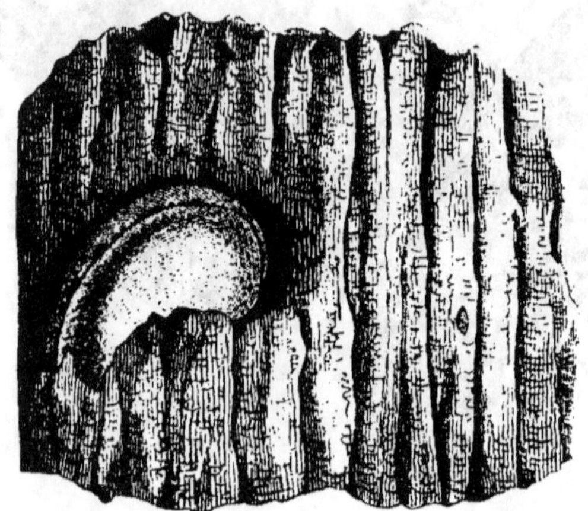

Fig. 231.

Fig. 230. — Cocon de cossus.   Chrysalide de cossus.

la chenille fait sous l'écorce, à l'orifice de ses galeries. Le procédé que nous avons indiqué plus haut pour la destruction du scolyte produit aussi de très-bons résultats pour les cossus dont un très-grand nombre des larves sont mises à nu par cette opération.

On peut enfin introduire un fil de fer pointu dans les galeries qu'elles ont creusées et les détruire ainsi en les piquant.

La *sésie apiforme* (*Sesia apiformis*) (*fig.* 232), papillon assez petit, à ailes transparentes et offrant l'aspect et la couleur de la guêpe frelon. La chenille est blanchâtre, avec une

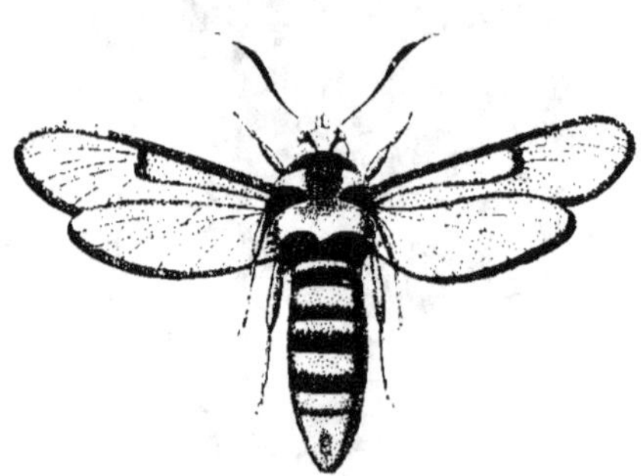

Fig. 232. — Sésie apiforme.

ligne médiane de couleur obscure, sur le dos. Cette larve attaque de préférence la base de la tige et les racines des peupliers et des saules. On emploie le même mode de destruction que pour l'espèce précédente. Les papillons paraissent vers le milieu de juillet.

Le *bombyce processionnaire* (*Bombyx processionea*, Réaum.) (*fig.* 233) est assez petit. Il est d'un gris sale et brunâtre, avec

Fig. 233. — Bombyce processionnaire; papillon mâle.

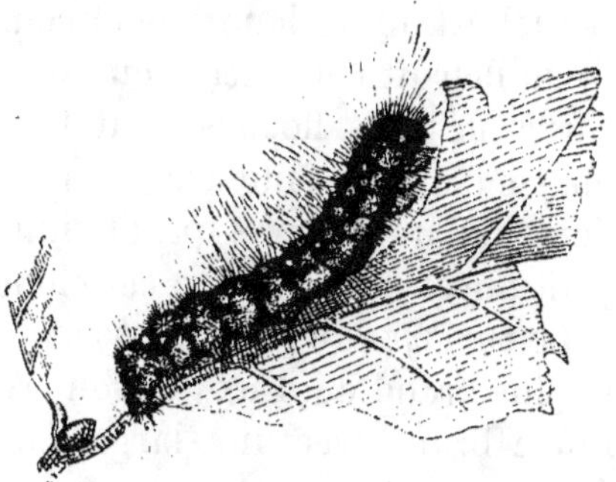

Fig. 234.
Larve du bombyce processionnaire.

des raies transversales, claires et foncées, qui s'alternent. La chenille (*fig.* 234) est d'un gris bleuâtre ou rougeâtre, et hérissée de poils fort longs. Elle porte, sur la ligne médiane du dos, des raies transversales et de petites excroissances d'un rouge brun. Le papillon prend son essor en août; il dépose ses œufs sur l'écorce du chêne, et les chenilles, qui éclosent en mai, voyagent sur l'arbre par ascension et y vivent en société; après chaque

Fig. 235. — Bombyce du pin; individu femelle.

mue, les escadrons deviennent plus volumineux, et passent des arbres dévorés sur d'autres arbres. La mue de ces insectes s'effectue sous une toile de soie, filée dans les anfractuosités des branches, ou sur le tronc. Leur passage à l'état de chrysalide se fait aussi dans l'intérieur d'un grand réseau en forme de ballon, lequel est d'un blanc sale et commun pour tous.

On détruit cet insecte en enlevant, vers la fin de juillet, ces sortes de gros flocons dont les chenilles s'enveloppent; cette chasse doit être faite avec un racloir en fer, pour éviter les accidents inflammatoires qui atteignent les ouvriers touchés par le petit duvet qui recouvre ces chenilles.

Le *bombyce du pin* (*Bombyx pini*) (*fig.* 235). — Ce papillon est le plus grand de ceux qui sont réellement nuisibles. Il est d'un rouge brun, avec une large bande transversale d'une couleur différente, et présente, vers le centre des deux ailes antérieures, une tache blanche en forme de croissant. Pendant l'accouple-ment, ces insectes se tiennent les ailes pendantes et entrelacées (*fig.* 236). Ils sortent de leur chry-salide et commencent à voltiger vers le milieu de juillet. Les femelles pondent leurs œufs sur l'écorce des troncs (*fig.* 236), et quelquefois sur les rameaux.

Les chenillettes (*fig.* 236) com-mencent à éclore, deux ou quatre semaines après la ponte, suivant que la température est plus ou moins favorable; elles se diri-gent immédiatement sur les bourgeons des pins, pour les ron-ger. Les chenilles (*fig.* 237) se distinguent à leur couleur grise, rougeâtre, ou, plus souvent, d'un brun foncé. On les reconnaît surtout à deux entailles, d'un bleu d'acier, qu'elles présentent près du cou. Parvenues, en oc-tobre, à la moitié de leur crois-

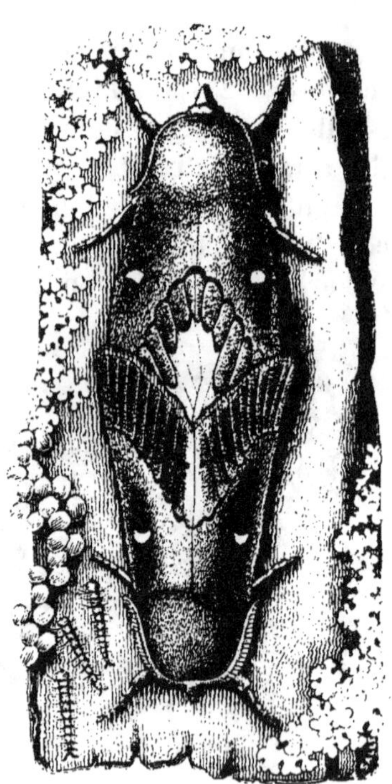

Fig. 236. — Bombyce du pin; œufs, jeunes chenilles et papillons accouplés

sance, elles se retirent, pendant l'hiver, sous la mousse, au pied des arbres; vers le mois d'avril elles remontent sur les arbres, recommencent leurs ravages, et dévorent les feuilles et les jeunes pousses des pins. Ce n'est qu'en juin qu'elles commencent à filer leurs cocons, à l'extrémité des rameaux (*fig.* 237)

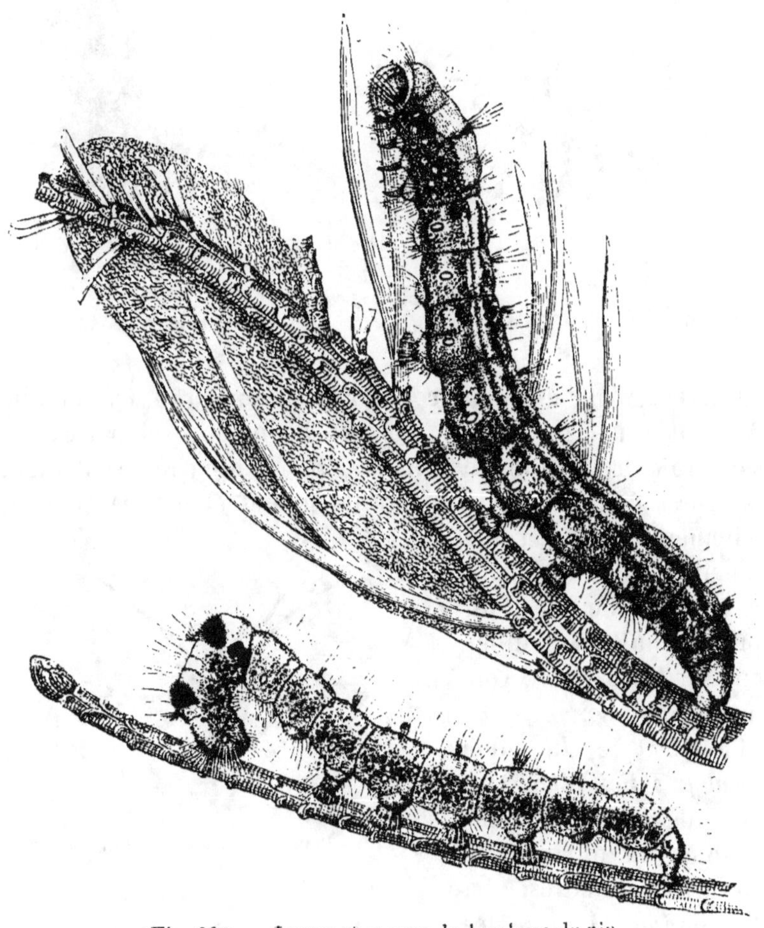

Fig. 237. — Larves et cocons du bombyce du pin.

ou sur l'écorce du tronc. Malheureusement, les cochons ne mangent pas les chenilles de ce papillon. On devra donc tâcher de diminuer le nombre de ces larves, soit en les recueillant, à la fin de l'automne, sous la mousse, au pied des pins, soit en détruisant les papillons, les cocons ou les œufs qu'on trouvera posés sur les troncs.

Le *bombyce à cul doré* (*Bombyx chrysorrhœa*) (*fig.* 238) est
blanc comme la neige, seulement la
laine dévidable qui se trouve à l'a-

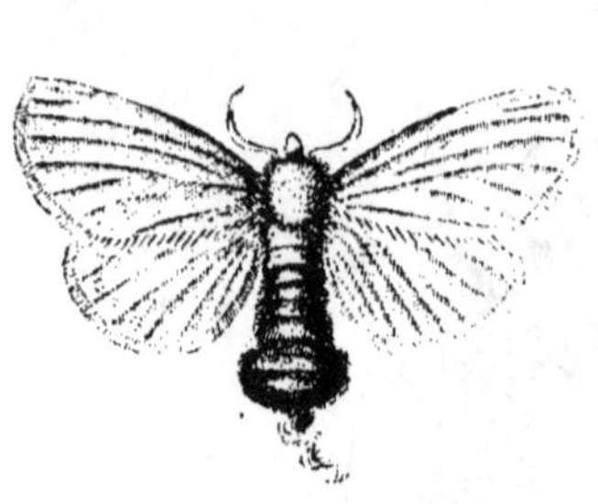

Fig. 238.

Bombyce à cul doré; papillon femelle.

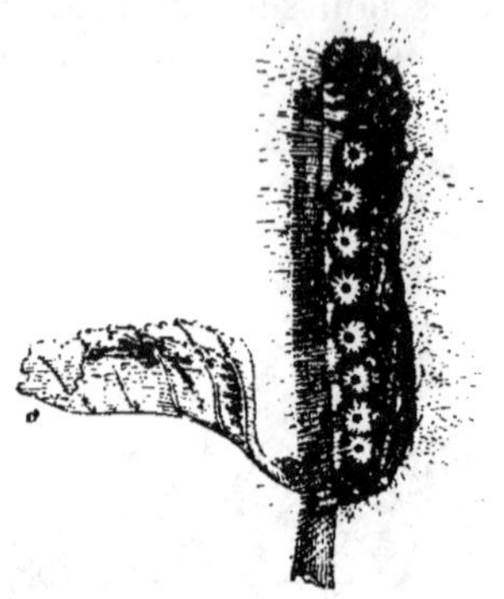

Fig. 239.

Larve du bombyce à cul doré.

nus de la femelle est d'une couleur brun rougeâtre. La chenille
(*fig.* 239), couverte de poils, est d'un brun foncé et porte plusieurs raies rouges longitudinales. Elle attaque non-seulement
les arbres fruitiers, mais encore les jeunes chênes. On détruit
facilement cette espèce en
recueillant et en brûlant
les nids de chenilles, qui
après la chute des feuilles
sont faciles à apercevoir
sur les branches.

Le *bombyce du saule*
(*Bombyx salicis*) (*fig.* 240)
a les ailes d'un blanc argenté et luisant avec des
nervures jaunâtres. La
chenille (*fig.* 241) a le dos
couvert de grandes taches
jaunes ou blanchâtres,
séparées par des bandes
noires. Ces taches jaunes

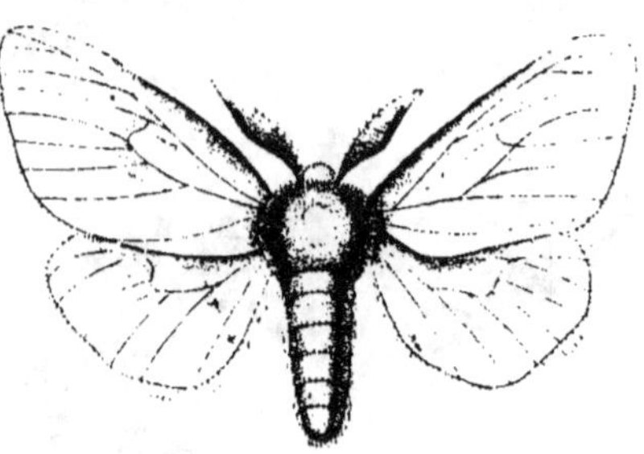

Fig. 240.— Bombyce du saule; papillon femelle.

Fig. 241. — Chenille du bombyce du saule.

sont accompagnées de chaque côté par une ligne de tubercules
rouges. Une autre ligne de tubercules, surmontés de poils roux,
est placée sur chacun des côtés de cette larve.

Cette chenille attaque surtout les peupliers, dont elle dévore les feuilles. Les moyens à l'aide desquels on peut diminuer l'abondance de ces insectes sont : 1° d'écraser les œufs contre la tige des arbres en juillet; 2° de faire tomber les chenilles en mai et de les écraser, en ébranlant la tige des jeunes arbres, dès le matin, par une secousse violente et brusque; 3° de brûler les papillons à la fin de mai et en juin, en faisant de grands feux le soir dans le voisinage des arbres.

Le *bombyce livrée* (*Bombyx neustria*) (*fig.* 242). — Cet insecte est de moyenne grandeur et d'un rouge brun. Sa larve (*fig.* 243) est très-nuisible aux vergers; elle se montre aussi dans les forêts, sur les chênes et autres arbres, sur lesquels elle vit en association. On peut détruire ces chenilles en enlevant

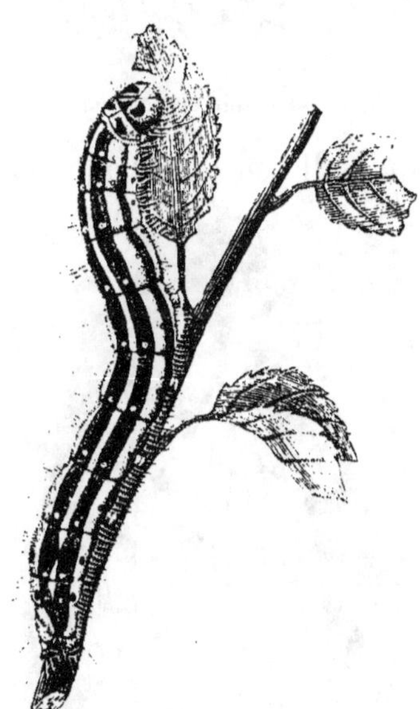

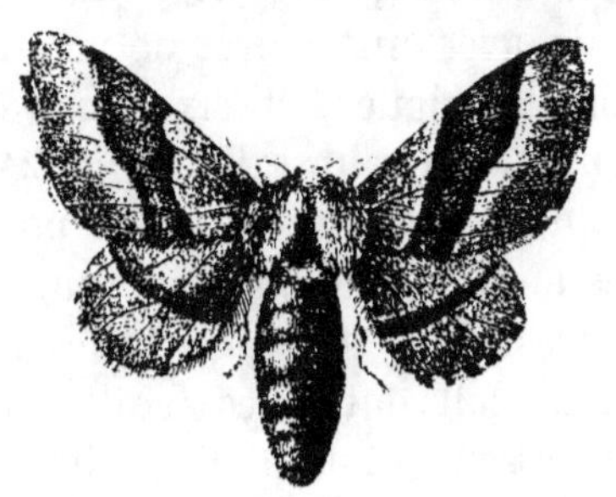

Fig. 243. — Larve du bombyce livrée.   Fig. 242. — Bombyce livrée.

leurs nids, en hiver, ou en les écrasant, au printemps, contre la tige, alors qu'elles sont réunies en bloc. Une solution de savon noir, lancée à l'aide d'une petite pompe à main, ou d'un gros pinceau, les détruira aussi immédiatement.

Le *bombyce pudibond* (*Bombyx pudibunda*) est petit, d'un blanc rougeâtre, avec des raies transversales plus foncées. La chenille (*fig.* 244) est très-remarquable par quatre touffes de poils, en forme de brosse, et par une autre touffe dressée comme un panache. Sa couleur est rougeâtre, ou verdâtre, avec des entailles qui semblent garnies de velours noir. On trouve cette larve sur

presque tous les arbres, et notamment sur le hêtre. Il n'y a
d'autre moyen
de les détruire
que de les
écraser au mo-
ment où elles
montent, en
grand nombre,
le long des ti-
ges, vers le
mois d'octobre.

Le *bombyce
dispar* (*Bombyx
dispar*) (*fig.* 245)

Fig. 244. — Cocon et larve du bombyce pudibond.

présente d'assez grandes dimensions. La femelle
est beaucoup plus grande que le
mâle et d'un blanc gris. Le mâle
est brun foncé. La chenille (*fig.*
246) a une grosse tête, de longs
poils, avec cinq paires de verrues
dorsales bleues, et six paires de
rouges. La chrysalide (*fig.* 247)
est d'un brun noirâtre et porte
des touffes de longs poils rouges ;
elle est fixée entre quelques fils
isolés, soit entre les feuilles ou
au-dessous du point d'attache des
branches, soit sous les chaperons
des murs. Le papillon prend son
essor en août, et la femelle dépose de deux à quatre cents œufs
en un paquet ovale, recouvert et
garni intérieurement d'un duvet jaunâtre (*fig.* 245).

La chenille de ce bombyce est
si vorace, qu'elle attaque tous
les arbres. On peut diminuer l'a-
bondance de cette espèce en en-

Fig. 245. Papillon femelle et œufs
du bombyce dispar.

levant, avec un grattoir, pendant l'automne et l'hiver, ces amas d'œufs que nous avons figurés au-dessous du papillon. On peut

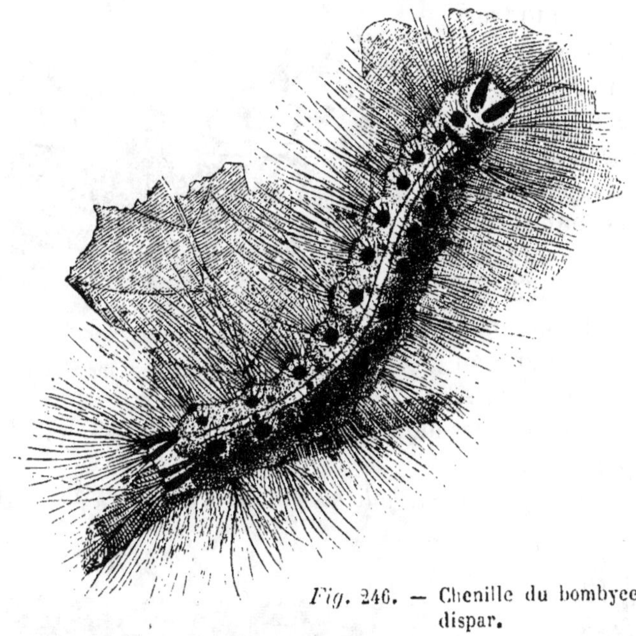

Fig. 246. — Chenille du bombyce
dispar.

aussi écraser les chenilles qui se réunissent en mai, aux points que nous avons indiqués, pour s'y transformer en chrysalides. Enfin ces chrysalides seront elles-mêmes détruites avec soin.

Le *bombyce moine* (*Bombyx monaca*, L.) (*fig.* 248) a les ailes antérieures blanches, chargées d'un grand nombre de taches et de raies en zigzag. Il se distingue surtout par de larges bandes roses qui courent transversalement sur l'abdomen. La chenille de ce lépidoptère (*fig.* 249) attaque de préférence les pins et les sapins, auxquels elle cause de grands dommages. Cette larve mange aussi, mais moins fréquemment, les feuilles du chêne, du hêtre, du bouleau. Il

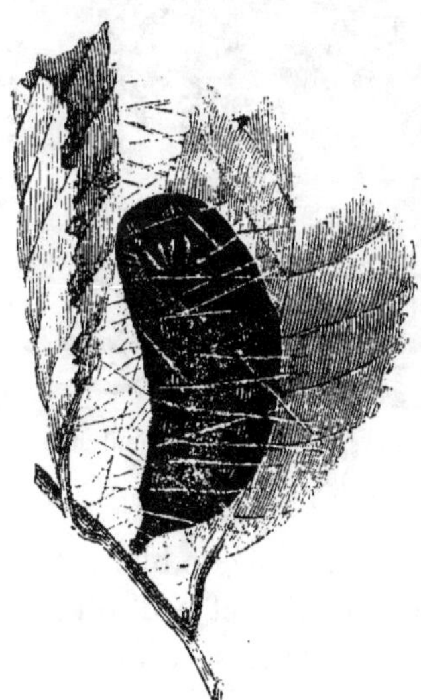

Fig. 247.
Chrysalide du bombyce dispar.

n'y a d'autre moyen de destruction que de recueillir, pendant
l'automne et l'hiver,
les œufs déposés sur
le tronc des arbres
(*fig.* 250), ou bien
d'écraser sur les ar-
bres, vers la fin d'a-
vril, les jeunes che-
nilles lorsqu'elles
viennent d'éclore
(*fig.* 250), ou enfin
de rechercher, en
juin, les chrysalides,

Fig. 248. — Bombyce moine; individu femelle.

ordinairement fixées dans les anfractuosités de la tige des arbres (*fig.* 250).

La *phalène piniaire* (*Phalœna piniaria*, L.) (*fig.* 251) est d'un

Fig. 249. — Larve du bombyce
moine.

Fig. 250. — Chrysalide, œufs et chenillettes du
bombyce moine.

brun rouge. La chenille (*fig.* 252) est verte, rayée de blanc et de
jaune sur les côtés. Elle vit sur le pin sylvestre et peut être dé-
truite par les cochons lorsqu'elle descend sur le sol, à la fin de
l'automne, pour se transformer en chrysalide.

La *noctuelle piniperde* (*Noctua piniperda*, Esp.) (*fig.* 253) est d'un rouge brun bleuâtre, tacheté de blanc et strié. La chenille de cette espèce (*fig.* 254) est verte et porte, sur le dos, des raies

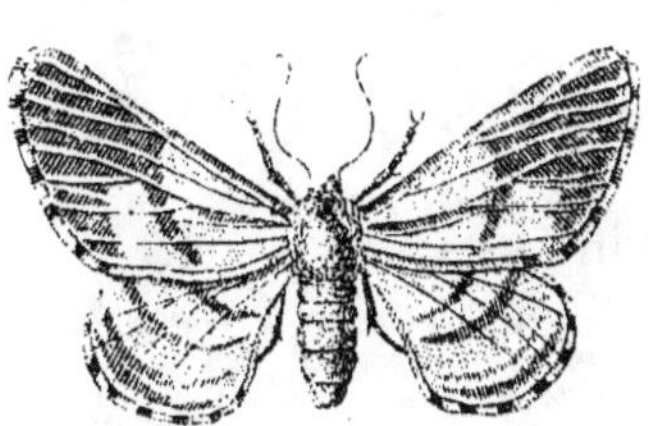

Fig. 251. — Phalène piniaire papillon femelle.

Fig. 252. — Larve de la phalène piniaire.

Fig. 253. — Noctuelle piniperde ; papillon mâle.

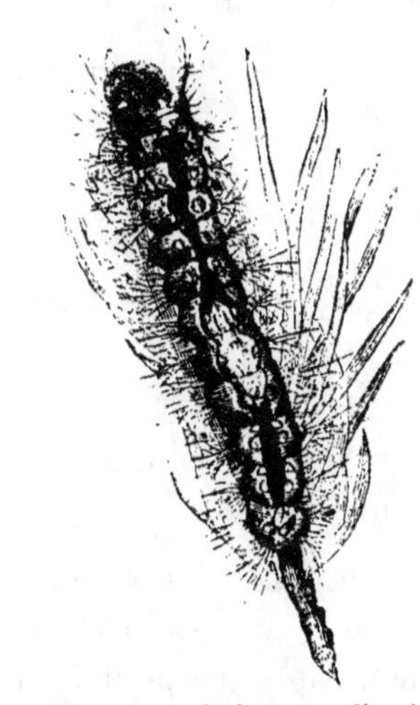

Fig. 254. - Larve de la noctuelle piniperde.

blanches longitudinales, et, de chaque côté, une raie orange. Cette noctuelle prend son vol dès la fin de mars. Les jeunes chenilles rongent déjà, en mai, les bourgeons, dans lesquels elles pénètrent souvent tout entières. En juillet elles descendent des arbres pour aller se changer en chrysalides sous la mousse. Cette chenille est surtout très-redoutable pour les pins sylvestres. On la détruit par le même moyen que l'espèce précédente.

Nous ferons une dernière observation à l'égard de ces divers insectes, c'est que toutes les espèces ligneuses n'y sont pas également exposées. Celles qui souffrent le plus de leurs atteintes sont surtout les suivantes :

Les peupliers;
Les ormes;
Le marronnier d'Inde;
Les chênes;
Les frênes;

Les tilleuls;
L'aune;
Les pins;
Les sapins;

Les espèces qui sont attaquées le moins souvent sont :

Le micocoulier de Provence;
Le platane;
Le hêtre;
Le charme;
Le châtaignier;
Le vernis du Japon;
Les noyers;
Les érables;
Le robinier faux acacia.
Le mélèze.

Si donc on avait à choisir, pour le boisement d'une surface, entre plusieurs espèces offrant d'ailleurs les mêmes avantages et la même aptitude pour les circonstances locales, il faudrait préférer celles qui sont le moins attaquées par les insectes.

FIN.

TABLE DES MATIÈRES.

FIN DE LA TABLE.

— CORBEIL, imprimerie et stéréotypie de CRÉTÉ. —

A LA LIBRAIRIE VICTOR MASSON.

DUBREUIL (A.). — **Cours élémentaire, théorique et pratique d'arboriculture,** 4ᵉ édition. 1 volume grand in-18 de 1032 pages, avec 5 vignettes, 894 figures et de nombreux tableaux... 12 fr.

DUBREUIL (A.). — **Instruction sur la conduite des arbres fruitiers.** Greffe, — taille, — restauration des arbres mal taillés ou épuisés par la vieillesse, — culture, — récolte et conservation des fruits. 3ᵉ édition. 1 vol. in-18, avec 191 figures.... 2 fr. 50

JOIGNEAUX. — **La Chimie du cultivateur.** 1 vol. in-18. 1 fr.

JOIGNEAUX. — **Les Prés et les Champs.** 1 vol. in-18. 1 fr.

JOIGNEAUX. — **Instructions agricoles.** 1 vol. in-18.. 1 fr.

JOIGNEAUX. — **Conseils à la jeune fermière.** 1 volume in-18... 2 fr.

JOIGNEAUX. — **L'Art de produire les bonnes graines.** 1 vol. in-18, avec 57 figures.................................. 2 fr.

JOURDIER. — **Catéchisme d'agriculture.** 2ᵉ édition. 1 vol. in-18, avec 96 figures.. 1 fr.

BOITEL. — **Mise en valeur des terres pauvres par le pin maritime,** culture et exploitation de cette essence en Gascogne et en Sologne; par M. Boitel, inspecteur général de l'agriculture; 2ᵉ édition, entièrement refondue. Paris, 1857, 1 vol. grand in-8, avec une planche et vignettes dans le texte... 3 fr.

RODIGAS (F.). **Manuel de culture maraîchère.** 2ᵉ édition, 1 vol. in-18, avec 54 figures et un plan de jardin maraîcher. 1 fr.

THIBIERGE (A.) ET REMILLY. — **De l'amidon du marron d'Inde** et des fécules amylacées d'autres substances végétales non alimentaires aux points de vue économique, chimique, agricole et technique. 2ᵉ édition. 1 vol. in-18, avec planches... 1 fr.

JUSSIEU (DE). **Cours élémentaire d'histoire naturelle. — Botanique.** 8ᵉ édition, 1 vol. avec 812 fig. dans le texte. Paris, 1858.. 6 fr.

PAYER (J.). — **Éléments de botanique.** Première partie, *Organographie*. 1 vol. in-18 avec 600 figures................. 5 fr.

PÉCLET (E.). **Traité de la chaleur considérée dans ses applications.** 3ᵉ édition, entièrement refondue et accompagnée de 650 figures dans le texte. Paris, 1860. 3 vol. grand in-8. 42 fr.

CORBEIL, typogr. et stéréot. de CRÉTÉ.

www.ingramcontent.com/pod-product-compliance
Lightning Source LLC
LaVergne TN
LVHW010303190726
843502LV00014B/1248